编 委 会 名 单

主　编

熊　辉　百度商业智能实验室和百度人才智库主任、中国科学技术大学大师讲席教授
赖家材　北京大学计算机软件专业硕士

编　委

段昭显　原海军副总参谋长、少将
陶大程　澳大利亚科学院院士、悉尼大学教授
王　杰　中央党校（国家行政学院）教授、中国实学研究会会长
廖义全　国务院国资委研究中心原党委副书记
刘钰峰　中共十九大代表、全国"五一劳动奖章"获得者
张声生　首都医科大学附属北京中医医院首席专家、消化中心主任、博士生导师、教授
张　驰　国家特聘专家、北京大学教授
陈少峰　北京大学哲学系教授、北京大学文化产业研究院副院长
杨志梁　中央党校博士
吴国华　首都经济贸易大学教授
王传林　北京大学人民医院急诊科副主任、创伤救治中心副主任、主任医师
谢进生　首都医科大学附属北京安贞医院心外科主任医师
胡玉林　首都师范大学副教授、硕士生导师
陈崇北　原中国军事科学院高级研究员
文河根　清华大学中国企业研究中心研究员、北京赣博联秘书长
董明发　中央党校（国家行政学院）国际和港澳培训中心合作开发处处长
吴清华　广东电网公司党校常务副校长、广东电力工业学校校长、广东电力职业技术学校校长
高元一　原平安银行深圳信用社董事长
邱永丰　中国华融山西省分公司党委委员、纪委副书记（主持工作）
温世红　中国保利集团公司党委办公室高级经理、中国中丝集团党委办公室主任、团委书记
陈　殿　北京师范大学历史学院讲师
曾繁中　瑞金干部学院院长
蔡　芳　北京市劲松职业高中党总支书记
汤卫民　浙江清华长三角研究院培训部主任
刘为军　中国人民公安大学博士生导师、教授
邹荣琪　国家体育总局运动医学研究所副主任医师
唐林泉　中山大学肿瘤防治中心副研究员

党员干部人工智能
学习参要

熊 辉 赖家材/主编

人民出版社

目　录

序　言

　　数据驱动的第三次人工智能浪潮正飞速地影响着中国国民经济的各个领域。人工智能技术作为第四次工业革命的战略性技术之一，世界主要发达国家都将其作为核心发展战略，以期提升国家的全球竞争力。目前中国正处于从市场驱动型发展模式向管理驱动和创新驱动的发展模式转型的关键期。我们亟须加快人工智能核心技术发展和部署、实现数据驱动人工智能深度和广度的应用，真正推动中国科技发展与产业升级，实现万众创新与生产力跃升，打造出中国人工智能产业的世界核心竞争力。

　　自党的十八大以来，习近平总书记在多次重要讲话中确立了人工智能在我国新一轮科技革命与产业变革中的战略地位，强调其对于推动我国社会、经济发展的重大意义。本书作为党员干部人工智能的学习参考，清晰地介绍了人工智能及其发展现状，深入浅出地阐述了人工智能在多个实业领域中的应用并佐以实例，最后总结了人工智能于社会、经济、政府的重要意义。本书作为一本详尽的人工智能应用指导用书，可以帮助广大党员干部了解人工智能在不同领域的应用潜力，如，"智能化农业""智慧政府""智能化金融监控""智慧交通""智慧教育"等。这些具体应用实例可以拓宽各工作岗位上的党员干部的工作思路，帮助他们进一步贯彻落实党中央关于"利用人工智能发展我国经济、推动社会进步"的重要指示。

　　我们应该意识到，这次数据驱动的人工智能浪潮为我们提供了发展的机会，也同样带来了诸多挑战。在这个数据快速积累的时代，低价值信息的生命周期被无限延长，随之而来的是高价值信息含金量的急剧下降。因此，在应用人工智能技术的过程中，一个极大挑战就是我们现在比以往任何时候都更需要快速定位、索取、获得所需的高价值信息。本书详尽地为读者介绍了人工智能的各种应用场景中我们应该依赖的高价值数据种类，帮助读者理解人工智能给各种行业带来的价值。此外，本书还介绍了人工智能带来其他挑战，例如，"人工智能带来失业的担忧""数据驱动人工智能下的隐私问题""人工智能算法隐含的算法偏见"等，希望能够呼唤数字时代的人文精神，实现算法正义。

笔者深切希望本书可以帮助奋斗在各行各业的优秀人才尤其是广大党员干部了解人工智能带来的发展机遇，并且为如何应对挑战提供一些解决思路。为实现国家加快发展人工智能技术、落地人工智能产业的目标，推动社会、科技、经济进步贡献一分力量，让我们能够站在第三次人工智能浪潮的浪尖迎接奇点的来临。

第一章 概 述

第一节 人工智能定义及分类

一、定义

美国心理学家、心理计量学家斯腾伯格（Robert Jeffrey Sternberg）认为，智能是个人从经验中学习、理性思考、记忆重要信息，以及应付日常生活需求的认知能力。《人工智能辞典》将人工智能定义为"使计算机系统模拟人类的智能活动，完成人用智能才能完成的任务"。

人工智能（Artificial Intelligence，缩写"AI"）作为一门前沿交叉学科，其定义一直存有不同观点。百度百科定义人工智能是"研究、开发用于模拟、延伸和扩展人的智能的理论、方法、技术及应用系统的一门新的技术科学"，将其视为计算机科学一个分支，指出其研究包括机器人、语言识别、图像识别、自然语言处理和专家系统等。维基百科定义"人工智能就是机器展现出的智能"，即只要是某种机器，具有某种或某些"智能"特征或表现，都应算作"人工智能"。大英百科全书定义人工智能是数字计算机或数字计算机控制的机器人在执行智能生物体才有的一些任务的能力。

中国电子技术标准化研究院等编写的《人工智能标准化白皮书2018》认为，人工智能是利用数字计算机或者数字计算机控制的机器模拟、延伸和扩展人的智能，感知环境、获取知识并使用知识获得最佳结果的理论、方法、技术及应用系统。人工智能的定义对人工智能学科的基本思想和内容作出了解释，即围绕智能活动而构造的人工系统。人工智能是知识的工程，是机器模仿人类利用知识完成一定行为的过程。

中国科学院院士、清华大学人工智能研究院院长张钹在中国教育和科研计算机网（CERNET）第二十五届学术年会开幕式上，对人工智能下的定义为：人工智能最简练最直接定义就是研究和设计智能体的技术，人工智能的设计既要重视理论也要重视实践。智能体包含三部分内容，一是物理空间的感知，包括视觉、听觉、触觉等；二是信息空间的思考决策，包括推理决策等，是一种深思熟虑的行为；三是物理空间的动作，包括移动、飞行等。

人工智能作为一门交叉学科，涉及计算机科学、信息论、控制论、自动化、仿生学、生物学、心理学、数理逻辑、语言学、医学和哲学等多门学科，是自然科学和社会科学的融合。人工智能自 20 世纪 70 年代以来被称为世界三大尖端技术之一（空间技术、能源技术、人工智能）；是 21 世纪三大尖端技术（基因工程、纳米科学、人工智能）之一。

可用一个公式形象的表述人工智能：人工智能＝大数据＋机器深度学习。大数据作为人工智能基础，大数据收集分析为人工智能提供丰富素材，机器基于素材的积累实现深度学习即以人的思维方式思考、分析问题和解决问题。算力、算法、数据是人工智能核心三要素，如把人工智能比作一艘远航巨轮，算力是发动机，算法是舵手，数据是燃料，缺一不可。其中，算法是核心，把数据训练算法称作"喂数据"，数据亦可称作"奶妈"。

从思维观点上看，人工智能是逻辑思维、形象思维、灵感思维的融合发展。人工智能最终目标是让机器代替人类去辅助或完成人类能完成的事情。

二、人工智能分类

人工智能大致可分为弱人工智能、强人工智能和超人工智能。

1.弱人工智能。仅依靠计算速度和数据来完成某个单方面任务；不能真正实现推理和解决问题的智能机器，这些机器表面看智能，但是并不真正拥有智能，也不会有自主意识。迄今为止的人工智能系统都还是实现特定功能专用智能，而不是像人类智能那样能不断适应复杂新环境并不断涌现新功能。目前主流研究仍集中于弱人工智能，并取得显著进步，如语音识别、图像处理和物体分割、机器翻译等方面取得了重大突破，甚至可以接近或超越人类水平。

2. 强人工智能。真正能思维的智能机器，认为这样的机器是有知觉和自我意识的。从一般意义来说，达到人类水平的、能自适应地应对外界环境挑战、具有自我意识的人工智能称为"通用人工智能""强人工智能"或"类人智能"。可思考、推理、做计划、理解复杂理念，并在实践中不断学习，甚至具备意识和情感，一句话，它都能干人脑能干的所有事。

3. 超人工智能。牛津大学人工智能伦理学家尼可·博斯特伦（Nick Bostrom）认为，"超人工智能在几乎所有领域都比最聪明的人类大脑聪明很多，包括科学创新、通识和社交技能。"在超人工智能阶段，人工智能已经跨过"奇点"，其计算和思维能力已经远超人脑。《复仇者联盟》中的奥创、《神盾特工局》中的黑化后的艾达，或许可以理解为超人工智能。

人工智能发展顺序为弱人工智能、强人工智能、超人工智能。

三、部分人工智能常见术语

1. 算法。算法给人工智能提供一套规则或指令，最流行算法包括分类、聚类、推荐和回归等。

2. 自然语言处理。研究人与计算机之间如何用自然语言进行有效通信，融合了语言学、计算机科学、数学。

3. 神经网络。用于机器学习的高度抽象和简化的人脑模型。神经网络作为机器学习的一类模型，受到生物神经网络启发而设计的一套特定算法。

4. 监督学习。作为机器学习的一种类型，作用是给定数据、预测标签，从给定训练数据集学习（训练）一个函数，输入新数据，可根据这个函数预测结果。在监督学习中，需由人来标注训练数据集。在无监督学习，往往无法标注训练数据集目标。

5. 迁移学习。作为机器学习的一种类型，一种算法学习完成一项任务，在基础上能学习不同但有关联的任务，例如识别鸟的基础上可"迁移学习"去识别狗。

6. 技术奇点。一个根据技术发展史总结出的观点，认为未来一件不可避免要发生的事件：技术发展将会在很短时间内极大的接近于无限的进步。美国未来学家雷·库兹韦尔（Ray Kurzweil）最先将"奇点"引入人工智能领域，用"奇点"作为隐喻，表示当人工智能的能力可超越人类某个时空阶段，跨越这个奇点后，司空见惯的传统、认识、理念、常识将不复存在。

7. 知识图谱。将复杂知识领域通过数据挖掘、信息处理、知识计量和图形绘制而显示出来，揭示知识领域的动态发展规律，为学科研究提供有价值参考。

第二节　发展历史：风雨兼程 60 年

历史是一面镜子，鉴古知今，学史明智。同样道理，回顾人工智能的发展历程可让我们对人工智能有更好的了解。

人工智能并非新概念，实际上诞生于 20 世纪 50 年代。这 60 年间，发展并非一帆风顺，起起落落。中国电子学会编写的《新一代人工智能发展白皮书（2017）》认为，人工智能发展大致经历了三次浪潮，第一次浪潮为 20 世纪 50 年代末至 20 世纪 80 年代初；第二次浪潮为 20 世纪 80 年代初至 20 世纪末；第三次浪潮为 21 世纪初至今。在人工智能前两次浪潮中，由于

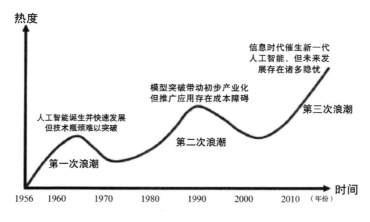

人工智能发展历程示意图

资料来源：中国电子学会：《新一代人工智能发展白皮书（2017）》。

技术未能实现突破性进展，相关应用始终难以达到预期效果，无法支撑起大规模商业化应用，最终在经历两次高潮与低谷后，人工智能归于沉寂。随着信息技术快速发展和互联网快速普及，以 2006 年提出深度学习模型为标志，人工智能迎来第三次高速成长。

一、第一次浪潮——人工智能诞生并快速发展，但技术瓶颈难突破

1. 1956 年达特茅斯（Dartmouth）会议，人工智能（Artificial. Intelligence）首次使用。这次会议被广泛地认为是 AI 诞生标志性事件，其最重要贡献是正式确立人工智能概念。此外，该会议还讨论了自动计算机、编程语言、神经网络、计算规模理论、自我改造（即机器学习）、抽象、随机性与创造性等诸多议题，掀开了人工智能各个研究方向波澜壮阔的历史画卷。

2. 符号主义盛行，人工智能快速发展。1956 年到 1974 年是人工智能发展的第一个黄金时期。科学家将符号方法引入统计方法中进行语义处理，出现了基于知识的方法，人机交互开始成为可能。科学家发明了多种具有重大影响的算法，如深度学习模型的雏形贝尔曼公式。人工智能发展速度迅猛，以至于研究者普遍认为人工智能代替人类只是时间问题。

3. 模型存在局限，人工智能步入低谷。1974 年到 1980 年，人工智能瓶颈逐渐显现，逻辑证明器、感知器、增强学习只能完成指定工作，无法应对超出范围任务，智能水平较为低级，局限性较突出。造成这种局限原因主要体现在：一是人工智能所基于的数学模型和数学手段具有一定缺陷；二是很多计算复杂度呈指数级增长，依据现有算法无法完成计算任务。先天缺陷是人工智能在早期发展过程遇到的瓶颈，研发机构对人工智能热情逐渐冷却，对人工智能资助相应被缩减或取消，人工智能第一次步入低谷。

二、第二次浪潮——模型突破带动初步产业化，但推广应用有障碍

1. 数学模型实现重大突破，专家系统得以应用。进入 20 世纪 80 年代，人工智能相关数学模型取得一系列重大发明成果，其中包括著名多层神经网络、BP 反向传播算法等，进一步催生能与人类下象棋的高度智能机器。卡耐

基·梅隆大学为美国数字设备公司制造出了专家系统,该专家系统可帮助公司每年节约 4000 万美元费用,特别在决策方面能提供有价值内容。很多国家包括日本、美国都再次投入巨资开发所谓第 5 代计算机即人工智能计算机。

2.成本高且难维护,人工智能再次步入低谷。为推动人工智能的发展,研究者设计了 LISP 语言,针对该语言研制 LISP 计算机。该机型指令执行效率比通用型计算机更高,但价格昂贵且难以维护,难以大范围推广普及。在 1987 年到 1993 年间,苹果和 IBM 公司开始推广第一代台式机,随着性能不断提升和销售价格不断降低,个人电脑逐渐占据优势,越来越多计算机走入个人家庭,价格昂贵 Lisp 计算机逐渐被市场淘汰,专家系统逐渐淡出人们视野,人工智能硬件市场明显萎缩,政府经费开始下降,人工智能又一次步入低谷。

三、第三次浪潮——信息时代催生新一代人工智能,但未来发展存在诸多隐忧

1.新兴技术快速涌现,人工智能发展进入新阶段。随着互联网的普及、传感器的泛在、大数据的涌现、电子商务的发展、信息社区的兴起,数据和

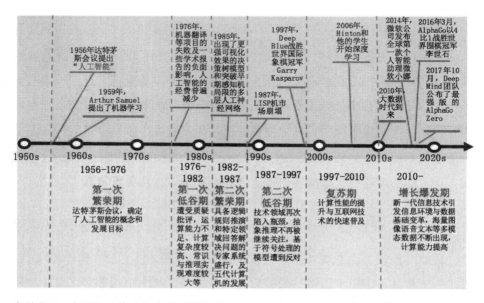

资料来源:中国电子技术标准化研究院等:《人工智能标准化白皮书 2018》。

知识在人类社会、物理空间和信息空间之间交叉融合、相互作用，人工智能发展所处信息环境和数据基础发生巨大而深刻的变化，这些变化构成驱动人工智能走向新阶段的外在动力。人工智能的目标和理念出现重要调整，科学基础和实现载体取得新突破，类脑计算、深度学习、强化学习等一系列技术萌芽预示着内在动力成长，人工智能的发展已经进入一个新阶段。

2. 人工智能水平快速提升，人类面临潜在隐患。得益于数据量的快速增长、计算能力的大幅提升以及机器学习算法的持续优化，新一代人工智能在某些给定任务中已展现出达到或超越人类的工作能力，逐渐从专用型智能向通用型智能过渡，有望发展为抽象型智能。随着应用范围不断拓展，人工智能与人类生产生活联系愈发紧密，一方面给人们带来诸多便利，另一方面也产生一些潜在问题，包括加速机器换人，结构性失业可能更为严重；隐私保护成为难点，数据拥有权、隐私权、许可权等界定存在困难。

四、标识性事件——人机大战

"人机大战"成为人工智能技术水平试金石，在人工智能发展史中一幕幕地上演。

1. 1997 年，IBM 公司的国际象棋电脑"深蓝"战胜国际象棋世界冠军卡斯帕罗夫（Garry Kasparov）。

2. 2006 年，"浪潮杯"首届中国象棋人机大战中，5 位中国象棋特级大师最终败在超级计算机浪潮天梭手下。

3. 2011 年，"深蓝"同门师弟"沃森"在美国老牌智力问答节目《危险边缘》中轻松战胜两位人类冠军。

4. 2016 年，阿尔法狗围棋（AlphaGo）战胜李世石。

5. 2017 年 5 月，在中国嘉兴乌镇，阿尔法围棋以总比分 3 比 0 战胜世界排名第一的柯洁。

一副对联总结：（对人类来说）屡战屡败，屡败屡战；

（对 AI 来说）屡战屡胜，屡胜屡战。

横批：精神可嘉。

第三节 人工智能技术体系

人工智能技术体系由基础技术平台和通用技术体系构成，其中基础技术平台包括云计算平台与大数据平台，通用技术体系包括机器学习、模式识别与人机交互。在此技术体系基础上，人工智能技术不断创新发展，应用场景和典型产品不断涌现。

一、云计算：基础的资源整合交互平台

云计算主要共性技术包括虚拟化技术、分布式技术、计算管理技术、云平台技术和云安全技术，为人工智能发展提供资源整合基础平台。云计算与大数据技术结合，为深度学习技术搭建强大存储和运算体系架构，促进神经网络模型训练优化过程，显著提高语音、图片、文本等辨识对象的识别率。

二、大数据：提供丰富的分析、训练与应用资源

大数据是无法在一定时间范围内用常规软件进行捕捉、管理和处理的数据集合，包括数据收集、数据整理、数据分析、预测。大数据 5V 特点：Volume（大量）、Velocity（高速）、Variety（多样）、Value（低价值密度）、Veracity（真实性）。

大数据主要共性技术包括采集与预处理、存储与管理、计算模式与系统、分析与挖掘、可视化计算及隐私及安全等，为人工智能提供丰富的数据积累和价值规律，引发分析需求。从跟踪静态数据到结合动态数据，可推动人工智能根据客观环境变化进行相应改变和适应，持续提高算法准确性与可靠性。

三、机器学习：持续提升机器智能水平

机器学习是通过数据和算法在机器上训练模型，并利用模型进行分析决策与行为预测的过程。技术体系主要包括监督学习和无监督学习，目前广泛应用在专家系统、认知模拟、数据挖掘、图像识别、故障诊断、自然语言理

解、机器人和博弈等领域。机器学习作为人工智能最重要的通用技术，将持续引导机器获取新知识与技能，重组已有知识结构，有效提升机器智能化水平，不断完善机器服务决策能力。

四、模式识别：从感知环境和行为到基于认知的决策

模式识别对各类目标信息进行处理分析，完成描述、辨认、分类和解释的过程。模式识别技术体系包括决策理论、句法分析和统计模式等，目前广泛应用在语音识别、指纹识别、人脸识别、手势识别、文字识别、遥感和医学诊断等领域。模式识别技术将与人工神经网络相结合，由单纯环境感知进化为认知决策，量子计算技术将用于未来模式识别研究，助力模式识别技术突破与应用领域拓展。

五、人机交互：支撑实现人机物交叉融合与协同互动

人机交互技术使机器可通过输出或显示设备对外提供有关信息，让用户通过输入设备向机器传输反馈信息实现。技术体系包括交互设计、可用性分析评估、多通道交互、群件、移动计算等，广泛应用在地理空间跟踪、动作识别、触觉交互、眼动跟踪、脑电波识别等领域。随着交互方式不断丰富以及物联网技术快速发展，肢体识别和生物识别技术将逐渐取代现有触控和密码系统，人机融合向人机物交叉融合发展。

六、物联网

在 2017 中国物联网大会上，中国工程院院士邬贺铨在报告中表示，产业物联网是将具有感知、监控能力的各类采集或控制传感或者控制器以及泛在技术，如移动通信、智能分析等技术不断融入工业生产过程各个环节，从而大幅提高制造效率，改善产品质量，降低产品成本和资源消耗，最终实现将传统工业提升到智能化的新阶段。物联网是消费为主，产业物联网以产业应用为主。一般物联网涉及社会基础设施，产业物联网涉及企业资产。物联网电磁干扰实时性、安全性要求一般，可是物联网在产业的应用需要考虑强电磁干扰，实时

性、要求性比较高。物联网关注服务，产业物联网关注生产效率。

人工智能、大数据、云计算、物联网的"铁四角"技术齐头并进、不断创新，助推人工智能在各领域的应用和发展。

七、人工智能与5G

就通信技术而言，2G解决人与人语音通信，3G解决信息文本通信，4G解决图像传输问题，5G时代加速万物互联。中国联通网络通信有限公司党组董事长王晓初认为，5G技术延迟低、速度快、连接数高，为万物互联创造很好环境。万物互联产生数据洪流，使得数据爆炸性增长。数据洪流不是目的，数据加上算法、算力，变成人工智能，才能真正为我所用。5G时代是万物互联，数据流的变化影会响物流、人才流、资金流，加速整个社会效率。

5G和人工智能互相促进、互相作用、互相影响。5G是基础设施，是信息高速公路，为庞大数据量传递提供可能性，人工智能是云端大脑，依靠高速公路传来的信息学习和演化，完成整个机器智能化进程；人工智能，应用在5G核心网中，帮助核心网实现运营、运维和运行自动化，丰富智能手机应用场景，极大繁荣5G应用生态。

人工智能赋予机器人类智慧，5G使万物互联变成可能，二者相结合，为整个社会生产方式改进和生产力发展带来前所未有的提升。

第四节 "互联网＋"迈向"智能＋"

人工智能不是特指某项技术，而是一种认识和思考世界方式，是改变世界的工具。高奇琦在《"智能＋"是一种新的思维方式》一文中认为，跨、众、合、善分别构成人工智能的四个方向，未来，人们需要把"智能＋"作为一种新的认识论和方法论。

一、"互联网＋"迈向"智能＋"

1. 岳瑞芳在《从"互联网＋"到"智能＋"，"加"出经济新动能》一文中认为，"互联网+"通过信息化技术，促进各领域各产业融合，提高产业自动化和经营水平，全面提高产业竞争力。全国人大代表马化腾认为，互联网有望全面渗透到各个产业价值链，对其生产、交易、融资、流通等环节进行改造升级，极大提高资源配置效率，对实体经济产生全方位、深层次、革命性的影响。

2."智能+"与"互联网+"一样，旨在融合技术与产业特别是制造业，利用技术改造传统产业，实现降本增效。在外部世界经济增速放缓、不稳定不确定因素增加，内部经济转型阵痛凸显、经济下行压力加大的背景下，意义重大。

2019年《政府工作报告》提出，围绕推动制造业高质量发展，强化工业基础和技术创新能力，促进先进制造业和现代服务业融合发展，加快建设制造强国。打造工业互联网平台，拓展"智能+"，为制造业转型升级赋能。工业和信息化部原副部长杨学山认为，"智能+"的概念是对应于数字化和智能化转型，以产业为核心，加入数字化能力。数字化转型是一系列关于产业发展模式转型中最切合企业实际和发展过程的表述，数字化是智能化的基础，智能化是数字化最重要的目的。

全国政协委员、中国科学院科技战略咨询研究院副院长樊杰认为，"智能+"，除了对传统制造业的智能化改造，能担纲的重任还有很多，"智能+"强调技术基础，能实现对复杂系统的高效率管理，适用于生产生活的方方面面。

3.从"互联网+"迈向"智能+"成为技术发展必然结果。中科院院士尹浩认为，"智能+"这个全新提法比"互联网+"再进一步，体现了基于数字革命的人工智能技术对社会生产的全新赋能，以往关注用网络改造和升级传统产业，现在提出"智能+"，综合利用大数据、人工智能、物联网、云计算等先进信息技术，将助力传统产业焕发出更高能效和更大活力。在工业经济由数量和规模扩张向质量和效益提升转变的关键期，提出"智能+"的发展理念具有前瞻性和战略意义。通过智能化手段把传统工业生产的全链条要素打通，可更好推动制造业的数字化、网络化和智能化转型。

"智能+"正式接棒"互联网+"成为赋能传统行业的新动力，借助大数据、云计算、物联网、人工智能技术的丰富应用，智能制造、智能交通、智能建筑、智慧体育等"智能 +"，把我们带入智能化万物互联时代。

二、人工智能的四个方向：跨、众、合、善

1. 跨智，即跨媒体、跨界别智能。目前的弱人工智能只能在某一领域发挥智能的作用，但是未来人工智能的应用前景中可能要整合使用几类信息。未来人工智能发展的一个重要技术特征是通用人工智能，可实现跨媒体和跨领域信息处理和分析。

2. 众智，即用集体智慧求解问题。众智实现可分为几种模式：第一种是权威模式，强调领导者协调；第二种是对等模式，强调少数合作者之间信息沟通；第三种是网络模式，展现社会整体协作、自发合力结果。未来开源平台发展更有利实施众智理念。例如谷歌开源平台 TensorFlow 和百度"阿波罗"无人驾驶开源平台。

3. 合智，即将人工智能与人类智能合在一起。多数观点将人工智能和人类智能看作是相互竞争，其实是不准的。人工智能与人类智能各有优势，是一种合作而非竞争关系。

4. 善智，即好的智能。人工智能发展目的是通过技术进步提高人类社会生产力，为公平正义提供更好物质基础。人工智能发展不能朝着赫拉利在《未来简史》所描述的技术超人控制世界的方向发展。人工智能发展成果应惠及全球，而不是为少数技术超人和企业寡头所垄断。

跨智是技术趋势，众智是社会趋势，合智是人文趋势，善智是伦理趋势。

三、"智能 +"的行动

在"智能 +"指引下可采取以下行动：

1. 智学。突破传统学习方式，在新的历史条件下发挥更大主观能动性，不断创新学习模式。

2. 智问。既要通过人工智能为人类历史难题提供新的解决方案，也要对人工智能对人类社会产生的深远影响保持警惕。

3.智思。时刻有智能思维方式，把人类传统固化行为特征和智能相结合。

4.智辩。人工智能自身发展的重要难题是算法"黑箱"。近期的研究成果似乎在说明，人工智能也可以接近人类的理性规则，并提供计算的结果。针对算法"黑箱"所带来的算法"独裁"，人们需要围绕人工智能进行社会的大辩论，并且让每一个受人工智能影响的人都能够理性地参与到大辩论当中，要将人工智能发展的前途掌握在人民大众手中，而不是技术超人手中。

5.智行。智能发展的最终落脚点是行动上。智行的要点是发挥智能对生产力的推动效应，要让智能的发展为人类历史难题的解决提供新的思路。例如环境污染、交通拥堵等问题。智行也要思考公共资源不均衡问题。人工智能发展如果处置不当，就会导致资源向企业寡头过度积聚，最终受到利益损害的将是普通大众，违背了善智的目标——通过人工智能推动公平正义的实现。

第五节　人工智能主要驱动因素

随着移动互联网、大数据、云计算等新一代信息技术的加速迭代演进，人类社会与物理世界的二元结构正在进阶到人类社会、信息空间和物理世界的三元结构，人与人、机器与机器、人与机器的交流互动愈加频繁。愈加海量化的算料（数据），持续提升的算力，不断优化的算法，多种场景的新应用已构成完整闭环，成为推动人工智能发展的四大要素。

资料来源：中国电子学会：《新一代人工智能发展白皮书（2017）》。

一、人机物互联互通成趋势，算料（数据）呈现爆炸性增长

得益于互联网、社交媒体、移动设备和传感器的大量普及，全球产生并存储的数据量急剧增加，为深度学习训练人工智能提供良好土壤。全球数据总量每年都以倍增速度增长，预计到 2020 年将达到 44 万亿 GB，中国产生的数据量将占全球数据总量的近 20%。人工智能正从监督学习向无监督学习演进，从各行业、各领域海量数据中积累经验、发现规律、持续提升。

二、数据处理技术加速演进，能力实现大幅提升

人工智能芯片加速深层神经网络的训练迭代，显著提升大规模数据处理效率。出现了 GPU、NPU、FPGA 和各种各样的 AI-PU 专用芯片。专用芯片多采用"数据驱动并行计算"的架构，特别擅长处理视频、图像类的海量多媒体数据。实现更高线性代数运算效率，且只产生比 CPU 更低功耗。

三、深度学习研究成果卓著，带动算法持续优化

随着算法的重要性凸显，全球科技巨头纷纷加大算法的布局力度和投入，通过成立实验室、开源算法框架、打造生态体系等方式优化和创新算法。深度学习等算法已广泛应用在自然语言处理、语音处理以及计算机视觉等领域，在某些特定领域取得了突破性进展。

四、资本与技术深度耦合，助推多场景应用快速兴起

在技术突破和应用需求的双重驱动下，人工智能技术加速向产业各个领域渗透，产业化水平大幅提升。资本作为产业发展的加速器发挥重要作用，跨国科技巨头以资本为杠杆，展开投资并购活动，不断完善产业链布局，各类资本支持初创型企业，使得优秀的技术型公司迅速脱颖而出。人工智能已在智能机器人、无人机、金融、医疗、安防、驾驶、搜索、教育等领域得到了广泛应用。

第六节　人工智能主要发展特征

中国工程院院士高文认为，积极的政策、海量的数据、丰富的应用场景、大量的青年人才储备是中国在人工智能的"大航海时代"所具备的"四大优势"。

一、技术特征

在算料、能力、算法、多元应用的共同驱动下，人工智能正从用计算机模拟人类智能演进到协助引导提升人类智能，通过推动机器、人与网络相互连接融合，更密切融入人类生产生活，从辅助性设备和工具进化为协同互动的助手和伙伴。

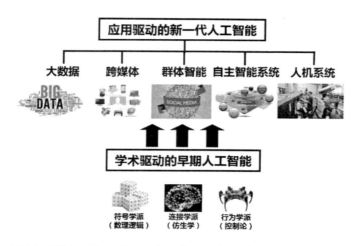

资料来源：中国电子学会：《新一代人工智能发展白皮书（2017）》。

1. 大数据成为人工智能持续快速发展的基石

新一代人工智能由大数据驱动，通过给定学习框架，不断根据当前设置及环境信息修改、更新参数，具有高度自主性。例如，在输入 30 万张人类对弈棋谱并经过 3 千万次自我对弈后，人工智能 AlphaGo 具备顶尖棋手的棋力。随着海量数据快速累积，基于大数据的人工智能获得持续快速发展的动力来源。

2.文本、图像、语音等信息实现跨媒体交互

随着互联网、智能终端不断发展，多媒体数据呈现爆炸式增长，以网络为载体在用户之间实时、动态传播，文本、图像、语音、视频等信息突破局限，实现跨媒体交互，智能化搜索、个性化推荐需求进一步释放。人工智能向人类智能靠近，模仿人类综合利用视觉、语言、听觉等感知信息，实现识别、推理、设计、预测等功能。

3.基于网络的群体智能技术开始萌芽

人工智能研究焦点已从单纯用计算机模拟人类智能，打造具有感知智能及认知智能的单个智能体，转向打造多智能体协同的群体智能。群体智能充分体现"通盘考虑、统筹优化"，具有去中心化、自愈性强和信息共享高效等优点，相关群体智能技术已经开始萌芽。例如，我国研究开发的固定翼无人机智能集群系统，于2017年6月实现了119架无人机的集群飞行。

4.自主智能系统成为新兴发展方向

随着生产制造智能化的需求日益凸显，借助嵌入智能系统对现有的机械设备进行改造升级成为更加务实的选择，自主智能系统正成为人工智能的重要发展方向。例如，沈阳机床以i5智能机床为核心，打造了若干智能工厂，实现了"设备互联、数据互换、过程互动、产业互融"的智能制造模式。

5.人机协同正催生新型混合智能形态

人类智能在感知、推理、归纳和学习等方面具有机器智能无法比拟的优势，机器智能则在搜索、计算、存储、优化等方面领先于人类智能，两种智能具有很强互补性。人与计算机协同，互相取长补短将形成一种新的"1+1>2"的增强型智能即混合智能，这种智能是一种双向闭环系统，既包含人，又包含机器组件。人可接收机器信息，机器可读取人的信号，两者相互作用，相互促进。人工智能的根本目标已演进为提高人类智力活动能力，更智能地陪伴人类完成复杂多变任务。

二、时代新特征

科学技术部原副部长刘燕华认为，人工智能新时代具备四个新特征：

1. 资源配置以人流、物流、信息流、金融流、科技流的方式渗透到社会生活的各个领域。需求方、供给方、投资方以及利益相关方重组是为了提高资源配置效率。

2. 新时期产业核心要素已从土地、劳力资本、货币资本转为智力资本，智力资本化正逐渐占领价值链高端。

3. 共享经济构成新的社会组织形式，特别资源使用权的转让使大量闲置资源在社会传导。

4. 平台成为社会水平的标志，为提供共同解决方案、降低交易成本、网络价值制度安排的形式，多元化参与、提高效率等搭建新型的通道。

第二章　人工智能的重要意义和发展现状

人工智能发展进入新阶段。经过 60 多年的演进，特别是在移动互联网、大数据、超级计算、传感网、脑科学等新理论新技术以及经济社会发展强烈需求的共同驱动下，人工智能加速发展，呈现出深度学习、跨界融合、人机协同、群智开放、自主操控等新特征。当前，新一代人工智能相关学科发展、理论建模、技术创新、软硬件升级等整体推进，正在引发链式突破，推动经济社会各领域从数字化、网络化向智能化加速跃升。

第一节　新焦点新引擎新机遇

一、人工智能成为国际竞争的新焦点

人工智能是引领未来的战略性技术，世界主要发达国家把发展人工智能作为提升国家竞争力、维护国家安全的重大战略，加紧出台规划和政策，围绕核心技术、顶尖人才、标准规范等强化部署，力图在新一轮国际科技竞争中掌握主导权。我国国家安全和国际竞争形势更加复杂，必须放眼全球，把人工智能发展放在国家战略层面系统布局、主动谋划，牢牢把握人工智能发展新阶段国际竞争的战略主动，打造竞争新优势、开拓发展新空间，有效保障国家安全。

二、人工智能成为经济发展的新引擎

人工智能作为新一轮产业变革的核心驱动力，将进一步释放历次科技革命和产业变革积蓄的巨大能量，并创造新的强大引擎，重构生产、分

配、交换、消费等经济活动各环节，形成从宏观到微观各领域的智能化新需求，催生新技术、新产品、新产业、新业态、新模式，引发经济结构重大变革，深刻改变人类生产生活方式和思维模式，实现社会生产力的整体跃升。我国经济发展进入新常态，深化供给侧结构性改革任务非常艰巨，必须加快人工智能深度应用，培育壮大人工智能产业，为我国经济发展注入新动能。

三、人工智能带来社会建设的新机遇

我国正处于全面建成小康社会的决胜阶段，人口老龄化、资源环境约束等挑战依然严峻，人工智能在教育、医疗、养老、环境保护、城市运行、司法服务等领域广泛应用，将极大提高公共服务精准化水平，全面提升人民生活品质。人工智能技术可准确感知、预测、预警基础设施和社会安全运行的重大态势，及时把握群体认知及心理变化，主动决策反应，将显著提高社会治理的能力和水平，对有效维护社会稳定具有不可替代的作用。

第二节　人工智能会带来什么

人工智能作为核心驱动力，将给我们带来什么呢？一句话概括，提升我们的产业、改变我们的生活、拉动我们的消费。

一、提升我们的产业

一方面，带来了人工智能新兴产业，包括智能软硬件（如图像识别、语音识别、机器翻译、智能交互、知识处理、控制决策）、智能机器人（如智能工业机器人、智能服务机器人、空间机器人、海洋机器人、极地机器人）、智能运载工具（如自动驾驶、车联网、无人机、无人船）、虚拟现实与增强现实（如虚拟显示器件、光学器件、高性能真三维显示器）、智能终端（如智能手表、智能耳机、智能眼镜）、物联网基础器件（智能传感器件、芯片、

低功耗处理器），形成人工智能为主题的高端产业和产业高端的聚集；另一方面，人工智能推动人工智能与各行业融合创新，在制造、农业、物流、金融、商务、家居等重点行业和领域开展人工智能应用试点示范，推动人工智能规模化应用，全面提升产业发展智能化水平。

二、改善我们的生活

人工智能渗透生活方方面面，把人们从繁重脑力劳动解放出来，实现物质和精神层面极大丰富，有更多时间去享受生活、体验生命。"衣"方面，依靠虚拟现实实现的个性化定制日益走进大众生活，在"食"方面，监控食物从农田、牧场到餐桌的整个流通过程，让消费者放心消费，在"住"方面，智能建筑将物联网、大数据和人工智能技术综合应用到建筑物的设计、运行、维护和管理中，在"行"方面，智能交通有效改善道路通行状况。可以说，生活因 AI 而更加多彩，生活因 AI 而更加不同。

三、拉动我们的消费

人工智能将释放巨大能量，重构生产、分配、交换、消费等经济活动各环节，形成从宏观到微观各领域智能化新需求。人工智能将成为推动消费升级的强大引擎，人工智能带来的强大动力，驱动消费升级发展得更快更稳，带动了生产方式、分配方式和消费方式的差异化创新，孵化了新的商业模式、新的市场领导者。

人工智能技术整合大数据，结合自身智能算法系统，可以准确预测消费者需求，围绕顾客打造个性化、定制化场景，满足顾客互动要求，购物体验更佳，进一步激发消费热情。你喜欢看美食，给你推荐美食，你喜欢篮球给你推荐篮球明星，你喜欢 AI 给你推荐 AI 新技术新应用。

人工智能带动商贸流通提质增效，人工智能技术可更准确发现、响应和预测客户需求，提升供应链效率，帮助企业节约大量人工成本、削减库存及物流成本。还可延伸到消费者终身价值的挖掘。

在消费需求升级引导下，人工智能发展潜力在于其技术深入应用各行业并产业化，这些应用不断产生人工智能创新产品和服务，改变并影响交通、金融、医疗、教育、体育、文化等多个消费领域。

第三节　人工智能国内外发展现状

人工智能正成为全球性话题，各国人工智能人才争夺战也愈演愈烈。目前人工智能现状到底如何？

一、发达国家基础平台布局完善，国内仍缺乏自主核心技术

国外企业技术领先且大量布局公有云业务领域，大数据业务经验成熟、分工明确且数据开放程度较高。云计算方面，国外云计算企业基础技术相对领先，服务器虚拟化、网络技术、存储技术、分布式计算、操作系统、开发语言和平台等核心技术基本上都掌握在少数国外公司手中，凭借着强大创新和资本转化能力，有能力支持技术不断推陈出新。国外企业在细分领域都有所布局，形成了完善的产业链配合，提供各种解决方案的集成，可以满足多场景使用要求。大数据方面，国外公司在大数据技术各个领域方面分工明确，有的专注于数据挖掘，有的专注于数据清洗，也有的专注于数据存储与管理。国外数据保护制度相对完善，数据开放标准成熟，为大数据技术研发提供了良好的外部环境。

国内企业自主核心技术有待提高，数据开放程度偏低且缺乏必要的保护。云计算方面，国内虽然有阿里、华为、新华三、易华录等一批科技公司大力投入研发资源，但核心技术积累依然不足，难以主导产业链发展。大数据方面，国内企业仍处于"跟风"国外企业的发展阶段，在数据服务内核等方面缺乏积淀与经验，未能完全实现从 IT 领域向 DT（数据技术）领域的转型。国内数据应用环境相对封闭，政府公共数据开放程度较低，数据安全保护等级有待提高，数据安全风险评估制度与保障体系有待完善，对大数据技术的升级发展形成了一定的限制因素。

二、发达国家在机器学习和人机交互领域具备先发优势，国内企业存在技术差距与人才短板

国外机构发力机器学习主流开源框架，积极开发人机交互下一代新型技术。机器学习方面，目前较为流行的开源框架基本都为国外公司或机构所开发，例如 TensorFlow、Torchnet、Caffe、DMTK、SystemML 等，同时注重大数据、云计算等基础支撑信息技术对机器学习研究的促进作用，以及机器学习的应用实践，已进入研发稳定阶段。人机交互方面，国外技术企业基于触控技术、可穿戴设备、物联网和车联网的发展基础，正在积极开发性价比更高的下一代人机交互新型技术，以对现有产品进行升级并降低成本。

国内机器学习基础理论体系尚不成熟，缺乏人机交互专业领域人才培养环境。机器学习方面，尽管国内学者在数据挖掘层面取得了一定的研究成绩，但对于机器学习的底层技术、实现原理及应用方法缺乏足够的重视，导致关键技术环节缺失与重要领域边缘化，不利于在国际主流机器学习技术角逐中展开有效竞争。人机交互方面，研究者需要具备数学、计算机学和心理学等相关背景，复合型较强，相比于国外高校都设立单独的人机交互专业，国内高校开设的专业相对传统，缺乏交叉复合型人才的培养机制，亟须建立人机交互领域技术人才培养的良好环境。

三、国内外模式识别研究水平基本处于同一起跑线，重点聚焦于语音识别与图像识别

国内外研究领域基本一致，围绕前沿技术领域开展持续创新。目前，国内外企业均在围绕模式识别领域的基础理论、图像处理、计算机视觉以及语音信息处理展开集中研究，探索模式识别机理以及有效计算方法，为解决应用实践问题提供关键技术。国外科技公司在模式识别各领域拥有多年的技术积累，深入语音合成、生物认证分析、计算机视觉等前沿技术领域，具备原创性技术突破能力；国内企业在模式识别前沿技术研发方面与国外同行处于并跑状态，除百度、讯飞等行业龙头外，众多初创公司也加入了模式识别研

究的技术与应用创新，催生了一批有创意的新型产品。

语音识别和图像识别准确率明显提升，国内企业中文语音识别技术相对领先。国内外企业均致力于提高语音识别和图像识别准确率，谷歌和微软分别表示旗下的语音识别产品技术出错率已降至 8% 和 6.3%，微软研究院开发的图像识别系统在世界著名的图片识别竞赛 ImageNet 中获得多个类别评比的第一名，为下一步的商业化应用奠定了良好基础。同时，国内企业重点突破中文语音识别技术，搜狗、百度和科大讯飞三家公司各自宣布旗下的中文语音产品识别准确率达到了 97%，处于业内领先水平。

四、中国人工智能产业发展面临的问题

盛朝迅在《当前新动能领域面临的突出问题及对策建议——以人工智能为例》一文中认为，中国人工智能产业发展面临基础理论落后、产业可持续性差、缺乏人才聚集的有效机制等方面问题。

1. 基础理论"龙头"未摆正，突破性创新成果少

我国语音及视觉识别技术世界领先，但在突破性科研成果数量和质量方面，仍无法与美国相抗衡，人工智能技术发展仍面临缺"芯"少"魂"窘境。越到人工智能时代，包括人工智能算法、算力的竞争，我们的基础产业，尤其是芯片掣肘会更加明显，当技术越来越先进，开源开放平台就会变得更重要。相比美国等发达国家，我国人工智能开源开放也存在明显差距。各大研究机构和龙头企业都各自研究，开放合作比较少，集中力量不够。在理论、技术与应用维度上，中国技术创业，最大优势是应用，最大劣势在理论。

2. 盲目跟风，"虚火"旺盛，可持续发展堪忧

人工智能的火爆似乎掀起了新一波互联网技术浪潮，无数技术人、投资者、企业家转移阵地，投身其中，从来没有任何一个行业对某一技术领域如此趋之若鹜。根据清华大学中国科技政策中心发布的《中国人工智能发展报告 2018》，截至 2018 年 6 月，中国大陆地区人工智能企业总数达 1011 家，仅次于美国。而在 2017 年，中国人工智能领域的投融资总额达 277 亿美元，占全球融资总额的 70%。在这一轮人工智能热中，相比其他国家，中国人

工智能更热。但是，从各个领域涌入人工智能行业的，大部分都是投机者，他们对人工智能新突破预期过高。当幻想破灭，当人工智能应用不能为他们带来预期回报时，当初最活跃的这部分投机者会跑得比谁都快。目前国内人工智能领域低水平重复建设严重，很多地方都将人工智能当作重点产业来规划和扶持。甚至一个省内十几个地级市都在发展人工智能，规划都很类似，最终可能导致重复建设、低水平发展。

3. 应用深度不够，创新不足，供需不匹配

人工智能不应仅是表面繁荣，真正为基础产业解决问题，才是该技术存在的价值。但从业界反馈来看，人工智能大部分还活跃在互联网公司，实体产业真正获益者很少。由于产业发展处于初期，导致人工智能等高技术产业附加值偏低，低于国际同行水平，也低于全行业平均水平。总体技术应用偏重于消费端，对传统改造升级多，生产端技术创新应用少，领先产品少。

4. 缺乏人才集聚的有效机制，人才瓶颈比较突出

人工智能产业属于高端人才、知识、技术密集型，我国目前在这方面短板比较突出。人工智能还不是一级学科，近几年虽然不少高校重视人工智能人才培育，但真正成立人工智能学院的少，人工智能方向硕士和博士人才奇缺。我国在招引国外高水平人才方面也存在问题，由于美国等对我国人才引进计划实行封锁等外部环境的急剧变化，进一步加大我国招引高端人才的难度。现有人才的利用评价机制不健全，人才评价机制政出多门，影响各层次人才作用的发挥，特别是技术性创新领军人才没有得到应有激励，导致人工智能领域自主创新领军人物严重缺乏。

第三章　世界主要发达国家及我国
人工智能政策

据数据分析机构预计，到 2025 年人工智能技术将为全球提供 7.1 万亿美元至 13.17 万亿美元的经济增长。面对这项产业规模庞大技术，全球主要国家都把人工智能放在重要前沿战略位置。全球已进入人工智能竞赛期，在人工智能领域的国际竞争中，世界各国都竞相采取更为积极产业政策，世界各国都力争在人工智能产业占得先机。人工智能的国际竞争帷幕已拉开，这个"新赛场"的赛况将直接影响未来国际格局演变的进程。

第一节　世界主要发达国家人工智能政策

一、美国

根据唐怀坤《国内外人工智能的主要政策导向和发展动态》一文介绍，2016 年 10 月至 12 月，美国白宫接连发布三份人工智能发展报告，分别是：10 月 13 日，美国白宫科技政策办公室下属国家科学技术委员会（NSTC）发布《为人工智能的未来做好准备》和《国家人工智能研究与发展战略计划》两份重要报告，详细描述具体战略和路线图；12 月 20 日，美国白宫发布了《人工智能、自动化与经济报告》，报告中提出"人工智能的时代即将来临，敦促国会议员应该设法让美国经济为此做好准备"。

从政策出发点来看，报告重点服务于经济应用和社会服务，类似于中国政府提出的"人工智能等新兴技术和实体经济深度融合"。在信息社会时代美国是全球 ICT 创新中心，在人工智能领域美国也在力争继续领先。

Google、Facebook、微软、IBM、亚马逊等公司也不断加大对人工智能研发的投入，集聚了大量的实验成果、人才团队。

美国将 AI 技术渗透到交通、医疗、金融、环保等诸多领域，并建立起全面的管理体系，帮助政府实现精细化整理，加强人工智能产业链的建设和完善，人工智能只有跟实体经济结合起来，才能加速技术迭代发展。

2019 年 2 月 11 日，美国国家科技政策办公室发布了由总统特朗普亲自签署行政令的《美国人工智能倡议》。这是一项事关美国人工智能发展的重要国家级战略，从投资、开放政府数据资源能力、相关标准建设、就业危机应对以及制定相关国际标准五大方面制定了美国未来一段时间内的人工智能发展方向。倡议签署的第二天，美国国防部发布人工智能发展细则，规定联合人工智能中心将把人工智能引入军队训练、部署等多个领域。

目前，美国在人工智能发展方面已形成了四大文件结合（《为未来人工智能做好准备》《美国国家人工智能研究与发展策略规划》《人工智能、自动化及经济》《美国人工智能倡议》），从伦理、经济、技术、政策扶持等多个维度指导行业发展格局。

二、欧盟主要国家

为了深入开展人脑研究，推动人工智能发展，欧盟在 2013 年将"人脑计划"纳入其未来旗舰技术项目，并分 3 个阶段实施，分别是：2013 年 10 月至 2016 年 3 月的"快速启动"阶段，2016 年 4 月至 2018 年 8 月的"运作阶段"，以及最后 3 年的"稳定阶段"。2014 年 6 月欧盟启动了《欧盟机器人研发计划》，计划使欧洲机器人行业年产值增长至 600 亿欧元，在全球市场份额的占比提高至 42%；2016 年 6 月，欧盟率先提出人工智能立法动议，欧洲已经在人工智能立法方面走在了前列，甚至认为机器人也应缴税并享受社会保障待遇，但现实目标是如何通过人工智能提高社会生产力，尽早使人类能摆脱物质与金钱束缚。相对于欧盟，已开展脱离欧盟工作的英国也有自己发展思路，2013 年，英国将"机器人技术及自治化系统"列入"八项伟大的科技"计划，宣布要力争成为第四次工业革命先导者。2017 年 10 月，英国工业联合会发布《在英国发展人工智能产业》报告，并预计到 2035 年 AI 将为英国经济增加 8140 亿美元，英国在机器人人文领域或人形机器人实现方面并无太多考虑，聚焦在 AI 实际各领域应用算法方向。

2018 年 4 月，欧盟委员会提交了《欧洲人工智能》；2018 年 12 月，欧盟委员会及其成员国发布主题为"人工智能欧洲造"的《人工智能协调计划》。

2018 年 11 月 15 日，德国联邦政府正式发布其人工智能战略，口号是"AI Made in Germany"，将人工智能重要性提升到国家高度。致力于为其人工智能发展和应用打造一个整体政策框架，包括提升国家竞争力、为公众谋福利、强调数据保护领域的法律和制度；定量分析了人工智能给制造业带来的经济效益；重视 AI 在中小企业中的应用。

2019 年 4 月欧盟推出《可信赖人工智能道德准则》，从三个方面分析"可信赖 AI 全生命周期框架"，分别为：三个基本条件、可信赖 AI 的基础以及可信赖 AI 的实现。

三、日本

2015 年 1 月，日本发布"机器人新战略"，提出"世界机器人创新基地""世界第一的机器人应用国家""迈向世界领先的机器人新时代"三大核心目标，并制定了五年计划。日本政府《日本再兴战略 2016》中，明确提出实现第四次产业革命的具体措施，将物联网（IoT）、人工智能（AI）和机器人作为第四次产业革命的核心。

日本政府设立了"人工智能战略会议"，将 2017 年确定为人工智能元年，并制定了三步走的行动计划。第一阶段（2020 年前后），确立无人工厂、无人农场技术，普及利用人工智能进行药物开发支援，通过人工智能预知生产设备故障。第二阶段（2020 年至 2030 年），实现人员和货物运输配送的完全无人化、机器人协调工作，实现针对个人的药物开发，利用人工智能控制家和家电。第三阶段（2030 年之后），使看护机器人成为家里一员，普及机器人移动的自动化、无人化，"将人为原因的死亡事故降至零"。通过人工智能分析潜在意识，可视化"想要的东西"。

四、俄罗斯

在人工智能领域聚焦传统强势产业领域，欲求重大突破。普京曾在2017年表示，人工智能是"人类的未来"，掌握它的国家将"统治世界"。俄罗斯国防部门呼吁民用和军备设计师联合开发人工智能技术，以"应对技术和经济安全领域可能出现的威胁"。俄罗斯人工智能重点是基于当前军事领域的科技力量，加强战斗机器人、无人机和自动化指挥系统的研发。俄罗斯作为资源产出大国，在石油产业也在尝试人工智能、机器人技术。该国创业企业基本都停留在制造算法层面，还未取得重大突破。

综观上述世界主要国家人工智能战略、产业政策，主要特点包括大力支持人工智能科技创新、推动数据扩大开放、加快标准制定、加强人才培养、完善法律法规等方面。

第二节　中国人工智能政策

中国一直高度重视人工智能产业发展，自1980年起中国大批派遣留学生赴西方发达国家研究现代科技，学习科技新成果，其中包括人工智能和模式识别等学科领域；1981年9月，中国人工智能学会成立；1987年7月《人工智能及其应用》在清华大学出版社公开出版；1987年《模式识别与人工智能》杂志创刊；1989年首次召开了中国人工智能联合会议；1993年起，把智能控制和智能自动化等项目列入国家科技攀登计划；2009年，中国人工智能学会牵头组织，向国家学位委员会和国家教育部提出设置"智能科学与技术"学位授权一级学科的建议。自2015年以来，中国关于人工智能的政策不断出台，在全球科技创新发展大背景下，发展人工智能已经上升为国家战略行为，顶层设计上不断完善。

1.国务院印发《中国制造 2025》：首次提出智能制造

2015 年 5 月，国务院印发《中国制造 2025》，其中首次提及智能制造，提出加快推动新一代信息技术与制造技术融合发展，把智能制造作为两化深度融合的主攻方向，着力发展智能装备和智能产品，推动生产过程智能化。

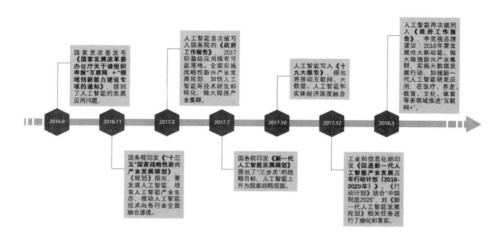

2.国务院印发《关于积极推进"互联网 +"行动的指导意见》：明确人工智能为重点发展领域

2015 年 7 月，国务院印发《关于积极推进"互联网 +"行动的指导意见》，其中第十一个重点发展领域明确提出为人工智能领域。内容为：依托互联网平台提供人工智能公共创新服务，加快人工智能核心技术突破，促进人工智能在智能家居、智能终端、智能汽车、机器人等领域的推广应用，培育若干引领全球人工智能发展的骨干企业和创新团队，形成创新活跃、开放合作、协同发展的产业生态。提出了培育发展人工智能新兴产业，推进重点领域智能产品创新，提升终端产品智能化水平三个主要方向。

3.工信部、国家发改委、财政部发布《机器人产业发展规划（2016—2020 年）》：聚焦智能工业型机器人发展

2016 年 4 月，工信部、国家发改委、财政部联合发布《机器人产业发展规划（2016—2020 年）》。《规划》指出，机器人产业发展要推进重大标志性产品率先突破。在工业机器人领域，聚焦智能生产、智能物流，攻克智

能机器人关键技术，提升可操作性和可维护性，重点发展弧焊机器人、真空（洁净）机器人、全自主编程智能机器人、人机协作机器人、双臂机器人、重载 AGV 等六种标志性工业机器人产品，引导我国工业机器人向中高端发展。

4. 发改委、科技部、工信部和网信办印发《"互联网 +"人工智能三年行动实施方案》：规划人工智能产业体系建设

2016 年 5 月，发改委、科技部、工信部和网信办联合印发《"互联网 +"人工智能三年行动实施方案》。《方案》表示，到 2018 年，中国将基本建立人工智能产业体系、创新服务体系和标准化体系，培育若干全球领先的人工智能骨干企业，形成千亿级的人工智能市场应用规模。根据该方案，未来 3 年将在 3 个大方面 9 个小项推进智能产业发展。智能家居、智能可穿戴设备、智能机器人等都将成为发展的重点扶持项目。

5. 国务院印发《"十三五"国家科技创新规划》：研发人工智能支持智能产业发展

2016 年 7 月，国务院印发《"十三五"国家科技创新规划》。《规划》指出，在人工智能领域，重点发展大数据驱动的类人智能技术方法，开展下一代机器人技术、智能机器人学习与认知、人机自然交互与协作共融等前沿技术研究。

6. 国家发改委印发《国家发展改革委办公厅关于请组织申报"互联网 +"领域创新能力建设专项的通知》：将人工智能纳入"互联网 +"建设专项

2016 年 8 月，《国家发展改革委办公厅关于请组织申报"互联网 +"领域创新能力建设专项的通知》出台，其中提到了人工智能的发展应用问题。为构建"互联网 +"领域创新网络，促进人工智能技术的发展，应将人工智能技术纳入专项建设内容。包括申报深度学习技术及应用国家工程实验室、类脑智能技术及应用国家工程实验室、虚拟现实 / 增强现实技术及应用国家工程实验室等。

7. 国务院印发《"十三五"国家战略性新兴产业发展规划的通知》：支持人工智能领域软硬件开发及规模化应用

2016 年 11 月，国务院印发《"十三五"国家战略性新兴产业发展规划的通知》，其中要求推动类脑研究等基础理论和技术研究，加快基于人工智产业升级和经济转型的主要动力，智能社会建设取得积极进展；到 2030 年，人工智能理论、技术与应用总体达到世界领先水平，成为世界主要人工智能创新中心。

8. 国务院 2017 年《政府工作报告》：人工智能首次出现在《政府工作报告》

2017 年 3 月，李克强总理在《政府工作报告》中提出，加快新材料、新能源、人工智能、集成电路、生物制药、第五代移动通信等技术研发和转化，做大做强产业集群。

9. 国务院印发《新一代人工智能发展规划》：提出阶段战略目标

2017 年 7 月，国务院印发《新一代人工智能发展规划》，提出了面向 2030 年我国新一代人工智能发展的指导思想、战略目标、重点任务和保障措施，部署构筑我国人工智能发展的先发优势，加快建设创新型国家和世界科技强国。《规划》明确了我国新一代人工智能发展的战略目标：到 2020 年，人工智能总体技术和应用与世界先进水平同步，人工智能产业成为新的重要经济增长点，人工智能技术应用成为改善民生的新途径；到 2025 年，人工智能基础理论实现重大突破，部分技术与应用达到世界领先水平，人工智能成为我国产业升级和经济转型的主要动力，智能社会建设取得积极进展；到 2030 年，人工智能理论、技术与应用总体达到世界领先水平，成为世界主要人工智能创新中心。

10. 工信部印发《促进新一代人工智能产业发展三年行动计划（2018—2020 年）》：推进人工智能和制造业深度融合

2017 年 12 月，工业和信息化部印发《促进新一代人工智能产业发展三年行动计划（2018—2020 年）》。计划提出，以信息技术与制造技术深度融合为主线，以新一代人工智能技术的产业化和集成应用为重点，推进人工智能和制造业深度融合，加快制造强国和网络强国建设。明确了从培育智能产品、突破核心基础、深化智能制造以及构建支撑体系的发展规划。

11. 中国电子技术标准化研究院发布《人工智能标准化白皮书（2018版）》：提出能够适应和引导人工智能产业发展的标准体系

2018年1月，在国家人工智能标准化总体组、专家咨询组成立大会上，国家标准化管理委员会宣布成立国家人工智能标准化总体组、专家咨询组，负责全面统筹规划和协调管理我国人工智能标准化工作。会议发布了《人工智能标准化白皮书（2018版）》，从支撑人工智能产业整体发展的角度出发，研究制定了能够适应和引导人工智能产业发展的标准体系，进而提出近期急需研制的基础和关键标准项目。

12. 国务院2018年《政府工作报告》：加强新一代人工智能研发应用

2018年3月，李克强总理在政府工作报告中提出，发展壮大新动能。做大做强新兴产业集群，实施大数据发展行动，加强新一代人工智能研发应用，在医疗、养老、教育、文化、体育等多领域推进"互联网+"。发展智能产业，拓展智能生活。运用新技术、新业态、新模式，大力改造提升传统产业。

13. 国务院2019年《政府工作报告》：深化人工智能研发应用

2019年3月，李克强总理在政府工作报告中指出，要打造工业互联网平台，拓展"智能+"，为制造业转型升级赋能。同时指出，要促进新兴产业加快发展，深化大数据、人工智能等研发应用，培育新一代信息技术、高端装备、生物医药、新能源汽车、新材料等新兴产业集群，壮大数字经济。

14. 中央全面深化改革委员会审议通过《关于促进人工智能和实体经济融合的指导意见》：构建智能经济形态

2019年3月，中央全面深化改革委员会审议通过《关于促进人工智能和实体经济融合的指导意见》，强调要把握新一代人工智能发展特点，构建数据驱动、人机协同、跨界融合、共创分享的智能经济形态。

15. 国家新一代人工智能治理专业委员会发布《新一代人工智能治理原则——发展负责任的人工智能》：提出人工智能治理框架和行动指南

2019 年 6 月，国家新一代人工智能治理专业委员会发布《新一代人工智能治理原则——发展负责任的人工智能》，提出了人工智能治理的框架和行动指南。清华大学苏世民书院院长、国家新一代人工智能治理专业委员会主任薛澜介绍，治理原则旨在更好协调人工智能发展与治理的关系，确保人工智能安全可控可靠，推动经济、社会及生态可持续发展，共建人类命运共同体。治理原则突出了发展负责任的人工智能这一主题，强调了和谐友好、公平公正、包容共享、尊重隐私、安全可控、共担责任、开放协作、敏捷治理等八条原则。

第四章　人工智能与供给侧结构性改革互促

党的十九大报告提出，深化供给侧结构性改革。建设现代化经济体系，必须把发展经济的着力点放在实体经济上，把提高供给体系质量作为主攻方向，显著增强我国经济质量优势。加快建设制造强国，加快发展先进制造业，推动互联网、大数据、人工智能和实体经济深度融合，在中高端消费、创新引领、绿色低碳、共享经济、现代供应链、人力资本服务等领域培育新增长点、形成新动能。

第一节　人工智能助力供给侧改革

习近平总书记在党的十九大报告中提出，我国当前主要矛盾已经转化为"人民日益增长的美好生活需要和不平衡不充分的发展之间的矛盾"。这一变化背后反映的现实，是供需结构的错配以及要素配置的扭曲。振兴实体经济是供给侧结构性改革主要任务，必须把提升供给质量和效率、优化供给结构作为主攻方向，推进我国经济转型，显著增强我国经济发展质量优势。

近年来，中国在人工智能领域取得很大成就，中国发展人工智能主要两方面优势，一是人口基数大，网络用户多，为人工智能发展提供海量数据。二是政策优势，中国政府非常重视并大力支持人工智能产业，积极推动利用大数据让社会受益。政策方面最关键两点是数据标准化和数据源整合，中国政府有能力通过推动数据标准化和数据源整合造福社会。供给和需求不平衡、不协调问题日益凸显，供需结构错配和要素配置扭曲。在需求不明情况下，供给侧改革是盲目的，而人工智能可助推供给侧改革。人工智能能收集分析大量数据，掌握供求变化关系，摸索市场规律，预测经济发展变化趋势，使供给侧自我调整适应需求侧变化，实现供给平衡，进而促进经济发展。比如消费领域智能化可引领新需求，制造环节智能化可有效提升制造业竞争力。

在 2019 清华五道口全球金融论坛上，清华大学国家金融研究院院长、国际货币基金原副总裁朱民表示，人工智能正在颠覆未来，一是人工智能会改变、更新和创新几乎所有的产品和服务；二是人工智能会改变和创新制造业和服务业本身；三是人工智能会改变物质和财富的生产和分配；四是人工智能会改变社会的组织架构、形态、文化和价值等。

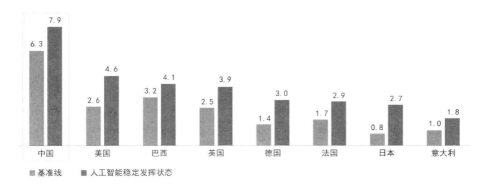

到2035年，人工智能有望将中国的劳动生产率提升27%

从经济总增加值（约等于国内生产总值）角度看，到2035年，人工智能有潜力使中国的经济年增速提高1.6个百分点。

■基准线　■人工智能稳定发挥状态

2035年的实际经济总增加值增速（%）

资料来源：埃森哲（Accenture）：《人工智能：助力中国经济增长》。

埃森哲（Accenture）在《人工智能：助力中国经济增长》一文认为，当人工智能作为一项全新生产要素，而不只是生产率增强工具，将有潜力为中国经济带来巨大增长机遇。人工智能作为全新生产要素，到2035年，因人工智能帮助员工更有效利用时间，人工智能有望推动中国劳动生产率提高27%；人工智能有望使中国年经济增长率上升1.6个百分点，显著扭转近年来经济放缓趋势。人工智能可通过三种方式激发经济增长：（1）它创造了一种新的虚拟劳动力，能解决需适应性和敏捷性的复杂任务。称为"智能自动化"，以区别于传统自动化解决方案；（2）人工智能对现有劳动力和实物资产将进行有力补充和提升，提升员工能力，提高资本效率；（3）人工智能普及，将推动多行业相关创新，提高全要素生产率，开辟崭新经济增长空间。

第二节　人工智能产业是落实供给侧结构性改革的有力举措

穆良平等在《中国抢占智能经济发展先机的战略要素及重点领域》一文中认为，供给侧结构性改革是我国"十三五"时期深化改革和经济工作的主线，人工智能与基础产业结合发展的必然驱动。供给侧结构性改革要求去产能、去库存、去杠杆、降成本、补短板，在此基础上加大创新力度，以实现"大众创业、万众创新"。供给侧结构性改革是人工智能大范围应用的产业基础改革。供给侧结构性改革对大数据等信息技术的利用，有利于挖掘、利用和转化海量数据资源价值，创新出人工智能新产品。人工智能技术融入于供给侧结构性改革，还表现在利用数据信息充分反映市场供需变化，总结规律和预测未来发展变化趋势，在供给侧结构性改革政策要求下，企业和公共组织主动寻求与人工智能的结合，高效完成供给侧结构性转变。供给侧结构性改革为智能经济到来奠定基础，减少无效和低端供给，加快产业间整合速度和能力，改善企业组织内部治理模式和组织管理方式，这些均将作为牵引作用为智能经济顺利实施奠定基础。客观上来看，供给侧结构性改革为人工智能发展提供产业化保障。

韩海雯在《人工智能产业建设与供给侧结构性改革：马克思分工理论视角》一文中认为，智能机器是应用人工智能技术后具备一定人脑智能、能模拟人类脑力活动的机器。智能机器意味着劳动工具和生产力的发展进入新阶段，不但直接生产过程的体力劳动和脑力劳动可被全面替代，而且生产组织工作难度和强度也可显著下降。

人工智能技术发展正在推动形成智能机器大工业分工形态，社会生产组织必将发生改变并对现有产业格局产生深刻影响。把人工智能产业链分为基础设施层、技术层和应用层，供给侧结构性改革可在不同层次上落实不同的发力。

一、对基础设施层在资金、政策、人才等全方位大力帮扶

基础设施层决定了包括基础设施、公共服务、人才、技术等在内的整个产业发展基础厚度，涵盖科学技术研究、科研团队培养、实验室设施建设等基础工作，耗资巨大，超出个人甚至企业承受范围。国家应投入资金、提供政策，支持基础设施和公共服务的建设和推广，支持高校与科研机构在推动基础和应用研究及人才培养上发挥重要作用，扶持基础的智能制造装备产业建设。利用政府力量，对在市场上具有一定优势的传统行业，引导和鼓励人工智能基础设施在其单项操作或功能上的应用，刺激其对人工智能基础设施的有效需求，甚至优先扶持其实现智能装备改造，加快其向智能制造转型升级的同时，营造对智能装备的有效需求。对于如低端制造业等过剩产能和过剩库存严重的问题产业，在鼓励其充分利用信息网络基础设施及各种公共服务搜寻可匹配需求同时，支持其应用行业机器人进行简单重复劳动以代替工人劳动，实现向智能制造转型升级。

二、对人工智能产业链最高的应用层政策上全面引导

鼓励"大众创业、万众创新"在这一层面发挥作用，刺激和发展对基础设施层和技术层有效需求，打造未来服务业雏形。在信息平台大环境下发展如电子商务、微信商务等基于"互联网＋"面向全球市场进行需求挖掘的生产劳动新部类，培育中小企业，以吸引包括主动或被动离开低端制造业的各

种游离资本和劳动力在内的生产要素投入需求挖掘劳动。把更多劳动投入到挖掘消费者自身巨大多样性需求中，以产生更多有效需求。注意如"僵尸企业"等过剩产能在淘汰过程中的重新吸收，用需求挖掘发现新需求并消化旧产能，达到供给侧结构性改革的去产能目标。

三、刺激中间技术层形成正确有效、灵活适应的供给结构

在人工智能产业链上层需求驱动和下层有效供给下刺激中间技术层形成正确有效、灵活适应供给结构。要使技术层在应用中构建要素监控、供给有效的智能生产，提高全要素生产率，从源头上杜绝产能过剩。

四、注意鼓励新兴人工智能产业

人工智能产业发展特点是其自身将创造大量需求，包括对生产生活的各种辅助智能的需求、对多样化的智能工具的需求、对形成高质量有效供给的智能工具的需求、对智能产品不断创新的需求、对已有智能机器不断提高其环节智能化水平需求等。人工智能技术将进一步与传统产业结合，形成如新型农业、新型服务业的智能机器需求，如智能家居、智能终端、智能汽车、智慧建筑等。

五、大力营造利于人工智能企业发展的政策环境和制度环境

应从政策法规、资金、税收、人才、知识产权、放开管制等方面入手，大力营造有利于人工智能领域企业发展的政策环境和制度环境，鼓励企业结合市场和国家需求，促进人工智能技术的基础和应用研究产品化、商业化，实现全产业链优化和调整。

第三节　应用案例

一、案例1——能源领域

开展人工智能能源科技创新，把能源技术及其关联产业培育成带动产业

升级的新增长点，推动能源科技革命以及能源领域供给侧结构性改革。徐光平在《人工智能化数字化助推能源领域供给侧改革》一文中认为，依托于网络和云计算、数字平台、机器人和算法分析的人工智能技术，将对我国能源行业的数字化转型起到极大推动作用，改变企业运营方式和为用户创造价值的模式。人工智能和数字化技术在能源行业中的应用大大提高能源行业建设、运行和管理水平，为能源企业减员增效，节能环保做出卓越贡献，促进了能源领域供给侧改革。

1. 大力开展智能化和数字化电厂示范工作

智能数字化电厂是电力工业逐步落实工业自动化，先进信息化技术，"两化融合"带来的一种最新发展趋势，是给电站添加以"智能"运行、检修、管理、决策为核心的智能化大脑。从基建阶段三维数字化建模，从而实现数字化移交，大幅提高设计和采购阶段管材，线缆等精准性，大幅减少材料浪费，精准设计和精准施工，有效合理缩短工期。智能电厂建设通常包括智能发电，智能诊断和维修，三维可视化主动安全的智能巡检点和大数据分析四部分。

2. 大力推广数字煤矿建设

各企业充分利用过去各种自动化和信息化平台，完善建设和运营中的数据链，建立智能化模块，设立事故预警与在线诊断系统，对生产过程大数据进行分析，为煤矿安全生产做出科学决策。除了智能化软件建设外，在煤矿劳动强度大的井下作业，要大力推广采用机器人采矿，对采矿生产线进行智能机器人巡检。中煤集团认为，先进煤矿开采正在向信息化，自动化，智能化方向发展，智能化开采日益成为未来煤矿开采业发展的核心内容，中煤集团大力推广智能煤矿建设，实现设施标准化，生产自动化，管理信息化，办公移动化，决策智能化，从而保证煤矿的安全与高效生产。

3. 石油天然气等能源行业实施智能化建设

中石油、中石化和中海油三大集团分别建立了集团级、分公司级以及厂级的在线预警和专家诊断系统，对整个生产过程和管理过程进行智能化决策。由于石油行业防火等级特别高，对于无线互联网以及智能机器人的应用还不是十分普遍，但随着机器人和互联网技术的提高，未来应用空间十分巨大。

二、案例 2——医疗领域

2018 年 3 月，全国人大代表、科大讯飞董事长刘庆峰在接受新华网采访时表示，人工智能核心战略有两条：顶天，源头技术想办法，在国际上掌握制高点，尽快并跑，并且争取领跑；立地，踏踏实实把这个技术用到实实在在中，产生数据驱动的比较优势，然后获得自我造血能力，在全球形成产业优势。做好这两点，自我迭代形成良性循环，中国就会越走越好，在人工智能领域就有未来。可助推医疗人工智能产业发展、推进医疗领域供给侧结构性改革的三大建议：

一是开展智能语音及人工智能技术的应用，推动门诊电子病历普及。基于智能语音识别技术可实时记录病患沟通及医生诊疗信息，并通过人工智能技术形成结构化的电子病历，在不增加医生工作量情况下，提高电子病历完整度和规范性，为完善个人电子健康档案和开展深层次医疗健康大数据应用奠定基础。

二是建设基于深度学习的人工智能辅助诊疗系统，提高医生诊疗水平，助力医疗供给侧改革。第一，基于人工智能的医学影像辅助诊断系统一方面有强于人眼的细节捕捉能力，对人眼容易忽略的细小病灶更敏感；另一方面可快速、长期处理大量医学影像，不会出现疲劳等，能大大提高阅片医生准确性，降低误诊率和漏诊率，最终提高影像检查服务能力。第二，基于人工智能技术，结合三甲医院医生诊疗经验与医疗大数据，构建辅助诊疗系统，全面介入临床诊疗流程，为医生提供有效诊断和治疗建议，提升医生特别是基层医生诊疗水平，充分发挥基层医生在分级诊疗机制中的作用，助力医疗供给侧改革。

三是成立国家医疗人工智能领导小组，指导医疗人工智能产业发展。专门跟踪和推动人工智能在医疗中的应用，并制定医疗人工智能服务标准和规范，积极评估和鉴定已经成功试点案例，并在全国范围内快速推广。

第五章 人工智能助力三大攻坚战

党的十九大报告中指出，要坚决打好防范化解重大风险、精准脱贫、污染防治的攻坚战，使全面建成小康社会得到人民认可、经得起历史检验。

2018年政府工作报告提出，抓好决胜全面建成小康社会三大攻坚战。要分别提出工作思路和具体举措，排出时间表、路线图、优先序，确保风险隐患得到有效控制，确保脱贫攻坚任务全面完成，确保生态环境质量总体改善。

2019年政府工作报告提出，要继续打好三大攻坚战，精准发力、务求实效。防范化解重大风险要强化底线思维，坚持结构性去杠杆，防范金融市场异常波动，稳妥处理地方政府债务风险，防控输入性风险。精准脱贫要坚持现行标准，聚焦深度贫困地区和特殊贫困群体，加大攻坚力度，提高脱贫质量。污染防治要聚焦打赢"蓝天保卫战"等重点任务，统筹兼顾、标本兼治，使生态环境质量持续改善。

第一节 人工智能助力防范化解重大风险攻坚战

打好防范化解重大风险攻坚战，就是对我们面临的国际国内经济、政治、社会等方面的风险采取有效措施防范化解，力争不出现重大风险或在出现重大风险时扛得住、过得去。其中防范化解金融风险是当前重点之一。此处仅从金融风险角度进行阐述，国务院印发《新一代人工智能发展规划》指出，建立金融风险智能预警与防控系统。建构以科技为支撑的金融监管体系，能解决金融监管中存在的监管不力甚至监管空白等问题，在一定程度上消除监管与被监管之间的"信息孤岛"。

2019年6月在"第十一届陆家嘴论坛"上，中国人民银行行长易纲表示，人民银行积极支持上海探索大数据、区块链、人工智能、云计算等技术在金融领域的应用。

监管科技利用云计算、大数据、人工智能等新兴数字技术依据监管规则实时、自动监管被监管者，自动化分析大量公开和私有数据，发现更多依靠人工监管发现不了的监管漏洞和不合规情况，帮助金融机构核查是否符合监管政策、遵守相关监管制度，更好识别与应对系统性金融风险。

当金融机构通过机器学习、大数据分析和人工智能等技术来处理和分析金融大数据产生的信息与风险时，为避免信息不对称，监管机构采用监管科技将是大势所趋。金融监管部门通过运用大数据、云计算、人工智能等技术，能很好感知金融风险态势，提升监管数据收集、整合、共享的实时性，有效发现违规操作，高风险交易等潜在问题，提升风险识别准确性和风险防范有效性。人工智能常采用规则推理和案例推理两种方式进行自我学习，通过规则推理可反事实模拟不同情景金融风险，更好识别系统性金融风险。利用案例推理，学习过去所有案例，用过去监管案例评价新的监管问题、风险状况和解决方案，预防有关错误。

智能风险监测预警系统综合全面采集数据，结合金融办风险预警规则，运用数据分析和数据挖掘技术，形成综合性监管分析报告，实现金融监管由"手工监管"向"智能监管"，"事后处理"向"事前预警"，"信息孤岛"向"数据整合"，"粗放检查"向"精细监管"转变，切实提升金融风险识别和风险变化跟踪能力，降低监管人员工作量，实现金融公司的全方位监管，持续监管和动态分析金融风险状况，极大提升监管效能，防范与化解金融风险。实现分析多维化，基于海量数据，一定程度实现多维分析功能，维度涵盖行业、地区、时间、机构类型等要素，提供指标时序分析能力，进行全生命周期跟踪。实现监测预警自动化，具备对敏感指标进行实时监控、自动报警能力，对超出预警范围的指标监测数据，自动向相关人员推送风险提示，实现不漏报、不误报、不延报，切实提升监管履职时效性和准确性。

案例：深圳市金融风险监测预警平台

据北京金信网银金融信息服务有限公司消息，依托深圳市金融风险监测预警平台，深圳市金融办开发了以"人""资金""业务"为主线的风险预警模型，建立"海豚指数"对企业风险分级预警、分类处置，不断提升主动发现、提前预警金融风险的能力，实现对涉众金融风险的"打早打小"。

1. 实时监测预警风险

深圳金融风险监测预警系统集"行业风险预警""内外数据融合""监管统计分析""部门协同办公"于一体，解决风险监测预警难、实施防范监管难、企业情报获取难等难题。实现举报、预警、打击、处置的一体化全流程，指挥各部门联合防范、处置风险。监测预警系统数据来源广泛，包括互联网数据、政府内部数据、群众举报数据。

2."海豚指数"多维度综合评估风险

监测系统设计 P2P、股权投资、小额贷款、要素交易场所等各类新兴金融业态子系统从"人员""资金""业务"方面建设"海豚指数"预警模型。

3. 配套监管服务

配套监管服务包括重点企业风险排查服务，深度挖掘企业内在风险；线下举报平台，发动群众积极性，检举揭发犯罪活动；互联网金融平台信用评级体系实现"白名单"和"黑名单"的分类评级和监管治理。

第二节　人工智能助力精准脱贫攻坚战

据光明网报道，2016 年 4 月 19 日，习近平总书记在网络安全和信息化工作座谈会上指出，可以发挥互联网在助推脱贫攻坚中的作用，推进精准扶贫、精准脱贫，让更多困难群众用上互联网，让农产品通过互联网走出乡村，让山沟里的孩子也能接受优质教育。

2016 年 10 月，中央网信办、国家发展改革委、国务院扶贫办联合印发的《网络扶贫行动计划》中指出，鼓励网信企业、展会企业、物流企业引进互联网、多媒体、动态数据库及人工智能等先进技术，开发虚拟会展系统平台，搭建国家贫困县名优特产品网络博览会。2018 年 8 月，由国务院扶贫办主管的中国社会扶贫网发布新版扶贫应用，运用人工智能对大数据进行分析，将实现扫码捐赠分享。2019 年 5 月，在国际人工智能与教育大会上，中国教育部副部长孙尧表示，深入推进"人工智能＋教育扶贫"，持续拓展教育脱贫攻坚方式，提升教育脱贫攻坚精准度，加大教育脱贫攻坚力度，巩固提升教育脱贫攻坚成果，坚决打赢教育脱贫攻坚战。甘肃省推出全国首个精准扶贫大数据管理平台，设省、市、县、乡、村 5 个层级，研究开发了扶贫对象、扶贫措施、扶贫成效、数据分析、绩效考核 5 个管理子系统。广东省积极推进建设大数据扶贫信息系统，并依托大数据实施精细管理、精确瞄准、动态监测。科大讯飞和安徽省扶贫办启动了基于人工智能大数据精准扶贫的平台项目，该平台可了解到最需扶贫对象，精准匹配帮扶者，利用平台在安徽乃至全国范围内找到最合适项目来推动扶贫工作。

我国精准扶贫政策以每年减贫 1300 万人以上的成就，书写了人类反贫困斗争史上"最伟大的故事"。我国扶贫攻坚工作进入决胜阶段，精准性对扶贫工作的影响至关重要。精准脱贫主要工作包括：一是精确识别，这是精准脱贫前提。通过有效、合规程序，识别谁是贫困居民。二是精确帮扶，这是精准脱贫关键。贫困居民识别出来后，针对脱贫对象的贫困情况定责任人和帮扶措施，确保帮扶效果。三是精确管理，这是精准脱贫的保证。包括农户信息管理、脱贫资金阳光操作管理等。

在精准脱贫攻坚战中，人工智能可应用到很多方面，下面列举部分应用。

一、建立智能化贫困人口数据库

做好精准扶贫摸底工作，需打通数据壁垒，消除数据孤岛。融合扶贫、民政、工商、户政、车管、房管、金融等职能部门数据，自动实时关联贫困人口与对应工商、房产、车辆、存款等登记信息，利用人工智能图形、音频识别等先进技术搜集、处理、分析、挖掘和展示贫困户数据，借助人工智能分析模型甄别出贫困人口，精确定位扶贫对象，生成智能化贫困人口数据库。

二、打造智能化预防监督平台

一方面可建立扶贫项目智能监管平台。与民政、教育、卫生等部门进行数据对接和大数据分析，实现对项目全流程精准监管、动态监管，确保扶贫项目精准实施。另一方面建立扶贫资金监控平台。引入扶贫资金数据流，借助后台采集公职人员资产、企业法人、人口信息等基础数据，设计数据对比模型，资金发放时后台同步对比，快速精准锁定错发、漏发、重复发等疑点问题数据，解决虚报冒领、优亲厚友、截留挪用等资金违纪违规问题。

三、"人工智能 + 教育"助力教育扶贫

"扶贫必扶智。让贫困地区的孩子们接受良好教育，是扶贫开发的重要任务，也是阻断贫困代际传递的重要途径。"2014 年 9 月 9 日，第 31 个教师节来临之际，习近平总书记在给"国培计划（2014）"北京师范大学贵州研修班参训教师的回信中如此表达对扶贫工作的战略思考。随着人工智能技术融入远程教学过程中，偏远地区孩子可与远方老师在教学过程中互动，更有效发挥优质教育资源辐射作用。通过人工智能、大数据等相关技术应用，营造一种网络化、数字化、智能化与人性化相结合的学习环境，实现"偏远地区孩子也有一个 AI 教学助手"目标，替贫困地区孩子圆梦。

第三节　人工智能助力污染防治攻坚战

打好污染防治攻坚战，还民众一片蓝天白云、青山绿水，人工智能可助力打赢这场生态环境攻坚战。人工智能在打赢污染防治攻坚战方面应用主要分为污染监测、分析预警、智慧治理三个环节。

一、在污染源监测方面，构建天地空立体监测体系

无人机、传感器、感知技术是常用人工智能技术，空气监测站或小微站，借助通信技术，结合移动式监测遥感器，可基本确定一个地区污染变化情况。将人工智能技术深入融合到环境治理中，借助卫星遥感、无人机、地面监测站，建立一体化环境质量感知体系，天地空同时发力"锁定"污染。如以无人机为平台搭载视频监控设备和环境监测设备，实现对大气污染物的监控、监测、采集功能，大大提高对环境应急事故现场的监测能力。

二、在分析预警方面，采取大数据分析

大数据分析可综合分析大量卫星数据、地面物联网监测点数据，提前布置预警工作，靶向追踪污染源。如北方几次重污染天气，北京及时启动空气重污染预警，做好风险防控工作。

三、在智慧治理方面，人工智能技术更多的是体现在环保设备的智能化调控

智能设备使得前期监测、数据分析、中端治理走向一体化，整个治理过程精准又便捷。

第六章　智能经济

国务院印发的《新一代人工智能发展规划》提出，培育高端高效的智能经济。加快培育具有重大引领带动作用的人工智能产业，促进人工智能与各产业领域深度融合，形成数据驱动、人机协同、跨界融合、共创分享的智能经济形态。数据和知识成为经济增长的第一要素，人机协同成为主流生产和服务方式，跨界融合成为重要经济模式，共创分享成为经济生态基本特征，个性化需求与定制成为消费新潮流，生产率大幅提升，引领产业向价值链高端迈进，有力支撑实体经济发展，全面提升经济发展质量和效益。

2019 年 3 月，中央全面深化改革委员会审议通过《关于促进人工智能和实体经济融合的指导意见》，强调要把握新一代人工智能发展的特点，构建数据驱动、人机协同、跨界融合、共创分享的智能经济形态。

第一节　概　述

智能经济是以人工智能为代表的新一代信息技术与经济社会深度融合形成的新型经济形态，是建立在智能基础上的经济，由人工智能技术推动和创造，将人工智能技术贯穿于社会生产、交换、分配和消费的全过程，并将人工智能技术应用于宏观经济管理与决策。智能经济以新一代信息技术为基础，以智能技术与经济社会各领域的深度融合和深入应用为主要内容，以智能产业化和产业智能化为主要形式，推动生产方式、生活方式和社会治理方式智能化革新。

国务院印发的《新一代人工智能发展规划》提出培育高端高效的智能经

济，发展人工智能新兴产业，推进产业智能化升级，打造人工智能创新高地；上海、天津、杭州等地积极举办智能大会、论坛、大赛、博览会等重大活动，积极推动智能经济发展；宁波、成都等城市率先制定智能经济发展规划或政策，系统推进智能经济发展。

据《人民日报》报道，2018 年 8 月 23 日，在首届中国国际智能产业博览会上，中共中央政治局常委、国务院副总理韩正强调，要把握大数据智能化发展的新特点新趋势，推动智能化在商用、政用、民用领域全面拓展，加快建设智能经济和智慧社会，培育壮大新动能，改造提升传统动能，为建设现代化经济体系、实现高质量发展提供重要支撑。

据《每日经济新闻》报道，2019 年 6 月 2 日，在"中国城市百人论坛2019 年会"上，中国工程院院士潘云鹤表示，构建未来理想城市关键在把智能城市和智能经济结合起来。

第二节　智能经济特征和发展趋势

一、当前智能经济主要特征

智能经济必须以信息技术为核心前提，可与各个领域产生化学反应，提高原有行业的供给效率和质量。

1. 智能经济以人类智力为核心，以高知识附加值为产出

智能经济主要通过人工智能设备，充分发挥体力与知识的结合，产出高知识附加值和高知识密度的产品或服务。传统体能经济是将人看作成本，智能经济是把人看作资本，通过智能技术将知识转化为资本并转化为生产力。传统体能经济主要以消耗不可再生的自然资源为基础，智能经济主要以可复制、可再生、可重复使用的信息资源为核心。传统体能经济更注重有形资产，而智能经济下，有形资产与智力等无形资产有效结合，相互转换，实现协同效应最大化。从形态、范围及要素相互协助关系来看，智能经济均是传统依靠劳动力体力的经济模式的升级，在未来经济发展中会略胜一筹。

2. 智能经济易实现规模化、集体化、个性化的经济产出

智能经济解放了传统劳动力，能实现经济发展规模化和集体化，能高效实现个性化经济产出，使得消费模式从"生产什么就消费什么"到"需要什么就生产什么"的转变。使得竞争从生产要素向客户市场转变，以成本竞争和价格竞争为主的恶性竞争模式逐步向弱化同业竞争、强化联合和创新的模式发展转变。智能经济打破传统体能经济的分散性、大众化弊端。在智能经济模式下，更易实现规模化、集体化、个性化经济产出，且由于智能经济以互联网、智能技术等为基础，凡是能运用智能技术和信息技术领域都会成为智能经济组成部分，服务于社会经济等领域。

3. 智能经济易促进产品与服务的创新和转化

传统经济模式依赖于自然资源等实体经济投入，智能经济主要以发明和创新为基础，主要投入是知识和信息等无形资源。智能经济融合能力强，在某一领域一旦形成，便会迅速被其他领域采用，是一种知识密集型、智慧型新经济形式。智能经济产品和服务的创新和转化速度极快，一项技术创新后便会迅速取代旧的，以占领市场。传统体能经济的要素难以被替代或替代成本较高，而智能经济是智能技术与各种经济要素的融合，只要有技术发展足够支撑，智能经济就能通过融合将技术实体化，推动经济社会各个领域互联互通和兼容发展，促进多种技术集成应用和多个领域跨界创新。

二、未来智能经济发展趋势

在亿欧 2017 创新者年会 AI 产业应用峰会上，国家《新一代人工智能发展规划》执笔组主要成员李修全认为，未来智能经济发展趋势如下：

1. 数据和知识成为经济增长关键要素

大数据尤其是人工智能技术发展，对数据的开发利用从信息交换进入到挖掘利用阶段，基于数据及数据之间的联系，发现规律、生成知识、形成认知、产生决策。数据和知识的经济价值得以进一步发掘。大数据驱动已经成为智能计算的主流模式，基于海量数据、知识库和知识图谱的智能应用在医

疗、教育、金融等领域不断拓展。数字经济以数据为要素，智能经济是其未来发展高级阶段，数据和知识成为经济增长关键要素。

2. 人机协同成为主流生产和服务方式

感知技术成为当前人工智能产业化主要内容，尤其是图像识别技术和语音交互类技术进入产业应用阶段。借助成熟的感知技术，机器能以全新人机交互模式感知人类，与人交互。大量岗位将会随着人工智能技术发展改变其工作模式，各种类型能力强大的智能助手的出现，使得大量简单、烦琐、重复性的工作由智能助手完成，人们只需完成其中技能性、创造性更强的部分。人机协同大幅提高工作舒适度，大大提高工作效率和工作质量。人机协同模式将覆盖到从决策到运营、从生产到服务的经济活动全链条。

3. 跨界融合成为重要经济形态

人工智能具有强大垂直渗透和横向整合能力，已逐渐渗透到各行各业，在医疗、汽车、金融、零售、安防、教育、家居等行业都有具体落地产品，通过"智能+"方式，推动信息技术与传统产业深度融合。跨界获取数据极大增强自身产品竞争力，将自身数据应用于别行业，也可能衍生新商业模式和产品。行业间界限变模糊，跨界、跨行业融合发展正在成为经济发展的新形态。

4. 共创分享成为智能经济生态基本特征

智能化应用向平台化、生态化发展，智能化产品用户既是产品使用者，也是产品创造者，智能化应用共创分享特征将越来越明显。

5. 个性化需求与定制成为新的消费潮流

应用用户画像技术、个性化制造技术，在营销环节、生产环节、内容提供、广告投送中将普遍实现定制化，个性化定制会成为智能经济基本产品提供模式。智能经济发展需要基于数字化、网络化的信息技术成果，融合物联网、大数据、并行计算等新一代信息技术。

通过发掘数据和知识作为新的生产要素价值，通过发掘智能算法作为新的生产力价值，通过变革生产、营销、服务组织模式，都会极大地提高各行各业的生产效率，创造出新产业增长空间。

第三节 智能经济信号与指标

一、智能经济信号

阿里科学家闵万里在 2019 智库大会上指出，智能经济五大信号正在显现。

1. 新的经济运行操作系统

人工智能、云计算、大数据、物联网、区块链、5G 等新一代信息技术基础设施。

2. 新的组织形态

组织规模小微化、组织结构"云端化"、组织运行"液态化"、组织边界开放化、人机协同"常态化"突破企业边界的、社会化大协作的协同网络，将成为主流组织形态。

3. 新的产业形貌

新兴智能产业及相应服务业快速崛起，同时传统产业智能化改造不断深入。

4. 新的中轴法则

生态化、个性化、弹性化、社会化、去中心化、"柔弱微化"等，将成为智能经济环境下新的中轴法则。

5. 新的文化习惯

正如互联网"开放、分享、透明、责任"等价值元素成为网络时代的"必需品质"，并融入大众日常价值判断体系之中。随着智能商业最佳实践大量涌现，全社会各类组织和个体都已被动卷入或主动学习它们所内含的"最佳行事方式"，少数人新知很快就将变成全社会多数人都熟知并自觉遵从的常识。

二、智能经济指标及其构建

刘尚海等在《智能经济评价指标体系研究——以宁波市为例》一文中，

对智能经济指标方面作了有益探索，选取智能基础设施、智能产业、智能应用、智能服务平台、可持续发展、工作推进机制等作为智能经济指标。

1. 智能基础设施

智能基础设施是智能经济高效运行的基础，指标主要反映智能经济发展所需的网络基础设施建设和使用情况。

2. 智能产业

智能产业既是智能经济的核心内容，也是智能经济发展的重要支撑。该指标主要反映智能经济核心产业总体发展状况，体现智能经济核心产业发展规模。

3. 智能应用

智能应用是智能经济融合性的具体表现。智能经济以人工智能等新一代信息技术为支撑，使智能技术应用在生产、生活、城市管理、社会服务等方方面面，不断提升经济社会运行效率，产生更大价值，使人民群众获得感更强。智能应用指标主要包括智能生产应用、智能生活应用和智能管理应用等。

4. 智能服务平台

平台化、生态化是智能经济重要特征，智能经济的发展离不开大量开放型、一体化的智能服务平台。智能服务平台指标主要包括云平台、服务平台等二级指标。

5. 可持续发展

智能经济可持续性指通过人工智能等技术的创新及推广应用，推动全要素生产率大幅提高，减少了对土地、环境等传统资源的过度消耗，从而实现经济的绿色、高效、可持续发展。

6. 工作推进机制

在智能经济发展的初期，政府主导建立的良好的工作机制至关重要，对于引导和扶持对产业发展、营造发展氛围、打造产业生态等具有较大的推动作用。工作推进机制指标主要包括顶层设计、要素支撑、精准服务等。

第四节　构建智能经济的战略要素及布局

随着产业科技创新变革进入新一轮发展阶段，必须积极主动把握经济发展主脉，迎合创新与变革。为高效构建智能经济发展，应积极把握和布局一些重要战略要素，聚合核心资源。

一、加强信息供应链的发展和完善

信息和知识仍是智能经济的核心要素，信息供应链发展是各国发展智能经济争夺关键，要抢占智能经济先机，必然要大力发展和完善信息供应链相关环节。主要在以下方面进行战略部署：第一，提出的"互联网+"行动计划，是对信息领域智能化最好指导和认可。充分发挥互联网的创新驱动作用，重点建设互联网+创业创新、互联网+协同制造、互联网+现代农业、互联网+智慧能源、互联网+普惠金融、互联网+益民服务、互联网+高效物流、互联网+电子商务、互联网+便捷交通、互联网+绿色生态、互联网+人工智能等发展领域。依托互联网平台提供人工智能公共创新服务，加快人工智能核心技术突破，促进人工智能在诸多领域的推广应用。第二，习近平总书记于2014年在两院院士大会上提出的机器人革命，将为智能系统和智能经济发展提供诸多应用经验。机器人革命或将作为"第三次工业革命"的重要切入点，被称为"制造业皇冠顶端的明珠"，是衡量国家科技创新和制造业水平重要标杆。在习近平总书记指示下，我国机器人制造商和国家相关部门正积极布局，未来我国或将成为世界最大机器人市场，为下一阶段技术和制造能力升级提供发展思路。

二、聚合和创新智能经济发展的基础

资源除了发展智能经济依托的技术以外，另外一条重要路径就是依托现有产业基础，做大做强智能经济。全球都在进行产业升级和回归制造业，我国就产业调整和国有企业发展等内容的改革进程从未停止过。近几年，我国不仅提出工业物联网、工业大数据等推动工业转型升级策略，还在全年经济工作会议中提出去产能、去库存、去杠杆、降成本、补短板的改革路径，旨在实现经济供给侧整体性改革。在基础产业调整和行业改革中，就已注重增加智能运作成本，充分利用知识和信息技术，将人工智能与其他行业和产业的成果进一步嫁接、渗透、组合和创新。

三、搭建和培养智能经济所需平台和人员

智能经济发展必须由国家牵头，聚合高端人才，建立多研发平台，多主体产业和领域参与，以及国家制度和新机制支撑的总体格局。智能经济起步期必须构建一支基础厚实、结构合理、实力突出人才梯队，引进或创建一批市场前景好、带动性强的智能经济项目。我国已选取宁波、成都等地作为人工智能经济的实验点，利用全国的信息技术应用研究院以及智能制造产业研究院等科研机构和研究人员，建设了多个智能经济重大工程、重点实验室和技术中心，以推动智能经济发展。全国多个地区和城市已建立了智能经济集聚区，机器人小镇、智能装备小镇、智能汽车小镇等智能经济特色小镇，众创空间以及孵化器等智能经济新空间。国家相应地推动了管理体制和人才机制的配套设施，建设了"领军拔尖人才培养"等重大工程，引进一批智能经济高层次人才和团队。举办了多次国内外智能经济发展交流大会，吸引了大批国内外智能制造行业顶尖专家、学者与企业家创新集聚。

第五节　培育高端高效的智能经济

人工智能是一个跨学科概念，可与各个行业产生化学反应。人工智能已广泛应用于社会经济各个领域，在某些程度上解放了传统劳动力，极大地便利了人类日常生活。

一、大力发展人工智能新兴产业

加快人工智能关键技术转化应用，促进技术集成与商业模式创新，推

动重点领域智能产品创新，积极培育人工智能新兴业态，布局产业链高端，打造具有国际竞争力的人工智能产业集群。重点发展智能软硬件、智能机器人、智能运载工具、虚拟现实与增强现实、智能终端、物联网基础器件等。

二、加快推进产业智能化升级

推动人工智能与各行业融合创新，在制造、农业、物流、金融、商务、家居等重点行业和领域开展人工智能应用试点示范，推动人工智能规模化应用，全面提升产业发展智能化水平，包括智能制造、智能农业、智能物流、智能金融、智能商务、智能家居等。

三、大力发展智能企业

大规模推动企业智能化升级。支持和引导企业在设计、生产、管理、物流和营销等核心业务环节应用人工智能新技术，构建新型企业组织结构和运营方式，形成制造与服务、金融智能化融合的业态模式，发展个性化定制，扩大智能产品供给。鼓励大型互联网企业建设云制造平台和服务平台，面向制造企业在线提供关键工业软件和模型库，开展制造能力外包服务，推动中小企业智能化发展。推广应用智能工厂，加快培育人工智能产业领军企业。

四、打造人工智能创新高地

结合各地区基础和优势，按人工智能应用领域分门别类进行相关产业布局。鼓励地方围绕人工智能产业链和创新链，集聚高端要素、高端企业、高端人才，打造人工智能产业集群和创新高地。开展人工智能创新应用试点示范，建设国家人工智能产业园，建设国家人工智能众创基地。

第七章 智能化产业

党的十九大报告指出，加快建设制造强国，加快发展先进制造业，推动互联网、大数据、人工智能和实体经济深度融合。

人工智能是新一轮科技革命和产业变革的重要驱动力量。经过 60 多年的演进，人工智能发展进入新阶段。人工智能的迅速发展将深刻改变人类社会生活、改变世界，成为国际竞争的新焦点、经济发展的新引擎、社会建设的新机遇。人工智能与传统实体经济融合发展是经济转型升级和创新发展的重要途径。要充分发挥我国海量数据和巨大市场应用规模优势，坚持需求导向、市场倒逼的科技发展路径，积极培育人工智能创新产品和服务，推进人工智能技术产业化，形成科技创新和产业应用互相促进的良好发展局面。

2017 年 7 月，国务院印发的《新一代人工智能发展规划》提到，到 2030 年使中国人工智能理论、技术与应用总体达到世界领先水平，成为世界主要人工智能创新中心。人工智能产业已进入全球价值链高端，新一代人工智能在智能制造、智能医疗、国防建设等领域得到广泛应用。伴随着万物智联时代的开启，未来人工智能将加速各行业转型升级，提高各行业智能化水平。

根据 CIE 智库数据，2018 年全年，全球人工智能核心产业市场规模超过 555.7 亿美元，相较于 2017 年同比增长 50.2%，其中基础层市场规模约为 111.1 亿美元，技术层市场规模约为 172.3 美元，应用层市场规模最大，为 272.3 亿美元；我国人工智能核心产业市场规模超过 83.1 亿美元，相较于 2017 年同比增长约 48.4%，其中基础层市场规模约为 16.6 亿美元，技术层市场规模约为 24.1 亿美元，应用层市场规模约为 42.4 亿美元。

随着可收集数据的质量和数量不断提升，AI 加快其技术革新和商业运营模式发展。预计 2020 年，全球人工智能核心产业将达到 1300 亿美元的规模，我国人工智能核心产业将突破 220 亿美元的规模。

第一节 院士论道人工智能产业趋势

根据赵亚楠发表的《八大院士论道共探人工智能产业趋势》一文，2019年 1 月 10 日，以"工业智联网：AI 赋能·智联世界"为主题的 2019 国家智能产业峰会在山东青岛隆重召开。峰会共同论道智能产业发展趋势，共话智能产业未来。

1. 中国工程院院士、中国自动化学会理事长、西安交通大学教授郑南宁：人工智能是第四次工业革命的重要推动力

如今人类社会正处在第四次工业革命的初期，人工智能作为第四次工业革命的典型标志和重要推动力，可创造一个与人类友好、智慧的社会。第四次工业革命的标志，是工业发展的载体，今天看到的众多新技术与应用，均是人工智能小小的开始。人类使机器变得聪明，正面临着一个不可预测的未来，但它一定会为人类社会创造更大的财富。回顾已经经历的三次工业革命，均以提高生产效率为目标，为社会创造巨大的价值与财富。在第四次工业革命的发展浪潮中，需要积聚产业界、金融界、学术界等社会各界的力量，思考如何紧抓第四次工业革命的巨大机遇。

2. 中国工程院院士、中国自动化学会特聘顾问兼荣誉理事、东北大学学术委员会主任柴天佑：人工智能与自动化加快工业领域发展

当前，人类对人工智能的界定并不明确，且随时间推移不断变化，但人工智能的研究和应用多年来始终秉持一个核心目标，即，使人的智能行为实现自动化或复制。近年来，国内外提出将人工智能应用在工业领域，呈现两个发展方向，一是在机器学习中加入实际模型的导引，以实现类人智能和强人工智能；二是运用人工智能技术建立智能系统。此外，人工智能在工业领域的应用，离不开与自动化的结合，人工智能与自动化均是通过机器延伸和

增强人类的感知、认知、决策、执行的功能，增强人们认识世界和改造世界的能力，完成人类无法完成的特定任务。

3. 中国工程院院士、北京理工大学校长张军：人工智能助力工业智联网的发展

随着智能技术的发展，从工业互联网发展到工业智联网是必然趋势。工业智联网是新一代人工智能技术、知识工程技术与制造业深度融合的产物，是未来工业的核心基础设施和新型经济形态的支撑科技。以工业互联网的典型应用——车联网为例，车联网未来的发展方向是车路协同，工业互联网是人、设备、数据之间利用智能技术的创新，从工业互联网发展到工业智联网，即是在应用层加入了智能服务得到智慧，自动层加入感知计算得到知识，数据层加入智能计算得到信息，进而实现新的架构。

4. 中国工程院院士、中国自动化学会监事、海军航空大学教授何友：大数据是人工智能发展的基石

大数据是人工智能未来发展的一个基石，也是国防领域竞争的新高度。当前，为掌握未来战争的主动权，各军事强国纷纷布局国防领域大数据研究及应用，着力打造先进数据汇聚和处理能力。国防大数据除具有大数据的4V特征外，还具有"两超、三高、三强"的8S特性。目前，我国国防大数据建设、研究与应用存在数据不够用、不可用、不会用和不敢用的突出问题，面临诸多技术挑战。随着关键技术的突破，国防大数据将在战略规划、指挥决策、情报分析、军事训练等领域发挥"智慧引擎"的作用，并逐步形成三种不同形态的应用装备。未来，国防大数据将推动军事组织形式变革，促进指挥决策方式转变，提升体系作战能力，加速战争形态演变，加快武器装备智能化进程。

5. 中国工程院院士、中国自动化学会副理事长、清华大学教授戴琼海：脑科学与人工智能并驾齐驱发展

人工智能突破性进展尤其是深度卷积神经网络和贝叶斯网络在多个研究领域获得重大应用，表明人工智能已经进入了全新发展时代。新一代人工智能的理论与方法，即建立一种机器感知、机器学习到机器思维和机器决策的

颠覆性的模型，人工智能如何在脑科学当中找出机理和方法，是国际上研究的一大热点。针对大规模神经网络观测记录的挑战，国际上开展宽视场高分辨率脑成像系统和宽视场计算摄像仪器的研究。人类的大脑并不比无穷宇宙简单，大脑的神经科学是"人类科学最后的前沿"。脑科学与人工智能并驾齐驱发展，脑科学的进步将强有力地推动人工智能的进一步发展。

6. 中国工程院院士、中国自动化学会副理事长、中南大学教授桂卫华：人工智能助力制造业转型升级

我国制造业经过长期发展，在生产工艺、制造装备及自动化技术等方面取得了长足的进步。当下制造业正处于从并跑到领跑的关键时期，其发展面临资源综合利用率低、能耗水平不平衡、排放总量大、高水平现场工艺技术人员短缺等严峻挑战，而人工智能技术作为制造业转型升级最有力的助力器之一，能加速推进以智能化为标志、以人工智能为抓手和以高效绿色制造为目标的工业智能制造的发展进程。因此，我国制造业亟须深度融合人工智能技术，需要围绕制造业全流程中关键知识感知难，重要特性认知难，多目标、多环节优化决策难等问题，建立集智能感知、知识发现和分析、智能关联、判断和自主决策于一体的人工智能驱动的生产制造优化决策系统，以实现我国制造业工业的智能升级。

7. 欧洲科学院院士、中国自动化学会副理事长、澳门大学讲座教授陈俊龙：人工智能感知促进智能医疗

"健康中国"战略在 2015 年政府报告中被提出，突出强调以人健康为中心，并融入经济社会发展之中，通过综合性的政策举措，实现健康发展目标。2018 年 10 月，习近平总书记在中央政治局集体学习中指出，要加强人工智能在医疗卫生领域的深度应用，创新智能服务体系。人工智能技术、互联网服务和医疗设备等迅速发展，以健康数据为核心内容的新一代智能感知和行为理解方法的研究，将成为新一轮产业革命的重要引擎。智能医疗是医疗信息化的升级发展，通过与大数据、云计算技术的深度融合，以医疗云数据中心为载体，为各方提供医疗大数据，结合新一代人工智能的感知、认知行为，服务人类。

8. 新加坡工程院院士、上海交通大学讲席教授连勇：人工智能＋物联网推动万物互联

物联网通过其产生、收集的海量数据，存储于云端、边缘端，再通过大数据分析，结合更高形式的人工智能，形成智能化的应用场景和应用模式，服务实体经济，为人类的生产活动、生活所需提供更好的服务，实现万物数据化、万物互联化，打开了人工智能真正落地的重要通道，使万物迈入智联网（AIoT）时代。智联网将多维传感、人工智能、反馈调控融为一体，具有分布式人工智能、采用"脑"在回路的方法、按需要配置资源、全集成芯片的特点。目前，嵌入式人工智能芯片面临诸多机遇和挑战，未来中国在此领域将会有更多的投入与发展。

除参与这次峰会的专家外，还有不少专家、院士对人工智能也有精辟认识。

（1）中国工程院院士高文。2018 年 10 月 31 日中共中央政治局就人工智能发展现状与趋势举行第九次集体学习，高文院士就人工智能发展现状与趋势作了讲解，并谈了意见和建议。2019 年 5 月 22 日，高文院士在中国人民大学"科学大讲堂"主讲嘉宾，以"人工智能的现状和趋势"为主题作了讲解。他指出，当前人工智能发展呈现加速突破、应用驱动的新趋势。在智能水平上，感知智能日益成熟，认知智能持续突破。在技术路线上，数据智能成为主流，类脑智能蓄势待发，量子智能加快孕育。在智能形态上，人机融合成为重要方向。人工智能应用驱动加速推进，经济社会巨大潜力逐步显现。

（2）中国工程院院士邬贺铨。2019 年 1 月 16 日，邬贺铨院士出席了旷视机器人战略发布会，在大会上以"AI 助力智能制造"作主题演讲。邬贺铨院士表示，AI 助力智能制造，其目的是助力提升生产效率、降低成本、改进体验、促进创新。人工智能、大数据、移动互联网、物联网、云计算的协同融合，点燃了信息化新时代的引擎，数字化的转型成为企业向高质量发展的共识，人工智能推动企业向智能制造和智能运营发展。

（3）中国工程院院士李德毅。李德毅院士认为，人工智能是经济发展的新引擎，社会发展加速器。

（4）中国工程院院士李国杰。李国杰院士认为，在人工智能领域，我国在研发人才、技术积累、资金投入和企业自身能力等方面基础实力雄厚，尤其是在人工智能应用上有着广阔的市场。人工智能、大数据异军突起，成为信息时代的新动能。

（5）中国科学院院士梅宏。2017 年 12 月 8 日，中共中央政治局就实施国家大数据战略进行第二次集体学习，梅宏院士就这个问题作了讲解，并谈了意见和建议。梅宏院士认为，现在正在进行的人工智能，它和过去的做法不一样，这是数据驱动的智能。

还有很多专家、院士对人工智能也有很多远见卓识，因篇幅原因在此不一一赘述。

第二节　智能化产业链层次

需有效区分人工智能核心产业和人工智能带动的相关产业，人工智能核心产业是围绕人工智能技术及衍生的主要应用形成的具有一定需求规模、商业模式较为清晰可行的行业集合，人工智能带动的相关产业是通过人工智能核心产业发展所形成的辐射和扩散效应，获得新提升、新增长的国民经济其他行业集合。

人工智能核心产业分为基础层、技术层和应用层，结合目前常见应用场景，依据产业链上下游关系，可将其划分为相对独立、相互依存的若干种产品及服务。基础层最靠近"云"，应用层最靠近"端"。

一、基础层

主要解决替代和发展人的感知和行为能力的问题，主要包括智能传感器、智能芯片、算法模型，智能传感器和智能芯片属于基础硬件，算法模型属于核心软件。

1. 智能传感器

属于人工智能神经末梢，是实现人工智能核心组件，用于全面感知外界

资料来源：中国电子学会。

环境的最核心元件，各类传感器的大规模部署和应用是实现人工智能的基本条件。随着传统产业智能化改造的逐步推进，以及相关新型智能应用和解决方案的兴起，智能传感器需求将进一步提升。

核心技术：智能传感器本质上是利用微处理器实现智能处理功能的传感器，必须能自主接收、分辨外界信号和指令，能通过模糊逻辑运算、主动鉴别环境，自动调整和补偿适应环境，以便减轻数据传输频率和强度，显著提高数据采集效率。

主要产品：智能传感器已广泛应用于智能机器人、智能制造系统、智能安防、智能人居、智能医疗等各个领域。在智能机器人领域，智能传感器使机器人具有视觉、听觉和触觉，可感知周边环境，完成各种动作，与人互动，包括触觉传感器、视觉传感器、超声波传感器等；在智能制造系统领域，利用智能传感器可直接测量与产品质量有关的温度、压力、流量等指标，利用深度学习等模型进行计算，推断产品质量，包括液位、能耗、速度等传感器；在安防、人居、医疗等与人类生活密切相关领域，智能传感器广泛运用于各类智能终端，包括光线传感器、距离传感器、重力传感器、陀螺仪、心律传感器等。

典型企业：智能传感器市场主要由国外厂商占据，集中度相对较高。由于技术基础深厚，国外厂商通常多点布局，产品种类较为丰富，我国厂商经营内容仍较为单一，如高德红外主要生产红外热成像仪，华润半导体主要生产光敏半导体，也出现了华工科技、中航电测等少数企业试水扩大布局范围。

2. 智能芯片

智能芯片是人工智能核心，与传统芯片最大差别在于架构不同，传统计算机芯片均属于冯·诺伊曼（John von Neumann）体系，智能芯片则仿照大脑结构设计，试图突破冯·诺伊曼体系中必须通过总线交换信息的瓶颈。

核心技术：深度学习已成为主流人工智能算法，对处理器芯片的运算能力和功耗提出更高要求，目前软件企业采取的主流方案是通过应用 GPU 和 FPGA 提高运算效率，GPU 是一个庞大计算矩阵，具有数以千计的计算核心，可实现 10—100 倍应用吞吐量，且支持对深度学习至关重要的并行计算能力，比传统处理器更快速，大大加快训练过程。一些针对深度学习算法而专门优化和设计的芯片已面市，因量身定制，运行更高效。

主要产品：数据和运算是深度学习基础，可用于通用基础计算且运算速率更快的 GPU 迅速成为人工智能计算主流芯片。与人工智能更匹配的智能芯片体系架构的研发成为人工智能领域新风口，已有一些公司针对人工智能推出专用人工智能芯片。

典型企业：作为核心和底层基础，智能芯片已成为各大公司布局重点领域。传统芯片巨头如英特尔、英伟达，大型互联网公司如谷歌、微软已在该领域发力，这些公司资金实力雄厚，除自行研发外，通常采用收购方式快速建立竞争优势。由于智能芯片刚刚兴起，技术、标准都处于探索阶段，我国芯片厂商换道超车机会窗口闪现，涌现一批优秀创业型公司，如寒武纪、深鉴科技等。

3. 算法模型

人工智能算法通常分为监督学习和无监督学习。随着行业需求进一步具化，围绕算法模型的研发及优化活动越发频繁，算法模型产业已初具规模。

核心技术：算法创新是推动人工智能重要驱动力，深度学习、强化学习等技术出现使得机器智能水平大为提升。全球科技巨头纷纷以深度学习为核心在算法领域展开布局，谷歌、百度等相继在图片识别、机器翻译、语音识别、决策助手、生物特征识别等领域实现创新突破。

主要产品：全球算法模型持续取得应用进展，深度学习算法成为推动人工智能发展焦点，各大公司纷纷推出自己深度学习框架，如谷歌TensorFlow，百度PaddlePaddle。开源已成为不可逆趋势，这些科技巨头正着手推动相关算法开源化，发起算法生态系统竞争。服务化也是算法领域未来发展重要方向，一些算法提供商正将算法包装为服务，针对客户具体需求提供整体解决方案。

典型企业：在算法模型领域具备优势的企业基本均为知名科技巨头，正通过构建联盟关系扩展战略定位等方式布局人工智能产业。我国科技企业纷纷落子人工智能，阿里巴巴正式推出"NASA"计划，腾讯成立人工智能实验室，百度公司将战略定位从互联网公司变更为人工智能公司。

二、技术层

技术层解决人工智能"替代和发展人的知识和学习能力"问题，使其能像领域专家一样思考和创新，是人工智能产业核心；主要包括语音识别、图像视频识别、文本识别等产业，语音识别已延展到语义识别层面，图像视频识别包括了人脸识别、手势识别、指纹识别等领域，文本识别主要是针对印刷、手写及图像拍摄等各种字符进行辨识。

1. 语音识别

语音识别技术将人类语音词汇内容转换为计算机可读输入。语音识别技术与其他自然语言处理技术如机器翻译及语音合成技术相结合，可构建更复杂应用及产品。

核心技术：语音识别主要目的是让智能设备具有和人类一样的听识能力，将人类语言所表述的自然语义自动转换为计算机能理解和操作的结构化语义，完成实时人机交互功能。语音唤醒技术、声学前端处理技术、声纹识别技术、语义理解技术、对话管理技术等语音识别领域核心技术的蓬勃发展，有助于构建智能语音交互界面系统，提高语音识别的准确率与响应速度，满足垂直领域对自然语义识别和声音指令的应用需求，为用户提供友好便捷人机交互体验。

主要产品：语音识别技术在电子信息、互联网、医疗、教育、办公等各个领域均得到广泛应用，形成智能语音输入系统、智能语音助手、智能音箱、车载语音系统、智能语音辅助医疗系统、智能口语评测系统、智能会议系统等产品，可通过用户语音指令和谈话内容实现陪伴聊天、文字录入、事务安排、信息查询、身份识别、设备控制、路径导航、会议记录等功能，优化复杂工作流程，提供全新用户应用体验。

典型企业：语音识别领域具有较高行业技术壁垒，在全球范围内，只有少数企业具有竞争实力。微软、谷歌、科大讯飞、云知声、百度、阿里、凌声芯、思必驰等知名企业均重点攻克语音识别技术，推出大量相关产品。微软致力于提高语音识别技术准确率，达到专业速录员水平，并将相关技术应用于自身产品"小冰"和"小娜"；科大讯飞作为国内智能语音和人工智能产业的领导者，中文语音识别技术已处于世界领先地位，并逐渐建立中文智能语音产业生态；云知声重点构建集机器学习平台、语音认知计算和大数据交互接口三位一体的智能平台，垂直应用领域集中于智能家居和车载系统；阿里人工智能实验室借助"天猫精灵"智能音箱构建基于语音识别的智能人机交互系统，通过有效接入第三方应用拓展生活娱乐功能。

2. 图像视频识别

图像识别技术利用计算机处理、分析和理解图像，以识别各种不同模式状态下的目标和对象，包括人脸、手势、指纹等生物特征。视频从工程技术角度可理解成静态图像的集合，视频识别与图像识别的定义和基本原理一致。随着人类社会环境感知要求不断提升和社会安全问题日益复杂，人脸识别和视频监控作用更加突出，图像视频识别产业将迎来爆发式增长。

核心技术：图像视频识别通过计算机模拟人类器官和大脑感知辨别外界画面刺激，既有进入感官的信息，也有记忆存储的信息，对存储的信息和接收的信息进行比较加工，完成图像视频的辨识过程。围绕以上特定需求，图像预处理技术、特征提取分类技术、图像匹配算法、相似性对比技术、深度学习技术等构成图像视频识别的核心技术体系框架，能对通过计算机输入和照相机及摄像头获取的图片视频进行变换、压缩、增强复原、分割描述等，提高图像视频识别质量和清晰度，有助于快速准确完成图像视频响应分析流程。

主要产品：智能图片搜索、人脸识别、指纹识别、扫码支付、视觉工业机器人、辅助驾驶等图像视频识别产品正深刻改变着传统行业，针对种类繁杂、形态多样的图形数据和应用场景，基于系统集成硬件架构和底层算法软件平台定制综合解决方案，面向需求生成图像视频的模型建立与行为识别流程，为用户提供丰富的场景分析功能与环境感知交互体验。

典型企业：从事图像视频识别公司显著增加，谷歌、旷视科技等知名企业重点集中在人脸识别、智能安防和智能驾驶等领域。国外公司大多进行底层技术研发，偏重于整体解决方案的提出，积极建立开源代码生态体系，如谷歌推出 Google Lens 应用实时识别手机拍摄的物品并提供与之相关内容；国内企业直接对接细分领域，商业化发展道路较为明确，如旷视科技目前重点研发人脸检测识别技术产品，加强管控卡口综合安检、重点场所管控、小区管控、智慧营区等领域的业务布局，图普科技提供色情图像和暴恐图像识别的产品和服务。

3. 文本识别

文本识别利用计算机自动识别字符，包括文字信息采集、信息分析与处理、信息分类判别等内容。可有效提高如征信、文献检索、证件识别等业务自动化程度，简化工作流程，提高相关行业效率。随着政府、金融、教育、科技等领域需求的进一步上升，文本识别将在工业自动化流程与个人消费领域取得长足发展。

核心技术：文本识别技术目前正由嵌入式设备本地化处理向云端在线处理全面演进发展，过去由鼠标与键盘输入的文本信息，现在主要由摄像头、麦克风和触摸屏采集获取。以往文本识别核心技术，如模板匹配技术、字符分割技术、光学字符识别技术、逻辑句法判断技术等需与应用程序编程接口技术、智能终端算法技术、云计算技术等结合，衍生出面向云端与移动互联网的新型文本识别系统，通过开放平台与服务为广大企业及个人用户提供便捷服务。

主要产品：基于文本识别技术开发的文件扫描、名片识别、身份证信息提取、文本翻译、在线阅卷、公式识别等产品正在金融、安防、教育、外交等领域得到广泛应用，通过不同授权级别，为企业级用户部署专业文档管理、移动办公与信息录入基础设施，为个人用户提供个性化人脉建立、信息咨询和远程教育服务。

典型企业：谷歌、微软、亚马逊等跨国科技巨头在自身产品服务中内嵌文本识别技术，以增强产品使用体验和用户黏度，如谷歌推出的在线翻译系统可提供 80 种语言之间的即时翻译，可将自身语音识别技术与文本识别相结合，汉王科技、百度、腾讯等均有较为成熟的产品推出。

三、应用层

应用层主要功能是整合基础层或技术层的能力，结合各传统产业领域，实现人工智能对各行各业的新旧动能转化，实现"高效满足人的更高需求"目标。应用层主要包括智能机器人、智能金融、智能医疗、智能安防、智能驾驶、智能搜索、智能教育、智能制造系统及智能人居等产业。智能机器人产业规模及增速相对突出；智能金融、智能驾驶、智能教育的用户需求相对明确且市场已步入快速增长阶段；智能安防集中于行业应用和政府采购，市场集中度相对较高；智能搜索、智能人居的产品尚未完善，市场正在逐步培育；智能医疗则涉及审批机制，市场尚未放量。后续章节将详细介绍人工智能在各个行业、场景中的应用。

人工智能产业链中，基础层是构建生态基础，价值最高，需长期投入进行战略布局；通用技术层是构建技术护城河基础，需要中长期进行布局；解决方案层直戳行业痛点，变现能力最强。

第三节　人工智能产业竞争格局

智能时代是一个人机协同、跨界融合、共创分享时代，生产、分配、交换、消费等经济环节深刻变化，传统社会结构、职业分工产生重大调整，各产业不能故步自封，应主动适应新的时代要求。波士顿咨询公司（BCG）等在《人工智能：未来制胜之道》一文中认为，在人工智能平台化趋势下，人工智能将呈现若干主导平台加广泛场景应用的竞争格局，生态构建者将成为最重要一类模式。

1. 生态构建着——全产业链生态＋场景应用作为突破口

以互联网公司为主，长期投资基础设施和技术，同时以场景应用作为流量入口，积累应用，成为主导的应用平台，将成为人工智能生态构建者。

关键成功因素：大量计算能力投入，积累海量优质多维数据，建立算法平台、通用技术平台和应用平台，以场景应用为入口，积累用户。

2. 技术算法驱动者——技术层＋场景应用作为突破口

以软件公司为主，深耕算法平台和通用技术平台，同时以场景应用作为流量入口，逐渐建立应用平台。

关键成功因素：深耕算法和通用技术，建立技术优势，以场景应用为入口，积累用户。

3. 应用聚焦者——场景应用

以创业公司和传统行业公司为主，基于场景或行业数据，开发大量细分场景应用。

关键成功因素：掌握细分市场数据，选择合适场景构建应用，建立大量多维度场景应用，抓住用户；与互联网公司合作，有效结合传统商业模式和人工智能。

4. 垂直领域先行者——杀手级应用＋逐渐构建垂直领域生态

以垂直领域先行者为主，在垂直领域依靠杀手级应用（如出行场景应用、面部识别应用等）积累大量用户和数据，并深耕该领域的通用技术和算法，成为垂直领域的颠覆者（如滴滴出行、旷视科技等）。

关键成功因素：在应用较广泛且有海量数据的场景率先推出杀手级应用，积累用户，成为该垂直行业主导者；通过积累海量数据，逐步向应用平台、通用技术、基础算法拓展。

5.基础设施提供者——从基础设施切入，向产业链下游拓展

以芯片或硬件等基础设施公司为主，从基础设施切入，提高技术能力，向数据、算法等产业链上游拓展。

关键成功因素：开发具有智能计算能力的新型芯片，拓展芯片的应用场景；在移动智能设备、大型服务器、无人机（车），机器人等设备、设施上广泛集成运用，提供更加高效、低成本运算能力、服务，深度整合相关行业。

在产业链基础层，科技巨头通过推出算法平台吸引开发者，希望实现快速的产品迭代、活跃的社区、众多的开发者，打造开发者生态，成为行业标准，实现持续获利。在产业链应用层，科技巨头都借助积累的个人用户数据，开发针对个人用户和企业用户解决方案。

第八章　智能化农业

据《人民日报》2017 年 10 月 30 日报道，习近平总书记 2013 年 12 月在中央农村工作会议上强调，中国要强，农业必须强。党的十九大报告中提出，农业农村农民问题是关系国计民生的根本性问题，必须始终把解决好"三农"问题作为全党工作重中之重。农业是人类赖以生存的根本，农业是国之根本，农业发展水平是国家综合实力的体现。新一代人工智能发展将深刻改变国民经济与社会各方面，注入新的生机活力，将快速渗透、融入农业产业，农业现代化将迎来新的爆发机遇。充分利用好人工智能，整合产业链资源，不断延伸全产业链。

据《农民日报》报道，2018 年 5 月 25 日，农业农村部部长韩长赋在第三届中国—中东欧国家（"16+1"）农业部长会议上指出，下一步，我们将继续加强智慧农业发展，加快推进农业生产智能化、经营网络化、管理数据化、服务在线化，全面提高农业农村信息化水平，推动农业转型升级、高质量发展。

中国工程院院士、国家农业信息化工程技术研究中心主任赵春江表示，目前面向我国农业重大需求和世界智能农业科技的前沿，应积极推进人工智能技术与农业深度跨界融合，构建具有中国特色的智能农业技术体系、应用体系、服务体系，变革农业传统生产方式，推进农业现代化。要加快建立"信息感知、定量决策、智能控制、精准投入、个性服务"的农业智能技术体系。

智能化农业正在快速增长，国内互联网巨头、人工智能技术应用前沿企业纷纷使用人工智能助力农业产业升级。比如，阿里的阿里云 ET 农业大脑，主打农业资料数据化、农产品生命周期管理、智慧农事系统和全链路溯源管理；百度联合雷沃重工，无人驾驶技术赋能农机，助力农业产业现代化升级；腾讯建立"AI生态鹅厂"，研发鹅脸识别。人工智能技术不断渗透传统农业，从深度改造农业，到颠覆农业传统营销模式，再到互联网公司跨界进入农业领域等，使农业产、供、销体系更加紧密结合，也提升了农业生产效率。

第一节　概　述

智能化农业的应用场景正逐步实现：田间智能工业机器人承包播种、除草、采收、分拣等繁重农事劳动；人工智能机器学习算法预测天气、分析农作物永续性；基于人工智能的手机app实时通知农业人员阳光、水分、肥料、病虫害正在对农作物产生影响。

智能化农业利用物联网、人工智能、大数据等新一代信息技术，利用实时、动态农业物联网信息采集系统，通过快速、多维、多尺度信息实时监测，实现农业视觉诊断、远程控制、灾害预警等，实现农业生产全过程精准化、智能化。

智能化农业有利于降低农业生产成本、提高生产效率、保护农村生态环境。申格等在《我国智慧农业研究和应用最新进展分析》一文中认为，智能化农业主要目标是实现农业全过程的智能化，其实质是数据驱动。以"数据"为核心主线，智能化农业涵盖包括感知、传输、分析、控制、应用等方面。感知作为基础，利用各类传感器采集和获取各类农业信息和数据的过程；传输是关键，将经感知采集到的信息和数据通过一定方式传输到上位机待进行存储；分析是核心，利用感知传输数据进行挖掘分析，支撑农业预警、控制和决策；控制是保障，将针对决策系统的控制命令传输到数据感知层、进行远程自动控制装备和设施；应用是目的，实现农业生产过程、生产环境、农作物病虫害等智能管理。

一、智慧农业经营管理

人工智能引领农业有效生产经营与管理，主要体现如下：一是在农机上加装的物联网终端可实时读取农机位置信息、工况信息，实时上传到物联网平台上，借助大数据知识，分析海量工况数据，分析出何处作业的农机易出故障的原因，提前预判农机状态，及时安排维修人员维修；利于改进、升级农机产品，尽量减少故障率；基于农业产销大数据，引导农业合理布局，实现农业资源有效配置。二是基于人工智能技术，构建病虫害防治、气候灾害预警、农产品质量与安全追溯等决策支持服务系统，服务于农业经营过程管理并提供有效治理方案。三是无人拖拉机、无人收割机、无人分拣机等智能机器人，自动完成耕作、播种、施肥、浇水、收割等作业，减少劳动力数量和成本，提高农产品产量和品质。

二、应用

1. 智慧农场

智慧农场是现阶段发展智慧农业的基本形态，主要包括大田种植和设施农业两方面。大田种植将多种技术集成建立大田作物生长感知与智慧管理物联网平台，可实现数据采集、管理、分析及应用，在试验区进行推广应用。随着无人机技术发展，为获取丰富、精确、小尺度农田信息提供可能，天空地一体化的遥感数据获取体系将为发展智慧农业尤其是实现智慧大田提供技术保障。中国农业科学院农业资源与农业区划研究所研制开发了天空地一体化农田地块大数据平台，利用卫星遥感技术、无人机与车载地面样方调查装备及农业物联网等相关系统，智能获取每个地块的周边环境因素、土地利用类型、农作物长势、农户生产决策信息等农业生产大数据，从科学上解答农民每年"种什么""怎么种"等问题。设施农业是智慧农业发展应用中最广泛的领域之一，包括温室大棚、植物工厂等。现阶段已研发构建了大量的智能设施农业环境监测系统、生产管理控制系统及视频监控系统等。基于这些智慧农业决策系统支持，可实现设施农业生产环境信息的无线采集监测，并进行环境优化控制；对生产过程进行精细化管理控制，包括作物生长感知、精准施肥、病虫害监测及节水喷灌等，在一定程度上实现农产物安全监测和流通的信息化。

2. 智慧果园

实现果园的智慧化种植、管理也是智慧农业重要应用。基于物联网技术构建了智慧葡萄园管理系统，系统实现了数据库存储优化、最远优先K-means 数据挖掘算法，可完成葡萄园环境信息采集、存储、处理与挖掘，实现葡萄整个生长周期的自动监测和控制，具有比较好的普适性和通用性。以瓜果种植为研究对象，建立物联网智能农业瓜果生产系统，可实现瓜果生产要素的精细化和智能化控制，具有基于支持向量机对病虫害预警诊断以及产品安全溯源等功能。包括采摘机器人、除草机器人、嫁接机器人、苗盘搬运机器人等不同功能的农业机器人在果园中也得到广泛应用，可实现除草、果实采摘等智能化。

3. 智慧养殖

畜禽水产养殖的研究大多集中在利用无线传感器实现养殖环境的实时监测、数据监测及设备调控等，利用无线传感网络对动物生理特征和健康信息进行监测。畜禽养殖方面，利用传感器网络可以实现猪舍等养殖环境的信息监测，通过系统智能分析得到养殖环境的变化情况，根据变化情况实时反馈调控，使养殖环境保持最优状态，实现精细化管理。利用无线传感器网络对牲畜健康信息监测也是畜禽养殖上的重要应用。对物联网技术在水产养殖的应用进行系统研究，在数据感知、数据传输与数据应用方面都取得突出成果：实现海水、淡水、半咸水等不同应用场景下的传感器精确测量；使用复杂养殖环境下时空融合的无线传输方法，提高无线传输网络在复杂水产养殖场景下的稳定性；使用水产养殖实时数据在线处理模型与方法，构建基于实时数据与知识库联合驱动的鱼类生长动态优化模型，为实现水产养殖精准智能调控提供关键的技术。

4. 智能化管理与服务

智慧管理包括智慧预警、智慧控制、智慧指挥、智慧调度等内容。推进农业智慧化管理，重点是通过农业大数据的开发和应用，建立智慧农业综合化的信息服务平台来进行决策、指挥和调度。南京市的智慧农业中心建设，抓好农业大数据，建立农资监管信息系统、重点农业项目信息管理系统、农产品质量安全追溯管理系统等多个系统，为部门行业监管、应急指挥调度、领导科学决策等提供了有力支撑。北京市通过建设北京设施农业物联网云服务平台、智能决策服务和反馈控制系统，实现病虫害远程诊断、监控预警、指挥决策，以及肥、水、药智能控制和设施农产品质量安全监管与追溯等。互联网发展使得农业服务模式发生转变，由以公益性服务为主的传统模式向市场化、主体多元化、服务专业化转变，实现更为全面的社会化服务。利用现代信息技术建立智慧农业综合服务平台，为企业、农户、政府开展农业生产提供支撑，提供多种农业服务，实现农业服务的智能化。

第二节　智能化农业全过程应用

人工智能技术应用贯穿农业生产全过程，推进实现农业生产过程的自动化、智能化、动态化管理，显著提高现代农业生产效率、质量和水平。刘现等在《人工智能在农业生产中的应用进展》一文中认为，人工智能技术可贯穿于农业生产的产前、产中、产后直至销售阶段，以其独特的技术优势提升农业生产技术水平，实现智能化的动态管理，减轻农业劳动强度，展示出巨大的应用潜力。将人工智能技术应用于农业生产中，已经取得了良好的应用成效。农业专家系统，农民可利用它及时查询在生产中所遇到的问题；采用农业机械装置、农业机器人等自动化装置代替手工作业，减轻农民劳动强度、大幅提高生产效率，提高经济效益；在农产品品质检测中，智能识别技术的出现代替了人工检测检验方法，检验效率高，可替代传统人工视觉检验法，给消费者的健康提供保证，满足消费者"放心消费、健康消费"的诉求，维护消费者的利益。

在农业产前、产中、产后各阶段应用如下：

一、产前阶段

1.灌溉用水分析及控制

智能农业要求对农业生产环境实时、自动、精准的监测与控制。毛林等在《人工智能技术在现代农业生产中的应用》一文中认为，灌溉用水供需分析和控制主要问题是在确保农作物成长所需用水量条件下，减少因灌溉水量不足或过多所导致农作物旱涝发生。人工智能技术的智能灌溉控制系统通过具有极强学习能力的人工神经网络等人工智能方法，对农产品用水需求量进行分析，对水文气象指数、气候数据等进行挖掘分析，为智能灌溉控制系统提供最有效的灌溉策略。智能灌溉系统可利用物联网技术在监测控制区域部署无线网络、传感器节点、灌溉设备，感知土壤水分，对土壤质量实时监测，来设置科学合理的灌溉水量，针对不同环境灵活选择自动灌溉、定时灌溉、周期灌溉等多种灌溉模式，保证农产品生长，节约灌溉用水量。

2. 土壤成分检测与分析

土壤成分及肥沃程度分析是农业产前工作重要组成部分。检测分析土壤成分，调整农作物生产结构，选择适宜种植的作物品种，合理耕作施肥，是农作物高质高产前提。采用探地雷达成像技术及其非侵入性得到土壤检测图像，转换成数字信号，借助人工神经网络方法对图像数字信号做进一步处理和分析，获得土壤表层载土的含量。土壤成分检测一般是使用检测设备来进行，土壤成分分析主要是依靠软件来实现，借助人工智能可帮助种植企业、农户获得准确合理施肥时间、施肥地点进行科学施肥，实现高产。

3. 农作物种子品质鉴定

种子是农业生产中最主要的原材料，种子品质检测是保证农作物产量和质量安全性的重要措施。以机器视觉代替人的视觉进行农作物种子质量检验，是人工智能技术在种子品质检测鉴定的应用。采用图像探测分析、神经网络等技术方法，鉴定过程中采用无损检测手段，不破坏种子结构，检测速度快、准确性高。可根据农业企业、种植户、农民的需要选择合适种子种类，为农民做出科学指导，根据不同季节、不同环境的农作物进行分析和评估。

以人工神经网络为代表的新一代人工智能技术具有更强大的数据挖掘能力，正推动作物育种走向智能化"4.0"时代。

中国农业大学作物基因组与生物信息学系教授王向峰撰文以玉米为例，

对育种"4.0 时代"阐释如下：依托人工智能、基因组测序、基因编辑等相关技术，实现玉米组学基因型与表型大数据的快速积累，通过遗传变异等数据的整合，实现作物性状调控基因的快速挖掘与表型的精准预测，通过人工改造基因元器件与人工合成基因回路，使作物具备新的抗逆、高效等生物学性状，并通过在全基因组层面上建立机器学习预测模型，创建智能组合优良等位基因的自然变异、人工变异、数量性状位点的育种设计方案，最终实现智能、高效、定向培育新品种。

二、产中阶段

1.农业专家系统

农业专家系统是具有人类农业专家的知识和能力的计算机软件系统，代替农业专家解答种植业、养殖业、渔业、设施农业等各农业领域方面的问题。系统运用人工智能知识工程的知识表示、推理、知识获取等技术，总结和汇集农业领域的知识和技术、农业专家长期积累的大量宝贵经验。系统的核心为知识库、推理机、大数据处理引擎，通过人工智能方法、大数据处理手段对各种农业大数据进行清洗、筛选、过滤和加工，利用知识推理挖掘有价值信息，为农业提供科学准确的预测和决策。

2.设施农业生产智能控制

随着设施农业、设施园艺发展规模不断扩大，设施农业自动化智能化管理系统越来越重要，其中温室智能控制系统成为设施农业自动化智能化管理系统的重要组成部分。温室智能控制系统采用物联网技术自动感知温度、湿度、光照、二氧化碳浓度、水分、土壤等生产环境因素，预处理采集数据，自动操控温控、遮阳、灌溉等设备，有效控制作物各生长周期适宜的、最佳的环境状态。温室智能控制系统还能与农业专家系统结合，为种植业、养殖业用户提供技术咨询，帮助指导预防和控制作物病虫害、动物疫病的方法。

3.病虫草害识别

生产管理过程中，病虫害识别可有效预防病虫害发生、控制病虫害危害程度、保证农作物产量和质量、降低经济损失。依靠人工智能可实现作物品种识别、病情分析、病症种类识别，针对病情病症"对症下药"。病虫草害识别系统的关键是利用人工智能技术建立病虫草害特征知识库。通过图像采集设备采集作物常见病害特征图像，利用特征提取方法提取病斑区图像的特征，获得颜色、纹理、形状等特征参数，统计分类特征参数并建立分类数据库，实现准确识别作物常见病害。视觉图像技术识别农作物品种也为识别和清理杂草提供便利，减少使用除草剂，利于生产无公害农产品、有机农产品、绿色食品等优质产品，实现"舌尖上的安全"。

4. 农作物智能化采收

采收机器人是人工智能系统在农作物采收上的典型应用。采收机器人拥有计算机视觉识别系统、感知和操作控制系统、知识存储系统，通过内置视觉识别技术对果实等可准确定位农产品个体，根据存储的知识可分析判断果实成熟程度，利用机械手臂采摘农作物个体，并且可控制抓取力度，避免损坏农作物个体结构，保证果实完整度，还可无损采摘表面脆弱的瓜果类农产品。采收机器人采收效率高，采收质量好，加之采收机器人具有自主学习能力，经过不断训练能不断提高采收效率和采收质量。

三、产后阶段

1. 农产品品质检验

农产品品质检验是现代农业产后售前阶段的一项重要工作，目的是在农产品从生产加工线进入仓储过程前进行品质检验，便于依据品质差异的区分进行分类和包装。农产品品质检验的自动化是通过农业智能机械装置得以实现，设备安装了具有计算机视觉的机械手臂，通过手臂上的光学镜头进行观察，利用图像处理技术对产品视觉图像进行处理，根据产品检测结果进行分类、产品包装。

2. 农产品电商运营

农产品电商集买卖、线上交易、电子支付及各类综合服务为一体，解决农产品市场流通渠道窄、供应链信息不对称等问题。农产品电商是大数据农业的应用模式，采用人工智能技术进行大数据分析，引导企业生产、制定灵活销售策略，使农业企业把握市场行情，避免价格大幅波动。人工智能融入电商平台，能够从电商平台大数据中提取用户、产品等各类数据，利用关联规则、分类、聚类等人工智能算法，建立用户分类，分析各类用户的消费兴趣、消费行为和习惯，挖掘用户潜在消费意向和可能的潜在用户。

3.农产品智慧物流

智慧物流配送系统融合互联网、微电子、移动物联网和人工智能技术，在农产品供应链管理自动化、智能化中充当关键作用。人工智能技术提供智能物流配送策略，主要包括，一是根据生产季节性、区域性变化及市场需求波动进行农产品需求量的预测，采用基于无线射频识别的人工智能自动识别技术实时监控运输、销售情况，根据销售实时数据对产品需求量做出预测，并及时反馈供应链上游，控制物流企业存货量，帮助企业调整和优化农作物种植结构，进而获得更高的经济效益。二是物流配送的运输路径优化，农产品中生鲜农产品占比大、易腐蚀变质、保存周期短，仓储及运输过程损耗大，需保证零库存状态。以生鲜度、用户满意度、配送费用为约束条件，建立移动物联网环境下的多目标路径优化数学模型，采用人工智能遗传算法对模型仿真，依靠可视化软件呈现最优路径决策方案，为用户选择物流配送路径提供参考，进而完善生鲜农产品供应链。

第三节　智能化农业机器人

科技部在《服务机器人科技发展"十二五"专项规划》中提出把服务机器人产业培育成我国未来战略性新兴产业，这是中国农业机器人产业的发展的重大机遇。

农业机器人是一种以农产品为操作对象、兼有人类部分信息感知和四肢行动功能、可重复编程的柔性自动化或半自动化设备。它能减轻劳动强度，解决劳动力不足问题，提高劳动生产率和作业质量，防止农药、化肥等对人体的伤害，以及替人类完成一些有困难的工作，如高处采摘等。

一、行走系列机器人

王儒敬等在《农业机器人的发展现状及展望》一文中认为，行走系列机器人可包括以下种类：

1.自行走耕作机器人

依托拖拉机增加传感系统与智能控制系统，实现自动化、高精度的田间作业。

2.作业机器人

利用自动控制机构、陀螺罗盘和接触传感器等装置，自动进行田间作业。

3.施肥机器人

根据土壤和作物种类的不同自动按不同比例配备营养液，实现变量施肥。

4.除草机器人

依据图像处理系统、定位系统实现杂草识别及定位，从而根据杂草种类、数量自动进行除草剂的选择性喷洒。

5.喷雾机器人

依托病虫害识别系统与控制系统，可根据害虫的种类与数量进行农药喷洒。

二、机械手系列机器人

1.嫁接机器人

用于蔬菜或水果的嫁接，可以把毫米级直径的砧木和芽胚嫁接为一体，提高嫁接速度。

2.采摘机器人

通过视觉传感器来寻找和识别成熟果实。

3.育苗机器人

把种苗从插盘移栽到盆状容器中，以保证适当的空间，促进植物的扎根和生长。

4. 育种机器人

采用机械手对种子进行无损切割，并进行基因分析，指导育种过程。

三、畜牧机器人

陆蓉等在《智能化畜禽养殖场人工智能技术的应用与展望》一文中认为，养殖生产中已出现具有一定智能，可进行自动饲喂、自动挤奶、自动捡蛋、自动清粪等作业的智能化畜牧系统。

自动养猪系统采用无线射频识别对发情母猪或返情母猪等个体实施自动分群。智能化精确饲喂采用大圈群养模式，扩大活动空间，群体内母猪可自由分群、随意组合，自由选择采食时间，减少饲养过程中对母猪造成的应激。在奶牛养殖领域中，奶牛个体识别管理技术采用无线射频无线射频识别，并整合其他测控技术。如以个体奶牛生理与生产信息为精饲料定量依据，进行精确饲喂机器人的研制；或采用悬挂式和行走式奶牛精饲料精确饲喂机；或采用三搅龙变螺距给料，解决饲喂堵料问题；又或采用由双模行进机构、精确投料机构、单片机自动识别等组成的双模自走式奶牛精确饲喂装备，最终实现智能化奶牛养殖。全自动精确饲喂机器人。奶牛智能饲喂机器人，优于人工哺喂初乳或犊牛自行吸食母乳方式。实现在特殊环境下智能远程控制的消毒。发酵养殖床服务机器人，通过机器视觉、超声和电子鼻技术，实现铺垫发酵养殖床填料，将发酵养殖床填料翻耕平整。国内已研发出远程控制清粪机器人。

四、种植机器人

1. 应用在农机自动驾驶技术方面

通过感知、定位技术实现作业环境、位置感知，利用路径规划技术及液压控制技术，实现农机按规划轨迹自主行驶。农机自动驾驶多采用导航定位的方式，利用视觉结合神经网络深度学习，识别、检测障碍物，实现环境感知，还可借助机器学习规划最优路径。

2. 应用在精准喷药、施肥技术方面

同一农田的不同区域，农作物病虫害状态不同，土壤氮磷钾含量不同，作物所需肥料量不同，作业过程应按需施肥，进行变量作业，实现精准喷药、施肥。利用人工智能，检测作物病虫害，分析大量病虫害数据，规划植保机作业最优策略，实现精准、变量喷药、施肥。

3. 应用在精准播种方面

在播种过程中，确保种子之间间距一致，作物最大化摄取阳光、水分、矿物质，保证作物产量。当前，播种机多为纯机械式结构，机械作业存在不稳定性，可能出现单次排不出种子或单次排出多个种子的问题。可在播种机上加装摄像头，利用神经网络分析种子抛洒过程，实时记录、标识未播、多播种子的位置或编号，提升作业效率。

4. 其他方面应用

比如在谷物脱粒、分离、清选应用。

第四节　智能化林业应用

张亚东在《基于人工智能在林业中的运用分析》一文中认为，林业可运用现代化和数字化现代体系，建立一个以现代数学和物理为理论基础，以3S 技术即全球定位系统（GPS）、地理信息系统（GIS）和遥感技术（RS），数据库网络技术、传感器技术和林业机械化技术等为技术基础，以森林精准监测、精准管理、精准林木育种、精准林木抚育、森林火灾预防为目标，使森林最大限度地发挥其生态、社会和经济效益的智能化林业技术系统。

一、人工智能应用于森林资源调查管理

利用全球定位系统，结合空间技术、卫星定位技术、计算机技术对信息进行采集、处理、管理、分析、表达、传播和应用，在工程测量、造林设计、伐区设计、森林经营监控、森林资源调查管理方面得到很好辅助功效。

二、人工智能应用于森林植物病虫害防治监控

病虫害入侵，给大自然造成灾难性后果。病虫害入侵植物时，肉眼无法及时觉察，利用红外线光谱，捕获到病虫害信息，利用遥感技术，科学分析出病虫害原产地、森林受灾程度、扩散速度和防治原理等，有效防治森林病虫害。搭建智能化森林病虫害专家诊断系统，通过深度学习，训练机器识别特定模式，运行相应的深度学习算法，提高自动识别植物病虫害的准确率。此类算法进一步深度挖掘，找出病虫害根本因素。大部分森林病虫害因素都是植物生理性引起的，譬如土壤养分中缺乏钙、镁等元素，或者钠元素等过量，抑或是该区域的天敌动物链被破坏。如误诊，滥用农药或者除草剂，导致浪费时间和金钱。

三、人工智能应用于森林火灾监测

搭建智能化森林火灾监测体系，运用卫星定位系统、传感技术和计算机云系统，实时监控森林，一旦发现险情，系统立即反馈到当地消防部门，大大降低经济损失。对高发火险地区，系统将自动存入云数据库，当达到一定火险等级，自动做出预警提示。

四、人工智能应用于林木种苗培育

林木种苗培育是人工林培育的重要环节。人工智能育苗将大大提高种苗抗病性，提高每亩单产量，从而降低造林成本；将种苗基因选优注入苗木，利用计算机自动识别筛选优质苗木。

五、人工智能应用林业机械化

人工智能帮助完成人工林除草、灌溉、施肥和喷药等工作，可利用电脑图像识别技术来获取人工林的生长状况，通过机器学习、分析和判断出那些是需要清除杂草，哪里需要灌溉，哪里需要施肥，哪里需要喷药，并能立即执行。人工智能能更精准施肥和喷药，大大减少农药和化肥。

第五节 智能化林业无人机

吴亚楠在《智能无人机在林业中的应用探讨》一文中认为，智能化无人机可在难度更大、飞行强度更高、环境更恶劣条件下完成任务，是提高林业工作效率、保障林业工作安全的有效方式。

智能林业无人机主要应用有森林资源调查、林业种植、森林火灾监测和救援、森林病虫害监测和防治、野生动物监测和保护、林业执法。

一、智能无人机在森林资源调查中的应用

无人机可挂载高清摄像头和遥感设备，拓宽地面巡视，增加高空视角，提高效率和精确度，快速获取地表信息、重建三维地形、估算森林面积和推算植被数量。智能无人机能自主避障，在确定以某一台无人机为主的条件下编队飞行，实现无人机与无人机之间协同作战，大大提高效率。

二、智能无人机在林业种植中的应用

智能无人机可与其他智能无人机协同作业，统一化自主地全天候地施肥或播种，避免操作人员和农药的近距离接触，加快播种速度，从一定程度上节约农药和人力。

三、智能无人机在森林火灾监测和救援中应用

面对森林火灾这类复杂环境，智能无人机和操作人员进行语言交流，搜救人员犹如亲临火灾现场，节约救援宝贵时间，提高救援效率和准确性。智能无人机可根据原有森林数据，对灾后现场提出综合评定和恢复方案。

四、智能无人机在森林病虫害监测和防治中的应用

病虫害爆发期间，可视度低，智能无人机自主识别障碍物类型、回避障碍物、规划新路线，将数据传回地面站。智能地面站通过大数据分析，可预

测病虫害爆发。这种监测不仅能监测病虫害而能预测病虫害爆发区域、时间和程度，提前预警。

五、智能无人机在野生动物监测和保护中的应用

利用智能无人机可精准监测野生动物数据，通过大数据分析、人工智能算法识别和归类物种，还可监控物种健康状态，梳理同一物种不同个体间的关系等，实时全方位的监测和保护。智能无人机通过识别（如脚印、面部特征、活动特征）对某特定濒危动物进行重点监测，达到濒危动物保护的目的。

六、智能无人机在林业执法管理中的应用

森林警用智能无人机以人工智能技术为基础，从多维度的角度收集和分析海量数据，通过数据积累、数据碰撞、数据挖掘，获得全面且动态的数据，为快速发现犯罪嫌疑人和收集证据提供有利的数据支撑。在林业执法中，森林警用智能无人机可通过采集到的图片数据，对重点嫌疑人进行人脸识别，开展侦查工作。无人机和人工智能的结合可实现森林警察从传统安防执法到智能执法的变革。

第六节　智能化畜牧养殖系统

畜牧业智能化将新一代信息技术融合到传统畜牧业中，应用信息技术对传统畜牧业进行提升和改造，在畜牧业生产、流通、消费以及农村经济、社会、技术等各环节全面运用现代信息技术，实现畜牧业饲养设施的操作自动化及数字信息化、畜牧业生产经营管理的数字信息化、畜牧业市场流通的数字信息化以及畜牧业劳动者的智能化，并实施于精细饲喂、科学育种、饲养环境监控、疫情监测、疾病防制及畜产品溯源等方面。发展智能化畜禽养殖场的人工智能技术应用，基础在于提升养殖设施和工艺水平，通过物联网和大数据技术强化养殖过程数据采集和处理能力，通过技术集成，创新研发养

殖场智能感知控制系统、畜禽健康监测系统、养殖机器人、畜产品收割加工机器人、自动化粪污处理系统，实现智慧畜牧。

一、养殖场智能感知控制系统

应用物联网技术感知养殖环境参数，应用视频技术对养殖实时连续地监测，并建立全景视频监控系统，通过三维图像融合技术，将不同位置、角度的监控画面进行无缝对接。实现养殖管理、疫病预警、实时生长数据和决策支持。

二、畜禽健康监测系统

禽病的诊断和治疗一直是禽病专家和养殖者重视的技术。系统植入了禽病诊断专业知识数据库和专家经验数据库，根据实际生产中病禽的流行病学、临床症状、病理变化等病情信息，系统进行分值计算、自动处理，智能化诊断疾病，并给出治疗建议。在疫情紧急的情况下通过简便的选项操作，初步诊断疾病，及时采取治疗措施。基于可穿戴设备技术，连续实时收集动物生理健康状况等信息，基于图像识别，实现个体识别、运动检测、个体跟踪等功能，监测动物形态参数，预测动物的体重，帮助饲养者计算生长率，预测动物健康状况，对疫情预警也有指导作用。

三、家禽体温智能检测系统

体温作为家禽健康的重要体征指标之一，体温升高往往预示发病。连京华等在《人工智能技术在家禽生产中的应用》一文中认为，智能体温检测利用红外热成像技术，利用光学成像物镜接受被测家禽的红外辐射并将能量分布反映到红外探测器的光敏元件上，生成红外热像图，再通过图像处理技术实现非接触精准测温。搭建对家禽正常体温和异常体温判定标准的专家系统，分析家禽红外热成像图，建立并不断修正监测模型，直至达到很高的异常体温识别率。

四、自动饲喂系统

包括猪场自动供料系统和自动饲喂系统，实现饲料从仓库到料塔，再到猪舍、饲喂器的全自动控制；奶牛精细饲喂系统与饲喂机器人，结合奶牛身份自动识别系统和营养管理系统，实现高效的奶牛精确饲喂。

五、畜产品收割机器人

自动挤奶机器人，自动完成奶牛识别、乳房扫描定位、高度仿生挤奶，检测蛋白质、脂肪、糖分、温度、电解质等品质参数，还能测量、记录奶牛的体质、泌乳量、挤奶时间等生产参数，降低奶牛发病。禽蛋收集与包装机器人，实际应实现从生产线捡拾鸡蛋到包装箱的分拣，及从包装箱到加工生产线的整盘上料。

六、养殖场生物安全管理智能系统

包括养殖场人员管理、车辆消毒和设备管理，病死畜无害化管理及生物安全管理软件等，实现检疫与隔离，卫生与消毒，灭鼠、灭蝇、灭蚊，及病死猪无害化处理等。

七、智能粪污处理系统

改造无害化粪污处理系统，通过改造养殖场粪污处理设施，及应用畜禽养殖环境监控报警、定量饲喂和粪便自动清理，实现环境远程监测与调控等环节个性化、智能化及精准化控制系统。

八、畜产品大数据系统

通过信息记录、标识佩戴、身份识别、信息录入与传输、数据分析和平台信息共享等，可实现牲畜从出生、养殖、屠宰、运输到消费各个环节的一体化全程监控。即通过动物个体及产品标识技术，将大型养殖场的屠宰加工、物流及销售各环节进行串联，根据可追溯管理的要求，建立动物疫病及产品安全溯源信息系统，有利于养殖过程中对每头或每批牲畜的特征属性、健康状态、疫病防控和牲畜在屠宰过程中的安全检测、检疫、产品等级和分包装等全过程的海量信息实时采集。

九、家禽声音智能监听系统

家禽本能性地发出各种各样声音，一般情况发出的声音正常，但在发病状态，尤其感染了呼吸系统疾病时，常发出异常声音。声音智能监听系统利用人工智能的语音识别技术，从繁杂声音中监听和智能化辨别出异常声音，予以快速定位家禽个体并自动报警。

十、家禽行为智能监视系统

家禽日常行为包括饮食、产蛋、性以及各种活动、姿势表现等，以高清视频实时采集家禽的各种活动、姿势并实时上传到大数据平台，利用人工智能的图像识别技术，智能化辨别家禽行为是否正常，若判断为异常，可迅速定位并自动报警处置。

十一、畜禽可穿戴智能设备

可穿戴设备以嵌入式系统为核心，利用无线传感器网络技术，将实时生理监测信息发送到云端服务器，云端服务器对数据进行智能处理分析，形成发情期判别、疾病早期预测等生产信息，实时地发送到管理人员手机或电脑上。巴西 Bov.Control 智能设备科技公司，除提供智能穿戴设备和在线智能管理系统外，构建交易平台，可显示每头牛健康信息和历史信息；苏格兰 Silent.Herdsman 公司开发一种"项圈"，能让农户从电脑或手机上追踪奶牛的活动，获得健康信息；澳大利亚 Agersens 公司设计牛的智能项圈，通过 .GPS. 定位可实时获取牛的位置，农场主通过智能手机 App 设定虚拟围栏即牧牛范围，当牛向虚拟围栏方向走去时，项圈会提示发出声音，直至牛改变方向，实现无人放牧的智能牧场。富士通研发可穿戴于奶牛膝盖处的设备，通过"牛类发情期探测系统"的计数，帮助奶农探测奶牛发情期，知道何时应为某头奶牛配种，也可预测疾病，及防止对牧场设施造成破坏的发情奶牛。

十二、家禽生产智能决策平台

家禽生产过程包括饲养管理、饲料营养、疫病防制、环境控制等几个主要方面，这是一个包括上述各方面研发的综合性决策平台。在确定饲养的家禽品种、代次、日龄或周龄的条件下，该平台在庞大的专业知识数据库支持下，智能化决策，给出特定条件下饲养管理的关键技术、饲料营养配方，以及免疫预防计划、用药计划等，还可智能化"监测"禽群生长发育状况或产蛋情况是否正常，并给出合理化生产建议。该决策平台包含饲料营养智能配方系统，为家禽科学养殖、健康养殖和高效养殖提供保障。

第七节　智能化畜牧养殖——猪脸识别

"猪脸识别"与"人脸识别"一样，都是基于人工智能算法，通过动物（人）外形特征，如两眼间距离，嘴巴位置，头骨宽度、花纹、身体比例，实现对猪的身份识别。只需用带有猪脸识别的系统扫描一下猪脸，就可给猪建标签、生成识别码。猪脸识别系统通过人工智能对猪群进行单体猪只的身份识别，给每只猪建立一个"终身档案"，通过"一猪一档"，可高效实现育种管理、标准化和精细化饲养管理、猪群健康管理、生猪流通管理，达到食品安全溯源，提升整个养猪过程和猪场运营管理的整体效率；构筑全程质量管理体系，从良种繁育、饲料管控、养殖管理，到加工过程、全程物流，再到终端反馈追溯。

朱银玲等在《还在为人脸识别震惊？猪脸识别都有啦》中描述：采集猪叫声，测量猪体温，了解猪健康状况；通过传感器实时监测温度、湿度、粉尘、氨气量、氮气量等，改善猪的生活环境；加工过程中利用图像识别技术，完成精细化猪肉分割；在物流环节，运用测温等技术，对运输中环境卫生的变化进行监控；通过表情识别系统，面部识别来判断猪疼痛程度，识别猪是否开心、兴奋，或情绪低落，以此分析猪健康情况；猪脸识别技术能识别出猪舍"黑老大"，哪只猪挨欺负了，通过半限位卡槽设备彻底解决"猪界霸凌"问题；通过猪脸识别，能知道猪年龄、体重，能因猪而异地提供饲料，"二师兄"想多吃多占也不行，人工智能会在每头猪保持合适瘦肉比例、合理体型下，供应相应饲料，节省饲养成本。

阿里云介绍，母猪"怀孕诊断算法"已比较成熟，养猪场内布置多个自动巡逻摄像头，观测配种后母猪行为习惯，通过睡姿、站姿、进食等数据，借助人工智能独特算法得出结论。譬如，睡觉喜欢四脚朝天、站着不乱跑、吃东西食量稳定的母猪就大概率出现了"孕相"；还能及时发现母猪假孕，提醒工作人员再次人工授精，由此提升产崽量。阿里的人工智能养猪还能通过摄像头自动分析并记录仔猪的出生数量、顺产还是剖宫产。上述工作如依赖人工巡检，则因养猪场规模庞大而无暇兼顾，浪费母猪不少时间。

人工智能可帮助养殖户识别不同的猪在养殖过程中的各种活动，通过对猪体态和动作的识别来判断其健康状况，在一定程度上对其健康做决策，为给猪买保险做预测。

类似的还有"牛脸识别"。人工智能通过农场摄像装置获得牛脸以及身体状况照片，通过深度学习分析牛的情绪和健康状况，帮助农场主判断哪些牛生病了，生了什么病，哪些牛没有吃饱，甚至哪些牛到了发情期。除了摄像装置识别"牛脸"，还可配合上可穿戴智能设备，通过带在奶牛脖子上的智能传感器，结合牧场固定探测器共同收集数据并上传到服务器，通过机器学习把这些海量原始数据变成直观图表和信息发送给客户，这些信息包括奶牛健康分析、发情期探测和预测、喂养状况、位置服务等。如此一来，节省奶农工作时间，提高工作效率，易了解放养时间、位置和吃草时间。

第八节　智能化水产养殖

我国虽为水产养殖大国，但距水产养殖强国尚有一定差距。智慧渔业将是我国水产养殖产业科技创新的主流方向，是走向水产养殖强国的必由之路。

一、智慧渔业

宿墨等在《创建智慧渔业水产养殖模式》一文中认为，智慧渔业是以人工智能为核心技术，集数字化、电子化、工业化、机械化、大数据信息等技术为一体的创新技术平台，以渔业养殖为应用场景，将传统渔业与智能科技深度融合，将养殖技术、装备技术和信息技术有机组合，实现水产养殖生产自动化、管理信息化、决策智能化，有效做到水产养殖产业集约化、规模化，是一种可真正实现现代渔业可持续发展的养殖运行模式。它将以智能化的养殖手段，智慧型的管理模式，"互联网+"物流的产销渠道，规模化、集约化的生产方式，打造一个全新的水产养殖模式，实现颠覆性的产业革命。智慧渔业是建立在集约化、规模化的基础上。

智慧渔业的宗旨是逐步将现有分散的自然养殖水域归还于天然，将人工养殖还原于生态增殖，让自然水域以发展休闲渔业为主，以保绿水青山的常态化、长久化发展。智慧渔业以建设大规模或超大规模的现代化、自动化水产养殖工厂（渔场）为主，充分开发利用闲置或不太适宜农作物生长的荒滩荒地，目标是将现代水产养殖产业做大做强；是以人工智能为核心的水产养殖的新一轮科技和产业革命在渔业大数据，云计算基础上，让渔业机械装备开眼看世界，像人一样独立思考，集成种业、养殖技术、水质监测、环境监控、智能增氧、智能投喂、鱼病防治，直至后期的水产品加工、物流配送等功能。运用数据分析手段，改变传统渔业经验养殖、人工操作的现状，大幅降低养殖风险，提升养殖效率。

二、龙虾养殖无人船

应用物联网、大数据、机器人等核心技术开发龙虾养殖无人船，能在养殖水面上灵活移动，通过自身集成多种传感设备，实时监测温度、pH值、溶解氧、浑浊度、氨氮等水质数据，还可使用投饵装置，实现定点定量投放，有效降低饵料残料，改善水质和节省人力，降低养殖成本和养殖风险。

龙虾在泥里打洞，相对要固定很多。养殖无人船借助自带传感器系统可监测何处龙虾多，投饵时就精准找到龙虾所在方位，避免造成饲料浪费和水质变坏。

三、水产养殖机器人

南京软件研究院副院长李彦峰介绍，水产养殖机器人可一次载重 150 公斤饵料，一次施药 100 公升，比人工喷施快、质量高。通过人工智能技术实现一些特色功能可规避水产养殖风险，同时还对水温、pH 值和溶氧量等各项基本参数进行实时监测预警并远程采取补救措施。在手动式遥控基础上增加自动导航模块，以实现按照规定路线自动巡航的功能。水产养殖机器人将基于云计算技术集成养殖日志管理系统、专家指导系统等新颖的数据服务功能，这些新一代信息技术与农业领域知识的深入结合将大大推进智慧水产养殖向标准化、无人化、工厂化养殖模式方向发展。

人工智能应用于水产养殖，通过对信息的收集，分析和处理，有效解决水产养殖生产自动化、管理信息化、决策智能化。水产作为重体力工种，外塘养殖、室内养殖、循环水养殖都可借力人工智能。

智能化水产是这样一副场景：通过实时采集温室内温度、水温、溶解氧、亚硝酸盐、氨氮、光照环境参数，自动开启或者关闭指定设备。可以根据用户需求，随时进行处理，为设施农业综合生态信息自动监测、对环境进行自动控制和智能化管理提供科学依据。通过模块采集温度传感器等信号，经由无线信号收发模块传输数据，实现对池塘或养殖池的远程控制。

第九节　智慧水利

全国政协农业和农村委员会副主任、原水利部部长陈雷表示，以智慧水利建设为重点，强化水利创新驱动。加快互联网、大数据、人工智能等高新技术与水利工作深度融合，积极发展"智慧水利"，构建流域区域互联互通、信息资源集成共享的国家水利大数据网络。

孙乃波等在《建设威海"智慧水利",打造智能化水利平台威海市"智慧水利"系统设计》一文中认为,智慧水利就是通过充分运用物联网、云计算、3S 等先进信息技术,对水利开发与管理手段进行升级改造,逐步实现"信息技术标准化、信息采集自动化、信息传输网络化、信息管理集成化、业务处理智能化、政务办公电子化"。

倪建军在接受《中国水利报》采访时说,智慧水利是水利信息化发展的新阶段,是智慧地球、智慧城市理念在水利行业的延伸,可用一个简单的理论公式来表达,即"智慧水利 = 物联网 + 人工智能 + 水利应用"。当前,我国江苏、浙江、福建、山东等地纷纷开展智慧水利项目建设,智慧水利建设发展迅速。

一、智慧水利有助于推动河长制和湖长制工作

全面推行河长制和湖长制,以保护水资源、防治水污染、改善水环境、修复水生态为主要任务,全面建立省、市、县、乡四级河长、湖长体系,构建责任明确、协调有序、监管严格、保护有力的河湖管理保护机制,为维护河湖健康生命、实现河湖功能永续利用提供制度保障。智慧水利作为水利信息化的高级发展阶段,对于推动河长制和湖长制工作具有以下重要意义:

1. 提供全方位技术支撑

在充分利用现有水利信息化资源的基础上,以服务为导向,以数据为驱动,以业务为核心,构建河长制、湖长制信息综合应用系统,支持省、市、县、乡、村五级管理需求,实现河湖管理集成化、精细化、智能化、移动化,并借助智慧水利中智能信息感知、大数据挖掘、智能决策等高新技术,实现水质自动评价、水污染趋势预测预警、岸线动态变化智能分析等,打造"智慧化"河长制、湖长制信息平台,为全面推行河长制、湖长制提供全方位技术支撑。

2. 提高公众对河长制、湖长制认知度,扩大影响

提高公众对河长制、湖长制认知度,扩大影响。充分体现互联网思

维的"共享性、开放性、网络化、便操作"等特征，建立流域与区域之间、地区之间、行业领域之间的业务处置支撑与议事协调机制，充分调动公众的参与积极性，打造"互联网＋河长制"和"互联网＋湖长制"信息化平台。

3. 综合展示，推动工作

打造智慧水利平台，充分利用各种媒体，对河长制、湖长制所取得成果进行多方位综合展示，扩大影响，进一步推动河长制、湖长制工作。

4. 有助于进一步解放思想、提高管理效率

有助于进一步解放思想、提高管理效率。智慧水利与河长制、湖长制目的都是为了能更好地解决我国的水问题。河长制、湖长制从顶层设计上为智慧水利的建设提供了制度保障。智慧水利的实施，有助于进一步解放思想，实现信息的共享和跨部门间的协作等，彻底改变目前水利管理的运作方式，从真正意义上实现水资源综合利用和管理。通过云计算、大数据等高新技术应用，可为政府、企业和个人提供高效、便捷的业务应用，为河长制、湖长制的工作推进提供动力。

二、破解智慧水利瓶颈

1. 把握节奏，服务外包

鉴于目前的资金、技术、人才瓶颈，智慧水利建设不宜一开始就把面铺得过大，或者进行超出水利系统现有能力的盲目建设，防止不顾水利行业的发展规律急于求成的思想滋生。应注重提高质量，优先支持经济实力强、信息化基础好的部门与地区，进行智慧水利的试点，起到带头示范的作用。水利行业可尝试通过实施应用服务供应商（简称"ASP"）服务外包来获得各种信息应用服务，使得政府无须购买软硬件、建设机房、招聘 IT 人员，只需前期支付一次性项目实施费和定期的服务费，即可通过互联网享用信息系统，采用该模式需要注意数据安全、信息保密等问题。

2. 加强人才培养与智力引进

需要加强人才培养与智力引进，提高水利行业从业人员，特别是基层水

利员工的待遇，这样才能留住人才、吸引人才，这是一个系统工程，需要政府的顶层设计、统筹和水利院校的长远规划。

3. 加大核心技术研发投入

把握智慧水利未来发展方向，围绕应用和产业急需，着力突破核心芯片、软件、仪器仪表等基础共性技术，加快水利传感器网络、智能终端、大数据处理、智能分析、服务集成等关键技术研发。只有加强关键技术领域的自主研发，突破核心技术，并加强相关技术集成创新，才有可能建设自主可控的智慧水利。

4. 完善水利行业数据规范和数据标准

进一步完善水利行业数据规范和数据标准，建立资源共享的信息架构，用于描述支持业务流程运行中信息与数据交换共享的数据标准，提供信息标准化描述和组织的模型。搭建公共信息平台，统一各涉水管理部门的软件、接口和标准体系，密切关注水联网安全问题以及云计算平台整合等问题。

5. 敢于打破传统思维方式

发展智慧水利，要具备互联网思维，消除一切制约创新的环节，打破传统水利壁垒，转变水利行业中那些不适合智慧水利发展的落后理念，加快推进水环境、水上交通、水利工程建设等水利行业内部各部门之间的深度融合，协调水利行业与农业、气象、环保、能源、城市管理等其他各部门之间的跨界融合。通过建立体制机制架构体系，确保高品质的智慧水利顶层设计和规划，进一步完善智慧水利建设项目的评估指标体系，构建集成化的信息平台，减少重复投资，增加信息共享的能力，优化服务过程。

三、案例：威海"智慧水利"

威海市水利作为山东省水利信息化建设先进单位，建设现代水利示范市，率先在全省提出并实行"智慧水利"工程，依据统一指导思想和顶层设计规范为后期各个项目信息化建设提供有力支撑。

1. 智慧水利总体框架

威海"智慧水利"工程覆盖了威海辖区范围，涉及威海水利的各项业务，涉及信息采集、传输、存储、信息标准与管理、应用系统等的建设，其关键在于实现威海水利各种数据的整合、各种分析方法的融合以及为领导决策提供信息支撑等。威海"智慧水利"工程总体框架主要包括内容是"1818"工程，即感知层（包括8大监测系统）、云资源层（包括1个支撑环境内含1个主机平台、1个云数据中心、1个云应用支撑平台）、业务云（包括8大业务应用即：防汛抗旱、水资源监测与管理、水土保持监测与管理、农村水利综合管理、水利电子政务、水文业务管理、水利建设与移民管理、水网工程管理）、云展现（1个统一门户）以及两大体系包括标准规范和安全体系等。

2. 智慧水利两大系统

（1）信息采集与传输系统。主要建设雨量监测站、河道水库监测站、水量监测站、视频监测站、水质监测站、蒸发量监测站、墒情监测站、水土保持监测站、地下水位监测站。通过配置新仪器、新设备，提高信息采集、传输、处理的自动化水平，提高信息采集的精度和传输的时效性，形成覆盖气象、水文、工情、墒情、水资源开发利用等对象的监测网络。

（2）应用系统。威海"智慧水利"工程建设的最终目的是为了应用，各业务单位是威海"智慧水利"工程的最终用户，系统建设的最终目标是要在威海"智慧水利"工程提供的数字集成平台和虚拟环境下解决、处理和决策威海水利问题。根据威海水利开发和管理的具体情况，威海"智慧水利"工程建设的应用内容主要包括防汛抗旱指挥、水资源监测与管理、水土保持监测与管理、农村水利综合管理、水利电子政务、水文业务管理、水库移民管理、水网工程管理等八个方面。决策支持是威海市"智慧水利"工程服务功能的最高层次的应用。它以各业务应用系统为主体，完成对威海水事活动的监测、分析、研究、预测、决策、执行和反馈的全过程。通过建立决策会商机制，协调不同应用系统及不同层次的决策，通过虚拟仿真系统规划威海水利和模拟汛情、灾情，使威海水利在重大问题的决策、规划能够在威海"智慧水利"工程上预演，为威海水利决策领导层提供一个综合性的具有三维可视化功能的决策会商环境，使领导能在较短的时间内，全面了解和掌握威海水利问题的实质和情况，为领导制定科学正确的决策提供支持。

第十节　人工智能赋予农业发展新机遇

农业是国之根本，在人工智能新技术、新成果应用和普及下，人工智能将赋能现代农业，促进产业链资源整合，不断延伸全产业链。

一、农业生产集约化程度加快

农业生产集约化程度加快对设施农业，包括设施种植、设施栽培、设施养殖、设施渔业，在具备机械化、自动化、信息化管理条件下，通过共享人工智能新技术、新成果，优化生产环境，提升智能化水平，设施农业规模化加速提升，迈向智慧农业。

二、资源节约型农业发展步伐加快

在大田种植、河塘养殖等自然环境农业生产中，摆脱长期依靠资源开发利用以实现农业增长的局面，运用智能农机装备取代老旧农用机械，发挥智能科技在集约降本、增产提质、增值拓展的作用。

三、农产品初加工水平向深加工能力转换加速

人工智能技术与农产品加工领域的深度融合，使智能化与机械化、自动化、数字化、信息化结合，解决长期困扰的加工水平落后、产品附加值低等难题，提升生产集约化能力，促进产业链延伸。

四、绿色生态农业提速

环境保护、健康食品成为美好生活的诉求，是生态农业发展的目标，通过科技手段解决绿色有机农业发展的瓶颈即农产品全链追踪溯源，届时无公害、绿色有机农业将迎来大爆发，加快实现生态农业目标。

第九章　智能化工业

党的十九大报告指出，加快建设制造强国，加快发展先进制造业，推动互联网、大数据、人工智能和实体经济深度融合。加快军事智能化发展，提高基于网络信息体系的联合作战能力、全域作战能力。

据新华社报道，2018 年 5 月 28 日，习近平总书记在中国科学院第十九次院士大会、中国工程院第十四次院士大会上的讲话中指出，要以智能制造为主攻方向推动产业技术变革和优化升级，推动制造业产业模式和企业形态根本性转变，以"鼎新"带动"革故"，以增量带动存量，促进我国产业迈向全球价值链中高端。

据工信部网站报道，2018 年 7 月 5 日，工信部部长苗圩在两化融合管理体系工作领导小组第四次会议暨第一届全国信息化和工业化融合管理标准化技术委员会（SAC/TC573）第一次全体会议上表示，未来要以促进互联网、大数据、人工智能和实体经济深度融合为重点，持续推进信息化和工业化的深度融合。

第一节　概　述

制造是加工或再加工原材料，以及装配零部件的过程。按照生产方式的连续性不同，制造分为流程制造与离散制造（也有离散和流程混合方式）。根据我国现行标准 GB/T4754-2002，制造业包括 31 个行业，可进一步划分约 175 个中类、530 个小类。

智能制造是第四次工业革命的核心动力。随着新一代信息技术及人工智能等技术的快速发展，德国、美国、中国等国家都提出了各自的智能制造战略规划。

一、概念

智能由"智慧"和"能力"构成，智慧是从感觉到记忆到思维的过程，智慧的结果产生行为和语言，行为和语言的表达过程称为"能力"，两者合称为"智能"。感觉、记忆、回忆、思维、语言、行为的完整过程称为智能过程。智能制造定义很多，美国国家标准与技术研究院对智能制造的定义认可度较高，内容为：智能制造是完全集成和协作的制造系统，能实时响应工厂、供应链网络、客户不断变化的需求和条件。智能制造目标是实现人与机器的协同升级。

智能制造面向产品全生命周期，实现泛在感知条件下的信息化制造，是在现代传感技术、网络技术、自动化技术、拟人化智能技术等先进技术基础上，通过智能化的感知、人机交互、决策和执行技术，实现设计过程、制造过程和制造装备智能化，是信息技术、智能技术与装备制造技术的深度融合与集成，从制造自动化扩展到柔性化（注：柔性化是一条生产线能制造出不同需求的产品，实现定制化；刚性生产制造批量、标准化的产品）、智能化和高度集成化，具有以智能工厂为载体，以关键制造环节智能化为核心，以端到端数据流为基础、以网络互联为支撑等特征。智能制造可缩短产品研制周期、降低资源能源消耗、降低运营成本、提高生产效率、提升产品质量。

二、智能制造本质

浙江吉利控股集团董事长李书福在 2018 世界智能制造大会说，中国制造已经到了十分重要的关键转型时刻，智能制造是唯一出路和美好未来。智能制造本质是工业化与信息化的深度融合。就全球看，美国是"互联网+"，欧洲是"+互联网"。前者是在互联网的前提下、基础上、环境中发展制造业及相关周边产业，而后者则是以现有制造业及相关产业为基础，再结合信息技术形成互联。

　　智能本质是数字化技术的灵活应用、广泛链接与自学习能力的不断提升，制造本质是把设计变成产品，把虚拟变成现实，实现装备、产品智能化，以及数据驱动业务模式、运营模式变革。制造企业通过业务过程自动化、数字化、网络化和智能化，支持其制造模式、创新模式、组织模式等业务模式的变革和转型升级。从数字化转型角度看，智能制造表现为智能装备、数字化产线、数字化管理、工业互联网服务、工业大数据优化和工业知识软件化；从应用场景角度看，智能制造有机结合工业数字化生产和工业互联网服务。

　　智能制造包括智能化、网络化、数字化和自动化为特征的先进制造技术的应用，涉及制造过程的设计、工艺、装备（结构设计和优化、控制、软件、集成）和管理。智能制造核心是制造，本质是先进制造，基础是数字化，趋势是人工智能，灵魂和难点是工艺，智能装备是其外在表现形式，软件是其内在表现形式。

三、智能制造特征

　　张映锋等在《智能制造及其关键技术研究现状与趋势综述》一文中认为，智能制造的特征体现以下几方面。

　　1.全面互联

　　智能源于数据，数据来自互联感知。互联感知是智能制造的第一步，是为打破制造流程的物质流、信息流和能量流壁垒，全面获取制产品全生命期所有活动产生的各种数据。

　　2.数据驱动

　　产品全生命期的各种活动都需数据支持且产生大量数据，在科学决策的支持下通过对大数据处理分析，提升产品的研发闭环创新、生产过程实时优化、运维服务动态预测等性能。

　　3.信息物理融合

　　信息物理融合是将采集的各类数据同步到信息空间，在信息空间分析、仿真制造过程并做出智能决策，将决策结果再反馈到物理空间，并优化控制制造资源、服务，实现制造系统的优化运行。

4．智能自主

通过集成专家知识与制造过程，实现制造资源智能化和制造服务智能化，使制造系统具有更好判断能力，能自主决策，更好适应生产状况变化，提高产品质量和生产效率。

5．开放共享

分散经营的社会化制造方式正逐步取代集中经营的传统制造方式，制造服务打破企业边界，实现制造的资源社会化开放共享。企业能以按需使用方式充分利用外部优质资源协同生产，满足顾客个性化需求。

四、人工智能技术在智能制造中的主要作用

李瑞琪等在《人工智能技术在智能制造中的典型应用场景与标准体系研究》一文中认为，人工智能技术在智能制造中的主要作用包括：（1）在需求分析环节，客户画像、舆情分析等人工智能技术的应用可提升企业对生产个性化需求分析准确性，提升企业的生存能力；（2）在企业关键绩效指标分析方面，成品过程效率分析、物流能效分析、分销商行为分析、客户抱怨求解等人工智能技术的应用能够为企业隐性问题的挖掘提供依据；（3）在企业运行优化方面，先进生产排程、生产线布置优化、工艺分析与优化、成品仓优化等人工智能技术的应用能够为企业在生产、物流等环节的优化调整提供辅助决策；（4）在产品生命周期控制方面，基于增强现实技术的人员培训、智能在线检测等人工智能技术的应用能够提升产品在设计、生产等环节的效率与质量。

人工智能技术在智能制造系统各环节中的应用能够推动制造系统的效率和产品的质量提升至新的水平；为企业运行提供优化和决策依据，减小企业人员工作强度，提升企业各项关键绩效指标；促进制造业企业向自感知、自决策与自执行的方向发展。

第二节　智能制造典型应用场景

智能制造典型应用场景可从以下两方面来说明：

一、典型应用矩阵

通过综合考虑相关应用在产品生命周期所处位置以及对产品全面质量管理关键要素的影响，从产品生命周期与人、机、料、法、环等关键要素两个维度给出人工智能在智能制造中的典型应用矩阵。应用主要围绕产品质量检测、工艺分析与优化等特定及重复性的问题，并为企业管理者或车

	设计	生产	物流	销售	服务
人	人员资质能力图谱 文档搜索优化 设计整理及优化 生产线布置优化 文档库管理、协同 研发过程和流程优化	产品生产过程指导 基于AR的人员培训 生产经验的累积和总结 从经验到实训的闭环 特定生产环节的优化	辅助供应链管理 基于在线监测大数据的云评价及智能推送 物流设计辅导 实时物流数据智能推送	企业产品营销 需求/销量预测 分销商行为分析 客户画像 销售成本效率优化	基于AR的设备维修维护 舆情分析 服务计划匹配 客房抱怨求解
机	产品持续改进 产品立项模拟 资源共享 多专业协同	智能实时质量检测 智能生产过程监控 工业设施优化 机器人协作与感知 生产信息透明化管理与决策 人机结合	物品包装检测系统 成品无损检测 入出厂物流求解	产品虚拟体验设备 销售过程分析及优化 销售分析工具	设备预测性维护与服务 服务效果总结 服务数据分析
料	产品质量预测 生产效果预测 成品过程效率分析	持续质量管理 企业资源规划 成品仓优化 来料字符检测 生产数据库优化 质量数据库	原材料价格预测 采购提前期预测 采购流程优化 来料质量预测 物流优化工具	清仓定价 物料调拨优化 销售合同在线审定 风险评估	备品备件预防性服务 服务数据库管理 运维图像处理 运维数据标记 一体化设计到一体化运维的协同
法	设计规则库	制造系统分析与决策 一贯制管理 制造过程及装配线规划 动态智能排产 质量分析 工艺实时分析与优化 能源流优化	效能工具 供应商健康评级 采购行为健康评级 物流能效分析	业务支持自动化 精准营销	售后服务时间优化 重复劳动（常规巡检、辅助工序）效率提升
环	项目评审优化 环境影响效能分析	能耗与环境分析 污染物实时监控 全生产环节环境提升	物流对于场外交通负荷分析		恶劣工序、废物回收等优化

资料来源：李瑞琪等：《人工智能技术在智能制造中的典型应用场景与标准体系研究》。

间运维人员提供辅助优化与辅助决策以提升企业的效率和减小人员的工作强度。

二、人工智能在生产环节的典型应用

人工智能的典型应用包括基于 AR 人员培训、预测性维护、动态智能排产、智能在线检测等。

1. 基于 AR 人员培训

AR 设备能为学员提供实时可见、现场分步骤指导，改善传统培训方式因缺乏灵活性、活动性、难以理解、成本高等因素而影响的培训效果，尤其在产品组装等领域，通过将图纸转换为可视三维模型，指导操作人员完成所需步骤。

2. 预测性维护

预测性维护依实时采集的设备运行数据，通过机器学习算法辨识故障信号，提前感知与维护故障设备，减少设备所需维护时间与费用，提高设备利用率，避免因设备故障所引起的损失。

3. 动态智能排产

传统人工排产方式工作强度较大，对人员依赖度较高，由于工序繁多可能导致生产计划不合理、效率低。智能排产系统通过机器学习算法等帮助企业完成资源和系统的整合、集成与优化，实现动态最优化排程，帮助企业实现按需生产，提高运行效率，缩短产品周期，提升企业产能。

4. 智能在线检测

产品表面缺陷、内部隐裂、边缘缺损等缺陷的传统检测方法主要依靠人眼判断，因工作强度高，易引起操作人员疲劳，导致次品率高。智能在线检测技术依据传感器采集的产品照片，通过计算机视觉算法检测残次品，提高产品检测速度及质量，避免因漏检、错检所引起的损失，该项应用实施可大幅降低次品率，通过分析次品原因降低产品报废率，并优化产品设计与生产工艺。

第三节　智能制造关键技术

智能制造主要包括以下关键技术：

一、基于制造物联的制造服务智能感知与互联技术

制造服务智能感知技术通过在制造资源及服务中配置各种采集装置，采集并有效分析处理多源信息，使上层管理者实时了解精确、全面的制造服务状态。为实现对多源制造数据的实时感知，通过应用物联网技术，实时采集任何需要监控、连接、互动的物体或过程，实现物与物、物与人的泛在链接，实现对制造过程重要数据的主动感知，为制造系统的智能决策提供及时、准确、全面的制造过程运行信息。以射频识别技术、传感技术、实时定位技术为核心的实时感知技术已广泛用于制造要素信息的识别、采集、监控与管理，射频识别技术为访问、管理和控制产品数据和信息提供可能。将射频识别技术应用于汽车装配线的零部件识别，机器人能对其识别，并以随机混合方式执行协作焊接。建立一种工厂范围的车间控制采集和监控系统，使得生产车间的各种数字仪器能快速即插即用，迅速捕获数据。

二、基于信息物理系统的制造服务智能化建模技术

制造服务智能化建模针对底层分布式制造资源与服务，在感知到的多源多维制造数据基础上，建立制造资源及制造服务与感知事件间的映射关系，能通过感知事件理解制造资源与服务的状态，提高制造系统的透明性和自身的感知交互和主动发现能力，提升制造服务决策能力和智能水平。信息物理系统为制造服务智能化建模提供了有力技术支撑，强调计算资源与物理资源间的紧密结合和协调，提供了将相关制造事物映射到计算空间的理论框架，可实现制造系统的轻松建模，具有适应性、自主性、高效、功能性、可靠性、安全性等特点。

三、基于大数据分析的设计—制造—运维一体化协同技术

市场竞争的加剧对制造企业在缩短研发周期、提高产品品质、提升服务质量、减少资源消耗等方面提出更高要求。当前全球制造业共同面临的挑战是如何分析研究包括设计、制造、使用、服务、回收、拆解等环节在内的状态变化，发现问题产生的本质、规律和内在关联；如何通过各阶段数据与知识的集成应用，形成一种反馈机制，逆向指导产品全生命周期的协同与优化。鉴于影响制造企业决策的生命周期数据的复杂性，大数据分析和数据挖掘技术可用于深入分析历史生命周期数据，并优化产品全生命周期流程。

四、基于人工智能的制造服务决策优化技术

智能的表现是运用数据分析获得的知识进行推理和决策以解决产品全生命周期中需应对的各种问题。智能系统能根据具体任务需求，自行组织运行结构，自行调整控制策略，进行故障预测和诊断，完成自我维护和修复。专家系统、神经网络、模糊逻辑、遗传算法、进化策略、人工免疫系统和多智能体系统等技术越来越多用于制造服务优化决策中，包括车间调度、制造系统自组织配置、自适应协同，以及质量检测、故障诊断和预测等。

第四节 智能制造发展趋势

中国电子信息产业发展研究院专家认为，智能制造发展趋势包括企业向系统方案解决供应商转型，生产更加柔性化、定制化，价值链向价值网转变。

一、智能制造装备企业逐步向系统方案解决供应商转型

面向日益多样化、个性化客户需求，单一智能制造装备应用已无法满足市场发展需求，未来装备制造企业将不断加强与系统解决方案供应商之间的协同创新，增强智能制造一体化解决方案供应能力，为制造企业提供生产智能化、柔性化、定制化的系统解决方案。

二、生产模式向更加柔性化、定制化方向转型

随着生产过程成本不断提高，制造企业亟待通过使用高端数控机床、协作机器人、新型传感器、增材制造等更加精密化、小型化、集成化、协作化的智能制造装备来提升企业生产过程的柔性化，提高生产效率和产品良品率。在物联网、大数据、云计算、人工智能等新技术与传统制造业深度融合趋势下，衍生众多新产品、新模式、新业态，推动先进制造技术向信息化、网络化、智能化方向发展，激发消费端对产品个性化定制需求，倒逼制造企业在生产过程中使用更多智能制造装备，通过快速换模、单件流等生产方式实现定制化生产。

三、制造业价值链向价值网转变

在以工业互联网、大数据、云计算、人工智能等为基础的新一轮科技革命不断深化背景下，"智能＋制造"得到广泛推广，逐步改变传统制造业生产理念、经营模式及消费端消费模式。传统生产模式下的制造业价值链是由上游材料、中游制造向下游应用端单向传导，难以满足客户端个性化需求，而"智能＋"与制造业深度融合则可实现制造业价值链的双向传导，形成附加值更高的"价值网"，串联产业链各个环节创造新的发展契机。

第五节　智能制造发展路径

朱民等在《智能制造大发展催动智能物流崛起》一文中认为，借助区块链、机器视觉、语音技术、机器学习等技术，制造业＋人工智能将沿着"数字化""网络化""智能化"三阶段发展，造就一个全新智能制造产业；将为设备企业、软件与服务企业、通信与解决方案提供商、工厂生产流程等带来新的结构性机会。企业智能化实现路径是在数字化、网络化、智能化的相互递进与配合下，实现企业转型智能工厂、跨企业价值链延伸、全行业生态构建与优化配置。

一、数字化—"感受"工业过程，采集海量数据

通过将种类繁多的工业传感器布置于生产与流通的各部分，可将工业过程各主要参数数字化，产生大量工业数据，为智能化奠定数据基础。

二、网络化—高速传输、云端计算、互联互通

工业通信将传感器采集到的工业数据低延迟、低丢包率传输至云端。通信协议标准化、无线通信技术应用将成为趋势。工业云是工业互联网最核心部分，进行海量数据的汇聚、提炼、模型计算等，实现资源优化与预测。

三、智能化—三个维度的整体智能

依托区块链和图像、语音、机器学习等人工智能技术，制造业企业得以在网络化基础上进一步实现智能化，如依托区块链技术进行供应链管理、依托图像技术进行自动光学检测和仓储机器人的使用、依托语音技术进行物流语音拣选、依托机器学习进行预测性维护和车货匹配等。

1.融合 IT／OT，打通工厂内部的数据流。传统制造业工厂内部存在信息系统(IT) 和生产管理系统(OT) 两个相对独立子系统。IT 系统生产规划，OT 负责执行，IT 与 OT 不需过多互动。未来智能工厂需打通设备，数据采集，企业 IT 系统，云平台等不同层的信息壁垒，实现从车间到决策层的纵向互联。

2.打通供应链各环节数据流供应链。各环节之间物流会产生大量数据，这些物流信息收集能帮助物流行业提升效率，降低成本。未来智慧物流，通过智能化收集、集成、处理、全面分析物流的采购、运输、仓储、包装、装卸搬运、流通、配送等各环节信息，可及时处理及自我调整。

3.产品生命周期全过程数字化。工业互联网要实现产品从设计、造到服务，再到报废回收利用的整个生命周期互联。未来工厂会以数字化方式为物理对象创建虚拟模型，模拟现实环境行为。通过搭建整合制造流程的数字双胞胎生产系统，实现从产品设计、生产计划到制造执行的全过程数字化，将

产品创新、制造效率和有效性水平提升一个新高度。

第六节　智能化电力

国家能源局局长章建华指出，加快信息技术、互联网技术的深度应用，实现天然气开发利用方式的重大变革、效率的有效提升和资源的优化配置。

人工智能技术在电力系统的应用拓展了人工智能技术的应用范围，提升了电力产业的智能化升级。人工智能技术使电力系统真正实现决策智能和管理智能。汪少成等在《人工智能行业应用及对电力行业发展的思考》一文中认为，人工智能在电力系统的应用技术包括专家系统应用技术、人工神经网络应用技术、模糊集理论技术。

一、智能电力专家系统应用

专家系统在电力系统中的应用范围较广，主要体现：

1. 对报警系统的处理。在电力系统发生故障时，会有多个报警系统同时发生，应用专家系统能及时查出事故发生原因。

2. 对电压的控制。通过对未来负荷的预测和对历史电压的控制，需要应用到智能软件决策系统，通过控制计算结果，保证电压稳定。

3. 对系统故障的诊断。电力系统在实际应用过程中，会出现很多故障种类，有线路故障和电力元件故障等，监测系统包括电力保护系统、测量系统和控制系统等类型，需通过各种监测系统检测故障并分析如何解决。

4. 对电力系统的恢复控制。电力系统的运行会由于故障导致停电，应用专家系统指导操作，可加快恢复系统，确定有关操作的可行性。

二、人工神经网络应用技术

广泛应用到电力系统的实时控制和检测中，能有效评估和预测负荷，是当前人工智能技术中使用最广泛的技术，能及时判断故障，提取故障信号，有效辨识故障。

三、模糊集理论技术应用

能有效识别系统故障，给出电力系统状态评估方法，推算电力系统的负荷水平，构造变压器的保护原理，能区分电力系统存在的各种故障，采取相应处理措施，寻求电力系统电容量的解，将其应用到配电系统损耗模型中，在一定程度上保证计算精确性。

四、泛在电力物联网

泛在电力物联网是国家电网有限公司在 2019 年提出的一个重大概念，为未来电网建设和发展描绘全新蓝图。2019 年由国网上海市电力公司与上海交通大学合作建设的泛在电力物联网智能感知实验室正式成立，这是国内泛在电力物联网领域首个实验室，标志泛在电力物联网建设迈出探索性一步。2019 年国网信通产业集团联合华为、腾讯、百度、紫光、清华大学、华北电力大学等产业上下游企业、科研院所、高等院校等共同发起成立泛在电力物联网产业生态联盟。中国工程院院士薛禹胜认为，智能电网与泛在电力物联网的融合是能源转型不可或缺的支撑。中能国电集团董事局主席王一莉认为，泛在电力物联网是智能化升级的必由之路，是促进电力能源共建、共筹、共享，促进智能化升级的必由之路。申能（集团）有限公司董事长认为，如果利用 AI 新技术在能源互联网基础上进一步向前推进，建设泛在电力物联网，对城市，对电力用户侧的负荷管理也会起到很好作用。

泛在电力物联网核心理念是将电力用户及其设备，电网企业及其设备，发电企业及其设备，供应商及其设备，以及人和物连接起来，产生共享数据，服务用户、电网、发电、供应商、政府、社会等。智能感知装置是泛在电力物联网最末端，类似于"眼耳口鼻"一系列感觉器官，泛在电力物联网中所有用于计算分析设备状态的数据均由智能感知装置采集、上传。上海电科院副院长杨凌辉认为，智能感知装置的性能，诸如低功耗、高可靠性、智能化等是确保泛在电力物联网正常运行的关键所在。泛在电力物联网可实现状态全面感知、数据全面融通、平台高效共享、应用便捷灵活。

国内电网企业积极推进人工智能在电力安全生产中的应用，如南方电网应用变电站现场作业安全监控系统，该系统是一整套软件、硬件结合的系统化产品，通过硬件设备的监控及数据采集、平台的识别及分析的闭环流程，实现变电站现场作业风险智能识别与告警、辅助分析与安全管理等功能。

第七节　智能化石化

第五届全国石油石化信息技术与智能化创新发展论坛上，中国工程院院士孙金声指出：油气仍将长期是我国的主要能源，信息技术与人工智能正在重塑油气工业的格局，信息技术在油气工程领域的应用目前仍处于初级阶段。油气勘探开发新趋势给油气工程提出更高、更新的要求和提供良好的机遇，通过发展信息技术与人工智能，实现从理念到应用的全方位创新。从目前研究来看，全球油气勘探开发领域不断创新，为工程技术的信息化、智能化发展带来机遇。未来油气工程技术将向着更深、更高效、更精准、系列化、信息化、自动化、智能化、多专业交叉集成化、多技术融合一体化、高效经济发展方向发展，以满足油气勘探开发要求。

人工智能可应用于能源行业的自上而下整条产业链，提升运营安全性，降本增效。

一、应用方式

1. 优化能源生产和供应

人工智能在能源行业的发展主要用于优化和预测，人工智能通过自我学习和演算，能针对能源生产、供应提供独特解决方案。

2. 预测能源消费

在能源供应方面，人工智能协助管理多来源的能源输出，以便实时匹配空间和时间的需求变化，可协助能源营运商或政府改变能源组合，调整化石能源使用量，增加可再生能源产量，平衡能源网络。在能源需求方面，人工智能技术收集和分析整理智能传感器数据，从大量数据中进行自主学习，预测能源消费数据，及时决策，以最好方式分配能源资源。

3. 优化能源开采

人工智能的快速数据处理功能可优化能源生产过程，借助科学算法结合技术数据和自然环境数据，能优化能源开采。

4. 人工智能助力可再生能源

可再生能源行业最大挑战是因其产量取决于天气条件而具有间歇性，造成供求不稳定性。人工智能通过建立预测模型，收集大量有关天气、环境、大气条件以及新能源电站和电网运行情况数据，解决能源流的预测和管理问题，确保供需始终处于均衡状态。

二、应用领域

1. 推进新能源开发

面临各种资源枯竭的形势，只有不断开采新型能源才能满足社会的能源需求，人工智能机器人在能源和探索方面效率极高，能更好地替代人们实现新能源的开发。

2. 代替人类完成各种高危工作

能源开发领域属于高危领域，能源开发的地区大多为极地、火山、深海以及荒漠等环境非常恶劣的地方，人一旦长时间待在这种环境中，身体将会受到严重损害、生命受到威胁。智能机器人能有效地代替人们完成各种高危工作，即被摧毁，智能机器人也能被修复和继续使用，将损失控制到最小。

3. 分布式能源服务

霍沫等在《人工智能在能源服务中的应用》一文中认为，分布式能源服务包括设计和建设运行分布式光伏、天然气三联供、生物质锅炉、储能、热泵等基础服务，以及运营区域热站、运维检修、融资租赁、资产证券化等深度服务。利用人工智能技术可以提高对天气条件、新能源出力功率、故障情况等预测的精确度。预测给定位置天气状态，提前预测每小时的光伏发电、风能发电情况。基于人工智能量化预测天气，帮助客户预测能源供应和价格。

4.智能化能源客户服务

利用人工智能技术，通过学习用户的热水使用方式、电热水器的热动力学模型、日前电价等数据，更精准预测电价、用电需求、热冷需求的波动，并优化用能、储能设备的多能协同响应策略，帮助用户节省能源消费成本或赚取收益。为客户提供基于储能网络的需求响应服务，利用人工智能技术更精准预测电价的波动，在电价低时给储能设备充电，在电价高时给储能设备放电，节省客户用能成本。利用人工智能技术实时优化需求响应方案，帮助客户在容量市场、调频服务市场、批发市场上获利或者最大限度节省成本。

5.智能化节能减排

节能减排服务包括改造用能设备、建设余热回收、建设监控平台、代理签订需求响应协议、利用低谷能源价格的智慧用能管理（例如在低谷时段蓄热、给电动汽车充电）等基础服务，以及运维、设备租赁、调控柔性负荷（包括空调、电动汽车、蓄热电锅炉等）参与容量市场、辅助服务市场、可中断负荷项目等深度服务。人工智能技术在节能服务的应用较多，可提高能源消费的预测精准度，促进提升能源效率，以及在设备故障之前预警。利用人工智能技术，无须使用任何设备监控器，将家庭能源使用数据逐项分解到单个设备，帮助能源零售商开展节能和需求响应服务。家庭能源助手，通过人工智能技术，实时估算出家中电器用电情况和费用，帮助客户节省能源费用，以及预测设备老化和故障。它利用人工智能技术实现非侵入式负载监控，实时自动检测建筑用能设备，包括暖通空调冷却塔、电动汽车充电桩、手机充电器、笔记本电脑等。

6.其他

人工智能在其他方面也很多，包括能源销售服务如售电、售气、售热冷、售油等基础服务；用户侧管网运维、绿色能源采购、信贷金融服务等深度服务；电力系统的巡视巡检服务，借助智能巡检机器人和无人机可以实现规范化、智能化作业，通过基于深度学习的图像识别方法，对监控对象进行智能识别。

第八节　智慧矿山

智慧矿山基于物联网、大数据、人工智能等技术，整合各类传感器、控制器、传输网络等，对生产、职业健康与安全、技术和后勤保障等进行主动感知、自动分析、智能处理。智慧矿山将采矿技术、人工智能技术和3S（地理信息、定位、遥感）技术等融为一体，以建设安全矿山、高效矿山和绿色矿山为目标，智慧矿山是本质，安全矿山、高效矿山、绿色矿山，矿山的数字化、信息化、智能化是智慧矿山建设的前提和基础。

一、智能环节

吕鹏飞等在《智慧矿山发展与展望》一文中认为，智慧矿山的智能环节主要包括矿山设计、安全保障、高效生产、经济运营和绿色环保方面。

1. 矿山设计

着力推行数字化设计，从元件级构建整座矿山，实现透明矿山；智能选型考虑云端化部署、信息化架构、智能化装备及管控；矿井采掘和洗选考虑采用柔性工艺，以便能根据实际条件适时调整。

2. 安全保障

通过智慧矿山云中心的智能决策模型自动决策，保障矿井人、机、环、管全方位安全，通过反馈信息主动进行决策再优化。人员安全方面，在个体防护和系统防护方面开展研究：个体防护能力方面，具备人员所处环境参数的实时采集、无线语音通话、视频采集上传与远程调看、危险状态逃生信息的实时获取功能，以及应对各种灾害的可靠逃生装备；系统防护能力方面，能将井下环境的实时监测信息、重点区域的安全状态实时评估及预警信息与井下人员实时互联，具备近感探测功能，实现全方位人员防护。机电设备安全方面，具备智能化的设备点检与运维管理能力，具备设备在线点检、损耗性部件周期性更换提示、健康状态实时评估等功能。环境安全方面，具备灾害实时在线监测、井下安全状态实时评估及预测预警、降害措施自动制定能力。安全管理方面，具备自动风险日常管控、自动定期进行安全风险辨识评估及预警分析、多维度自动统计与分析隐患的能力，实现隐患排查任务的自动派发、现场落实、实时跟踪、及时闭环管理。

3. 高效生产

通过智慧矿山云中心的智能决策模型进行自动决策，保障矿井采、掘、机、运、通、水、电的自动高效运行，并通过反馈信息主动进行决策再优化。矿井采掘工作面的设备具备高效自动控制能力，从就地控制，到一键启停、远程集控，直至理想状态，实现设备的无人化自动控制与巡检；通风方面，具备根据用风需求自动进行全矿风量分配与调节的能力；主运和辅运方面，能根据生产排程计划自动运输调度；供电方面，能根据生产排程计划自动实时电力调度，且具备智能防越级跳闸保护功能；排水方面，具备根据水资源合理利用及峰谷用电负荷、电价等因素自动选择节能排水方式的功能。

4. 经济运营

实现根据订单需求，通过云端智能决策自动分解生产指标，矿井安全保障措施、主运与辅运计划、供电计划、排水计划、排矸计划的制订等功能。

5. 绿色环保

提高矿井的回采率；提高矿井瓦斯、煤泥、煤矸石、矿井涌水的利用率；提高矿区生态修复率；降低矿井吨煤生产耗电、耗水量；实现矿井水污染、大气污染的全方位在线监测。

二、智慧矿山的智慧决策

智慧矿山最重要工作是开发高度可靠的智慧决策应用，需开展以下工作：

1. 搭建统一智慧矿山决策平台

该平台包括矿端平台和云端平台，具有强大数据处理能力、能保证多用户流畅运行的云端平台。建设智慧矿山决策平台需具备的条件包括：（1）统一技术架构，保证海量源数据、各类智慧决策模型顺畅接入；（2）统一数据描述，保证源数据 ETL（抽取—转换—加载）处理的高效性；（3）构建先进的数据处理框架，保障海量数据的实时分析与处理，保证结果快速响应。

2. 开发各类业务专业应用软件

矿山企业时刻都在产生数据，为深入利用这些海量信息资源，需分门别类地研发适用的应用软件进行矿山智慧决策。这些应用软件需做到：（1）能进行大数据挖掘分析，为矿山各种业务环节的协同运行自动提供执行方案；（2）能进行深度学习，持续完善相关决策模型；（3）能够对多系统、多专业的数据融合分析；（4）软件之间能实现数据无缝交互。

三、智慧矿山案例

1. 神东煤炭公司

神东煤炭公司将信息化技术延伸到井下作业现场，应用信息化、自动化技术建成覆盖全矿区的信息化系统，各矿井、洗煤厂、装车站全部建成具有国际先进水平的综合自动化控制系统，实现了远程控制、监测和故障诊断，保障了矿井安全高效运行。

2. 神宁枣泉煤矿

宁夏神宁枣泉煤矿利用移动互联网、大数据、智能设备，将各系统的图纸、技术参数、岗位流程等全生命周期的所有技术文档整合为一个平台，为各系统运行管理提供最大便利。从视频控制到巡检机器人，直至手机移动终端 APP 的全面应用，均可在手机上操作完成。

3. 天地王坡煤业

中国煤炭科工集团旗下的山西天地王坡煤矿的智慧矿山是一个综合性智能化数字矿山，智慧矿山综合了万兆工业以太网、数字化安全监控系统、智能化煤流系统、电力分控中心系统、移动通信定位系统、设备故障诊断系统、三维实景管理系统、煤矿数据中心和全矿井三维模型等系统。

第九节　智能化国防

各国都在推进人工智能在国防领域的运用，人工智能逐步渗透到国防和军队各个领域，推动国防和军事智能化水平不断提升。

蔡亚梅在《人工智能在军事领域中的应用及其发展》一文中认为，人工智能当前在军事方面的主要应用包括：

一、无人化军用平台

无人机作战飞机、无人潜航器、战场机器人等基于人工智能的无人机器能自动搜索和跟踪目标，自主识别地形并选择前进道路，独立完成侦察、补给、攻击等任务。

二、自主多用途军用航天器控制系统

能对军用航天器的飞行姿态作自主调整并保持正常姿态。同时可自动检测及排除卫星故障；在卫星处于紧急状况时，实时做出返回发射基地或自行毁灭的指令。

三、武器装备的自动故障诊断与排除系统

在武器装备内装有以人工智能专家系统为主要程序的计算机系统及执行命令的机器人系统。专家系统内装有自动诊断各种故障的反映专家知识水平的软件包。在专家系统确定故障原因后，再下达指令给机器人维修系统，及时排除故障（或潜在故障）。

四、军用人工智能机器翻译系统

用于收集情报、破译密码、处理作战文电、协调作战指挥和提供战术辅助决策等。系统内装有可进行语言分析、合成、识别及自然语言理解的智能机，其内存储着多国语言基本词汇和语法规则。

五、智能化感知和信息处理

人工智能所具备的自我学习、认知和创造能力应用于智能化感知和信息处理，可为指挥员了解战场态势提供信息和数据支撑，辅助指挥员透视复杂

战场，敏捷高效地应对复杂战场局势。

六、智能化指挥辅助决策

机器人分析海量的作战信息，把数据快速转化为决策级质量的信息，为指挥员提供足够快速态势认知能力，获得指挥决策上的敏捷性优势。

七、人工智能武器

其控制系统具有自主敌我识别、自主分析判断和决策能力，如"发射后不管"的全自动制导的智能导弹、智能地雷、智能鱼雷和水雷、水下军用作业系统等。

八、智能电子战系统

可自动分析并掌握敌方雷达的搜索、截获和跟踪工作顺序，发出有关敌方导弹发射的警告信号，并确定最佳防卫和干扰措施。

九、其他

其他还有很多，如用于执行扫雷、侦察、情报搜集及海洋探测等任务的无人潜航器，在未来海战中还可作为水下武器平台、后勤支持平台等装备使用。

第十章　智能化社会治理

据《学习时报》报道，2016年10月12日，习近平总书记就加强和创新社会治理作出重要指示，强调要完善中国特色社会主义社会治理体系，要更加注重民主法治、科技创新，提高社会治理社会化、法治化、智能化、专业化水平。

党的十九大报告指出，加强社会治理制度建设，完善党委领导、政府负责、社会协同、公众参与、法治保障的社会治理体制，提高社会治理社会化、法治化、智能化、专业化水平。

据央视网报道，2017年12月8日，习近平总书记在中共中央政治局就实施国家大数据战略进行集体学习时强调，要建立健全大数据辅助科学决策和社会治理的机制，推进政府管理和社会治理模式创新，实现政府决策科学化、社会治理精准化、公共服务高效化。

第一节　概　述

人工智能已悄然渗入到社会治理的方方面面，需顺应人工智能发展大势，把技术进步与社会治理现代化相结合，重视人工智能对社会治理的推动作用。人工智能驱动下的社会治理，以公共服务输出为目的，以技术预测和模拟决策为手段，人工智能在社会治理中构建了基于数据、算法、技术、服务、秩序的要素联动、统一的协同机制，为实现智能化社会治理提供基础和保障。张鹏在《人工智能促社会治理新发展》一文中认为，人工智能时代的社会治理就是运用物联网、大数据、机器学习、算法推理等技术，重构社会生产与社会组织的关系，促进党和政府的公共权力与社会组织和公民权利之间的协调合作与发展，使治理水平与治理能力更加优化。智能社会治理的特征在于治理的协同性、智能性、生态性与法治性。

中央党校中国智慧城市发展高层论坛发起人杨志梁博士认为，推进国家治理体系和治理能力现代化需要从顶层设计入手，构建全方位、多层次、自适应性的新型智慧型社会治理体系，人工智能技术的发展和应用在很大程度上降低了社会治理的不确定性，大大提高了政府决策的科学性和有效性。

一、推动社会治理协同化

现代治理理念要求公共权力在运行的过程中是多向度的，需要国家与社会、政府与非政府组织、政党与公民等主体之间的良性互动。社会治理更要通过新技术、新手段与民众相互沟通，使党和政府的规划决策得到民众支持。人工智能技术能够改变过去党、政府与民众之间信息不对称情况，让群众更加及时、合理地参与政治生活；云计算可直接收集、汇总、整理及分析民智，产生直接治理效益。可建立数据模型，提前预判社会形势，并在政策颁布实施后，用数据化方式关注社会舆论，对政策进行纠偏。

二、推动社会治理智能化

实现更好社会服务要配备更多人力资源，公共社会与私人家庭中已经存在各种智能设备，这些设备使用过程中会产生海量数据，政府可通过大数据分析这些数据，进行智能化分析、预测以及优化。

智能社会可在感知层、网络层以及数据层建立体系。在感知层，安装RFID、GPS、摄像头、传感器等工具，时刻测量正常公共生活情况，捕捉犯罪行为；在网络层，通过各种物与物相连的特性，调控民众日常生活，民众能在教育、医疗、交通等多个领域享受科技带来的福利；在数据层，运用大数据以及云计算等技术，在社会中实现连续监测和长流程管理。例如，建立智能预警系统模拟出公共安全事件以及台风、地震等自然灾害的发生轨迹以及未来动向，可最大限度减少事故发生。

三、推动社会治理生态化

人工智能技术利于建立生态性与可持续性社会。一方面，社会治理的生态性需实现自然资源最大限度利用，减少生产对自然环境的污染、破坏。自动化控制、算法的精确计算等技为降低能耗、节约资源开辟全新路径，环境传感器与检测器等设备克服了在污染源采集与分析上的难题，使环境检测做到动态性和立体性，算法与机器学习的推理更加客观、准确，提高资源合理利用率。另一方面，社会治理需充分运用已有社会资源，如共享经济。共享经济依托互联网共享平台，供给方在短时间内把物品使用权让渡给需求方，使社会已有资源得到最真实、最有效使用，最大限度满足消费者多样性需求。

四、推动社会治理法治化

随着行政行为的程序、方式和结果更多地被公开，公民更容易监督政府运作链条的各项决策。需推进社会治理法治化，让立法工作更加贴近实际需要。有效算法推理以及大数据建模可将技术规则与人的行为规范合二为一。基于大数据的分析方法与信息捕捉，党和政府能够及时掌握社情民意，运用量化方法，确定各类意见具体比重并分析背后原因，发挥法律更大作用。人工智能可使社会治理活动的执行与监督活动变得更加客观与高效。例如，一些程序化文件审核工作完全由人工智能系统操作，权力寻租空间被压缩到最低限度。

第二节　智慧政府

智慧政府利用物联网、云计算、移动互联网、人工智能、数据挖掘、知识管理等技术，强调以用户创新、大众创新、开放创新、共同创新为特征的创新方法论，促进政府管理和公共服务的线上与线下融合，实现智能办公、智能监管、智能服务和智能决策，形成的一种高效率、低成本、可持续、可考核的新型政府形态。智慧政府是电子政务发展高级阶段，实现政府职能的数字化、网络化、智能化、精细化、社会化，具有透彻感知、快速反应、主动服务、科学决策、以人为本等特征。

政府是一个城市"大脑"，智慧城市首要任务是建设智慧政府，智慧政府先行，可带动经济、社会领域智慧化建设，如智慧企业、智慧学校、智慧医院、智慧社区等。陈彦仓在《智慧政府建设的现实、目标和进路》一文中认为，智慧政府是信息技术、政务应用交错融合、螺旋式演化的结晶，是多个因素和各方力量共同角力与合作的结果，以 IT 为手段，以政府职能转变为思路，向行政相对人提供高效、精准、个性化公共产品和服务的治理形态。

一、智慧政府建设的几道关

吕艳滨等在《让政府"智慧"起来，需要过几道关》一文中认为，智慧政府建设需要过认识关、融合关、质量关、共享关。

1. 认识关—旧观念，主动拥抱现代科技

一些地方和部门对信息化的重要意义认识不到位，对信息化推进过程中可能带来的工作负担有所怨言，甚至排斥信息技术在政府管理中的应用。要耐心、细致培训和宣讲，让相关主体深刻认识智慧政府建设的功能定位及其对于贯彻落实国家重大发展战略、服务党和国家大局的重要意义。

2. 融合关—融合技术与业务，消除"两张皮"现象

不少电子政务系统应用效果还不太理想，归根结底是系统研发与业务需求、公众需求相脱节。智慧政府的系统开发、优化应注意进一步融合技术和业务，吸收和培养懂业务又懂技术的复合型人才，以适当方式吸纳公众意见建议，真正实现以服务和管理需求为本位来推动电子政务工作。

3. 质量关—要推广在线管理，提升数据质量

应逐步推广在线运行机制，确保所有权力实时在网上运行，实现在线办案、在线监管、在线实时生成数据，并进一步提高数据标准化程度和准确性，实现智慧政府系统的自我阅读、自我学习，最终实现智能化管理。

4.共享关—要实现系统间数据互通，避免内部信息孤岛

政府信息化建设过程最大绊脚石是不同层级、不同部门之间政务信息的自成一统与条块分割。针对网络系统不统一、监管数据系统平台多、数据接口难对接、监管数据共享无规范等困难，有必要做好顶层设计、抓好数据标准化建设、明确数据共享使用规范，确保智慧政府有足够的高质量数据进行挖掘和分析。

二、智慧政府功能

智慧政府功能主要包括功能主要包括智慧服务、智慧管理、智慧政务、智慧规划、智慧决策等内容。

1.智慧政务和服务

分析用户需求、聚类热点需求、归纳链接规律等方式，准确全面获取用户需求，整合行政相对人的各种服务需求，构建一站式、一门式、一网式、一窗式的智能化便民综合信息平台。开展搜索引擎可见性和可见性优化，提高不同访问终端的可见性，利用网络热点资源推送服务，在以全网办理为目标的前提下，创新服务渠道和服务方式。整合数据、共享数据、业务协同，以全程上网为目标，构建网上智慧型虚拟政府，将所有政府政务功能纳入网上范畴。

2.智慧管理和治理

打造政府的社会管理智能平台，全面监测城市运行状况，对各类事件进行预警预测，辅助处置各种应急事件并进行综合决策，实现对社会管理所需要的信息采集、问题发现、快速处置、协同联动、信息汇总。实现城市安全的可视化，建设视频采集和管理应用平台。制订和完善应急预案，应对突发事件，降低各类危机事件的危害，治理污染和保护生态，以善治为目标实现有效的社会治理。让城市管理从传统的、模糊的、低效率的、分散的社会管理方式向现代化的、主动推进的、数字化的、系统的社会管理方式转变，实现政府对社会运行管理的智能化、透明化、协同化、精准化和高效化。

3.智慧规划

城市规划是城市经济发展、社会进步、城市生态等因素作用的综合平衡结果。智慧规划可摒弃以往的控制式规划，采用引导式规划，对城市发展区位进行引导，调控城市的成长空间方向、时间次序以及进度。通过智慧规划实现经济利益与社会利益的平衡和割让。城市是社会福利、经济利益的综合体，在有限的空间中发展各自不同的利益，必然带来利益冲突，智慧政府通过智慧规划将经济发展与社会福利综合考量，用数字来定量分析和裁决各方的利益，实现整体利益的最大化，增强经济活力与社会成长生命力，最终增强整个城市的发展潜力。

4.智慧决策

智慧决策过程加深公民参与程度，改变政策制定过程；有效地融合社会决策意见与政策决策意见，相当于时刻都在开听证会，公众利益和政策走向实现完美结合；加速了信息在公众和决策者之间的交流与互动，即刻对政策进行纠偏并对政策与现实的适应进行确认；在网络虚拟空间中，社会各成员处于平等的信息交流地位，智慧决策可消除不平等，减少政策博弈中的利益失衡状态，实现合作共赢；智慧决策在决策后可以通过大数据监测系统，理性分析决策的后果，及时响应公民的政策反馈；智慧决策能提供多方参与的民主协商机制，提供可视化的数据和各种方案选项，充分展示表达公众的利益诉求。

三、智慧政府案例

1.智慧珠海

智慧珠海综合服务平台是珠海"智慧城市"首批专营权项目之一，于2015年5月启动建设，2017年9月正式上线运行。该平台利用最新大数据技术，实现了城市数据"一张图"的管理服务，同时建成数据采集融合平台、九大城市主题库、数据挖掘平台和可视化展示平台，为珠海智慧城市建设提供地理信息基础支撑，有效提升城市管理综合分析决策能力。

2. 上海：建设"智慧政府"实现"一网通办"

上海推出的《全面推进"一网通办"加快建设智慧政府工作方案》明确建成上海政务"一网通办"总门户。对面向群众和企业的所有线上线下服务事项，逐步做到一网受理、只跑一次、一次办成，逐步实现协同服务、一网通办、全市通办。还将应用大数据、人工智能、物联网等新技术，提升政府管理科学化、精细化、智能化水平。到 2020 年，形成整体协同、高效运行、精准服务、科学管理的"智慧政府"基本框架。据了解，上海是在全国省级政府层面第一个提出建设"智慧政府"目标的城市。

3. 深圳福田："3×4"智慧政务服务改革让群众畅享便民福利

据深圳市政府消息，近年来，福田区作为"全国相对集中行政许可权试点"，积极贯彻落实中央、省、市关于深化推进简政放权和"放管服"改革的决策部署，深入践行"以人民为中心"的发展思想，着力整合全区各行政审批单位的事权、资源、力量，以区政务服务中心建设为综合平台和主阵地，以智慧福田建设和"互联网＋政务服务"为抓手，通过流程重置、标准重构、机制重组等一系列举措，推动"4办服务""4零清单""4一体系"为代表的"3×4"智慧政务服务改革，集中审批事权、创新信息化手段，高标准打造政务服务示范区，努力让群众办事更省时、省心、省力。"4办服务"是指容缺服务"马上办"、网点服务"就近办"、智慧服务"掌上办"、自助服务"全天办"；"4零清单"是指区级事权实现"零收费"、网上大厅实现"零距离"、压缩流程实现"零时限"、数据管理实现"零材料"；"4一体系"是指"一扇门"进出、"一窗口"受理、"一张网"覆盖、"一层级"办结。

第三节 智慧税务

国家税务总局原副局长许善达认为，人工智能是推动经济转型升级的重要抓手。

导税机器人、24 小时智能办税大厅……如今，这些智能化应用场景正在被广泛应用到税收征管和服务的各个流程，生动凸显着国税地税征管体制改革的成效。智慧税务加快了一厅通办、一键咨询、一网办理等的实现速度，实现了办税资源再分配、纳税服务再优化。依托电子税务局存储的海量数据，人工智能、大数据等新技术应用在全国各级税务部门不断落地开花，特别是智能机器人在税收工作中的运用，受到了广大纳税人点赞。

袁立炫等在《"智慧税务"的基本特征及基层的实践探索》一文中认为，智慧税务可理解为税务机关主动适应"互联网+"时代趋势，有效地运用不断出现的新技术整合税收征管资源，使整个税收活动成为一个有机系统，以一种更智慧的方式运行。智慧税务为国税地税征管体制改革装配了强劲新"引擎"，助推"放管服"改革再上台阶。智慧税务是新时代下税务治理现代化先导力量，大力推动"智慧税务"顺应国税地税征体制改革，促进互联网、人工智能与税收工作深度融合，实现税务治理现代化。智慧税务的深入推进显著提高了税收征管效率，增强了纳税人对税收征管的参与度和获得感，促进税收征纳关系的和谐，提升纳税遵从度，推动以人本化、服务化为宗旨的现代税制的建立完善。

一、智慧税务要求

智慧税务要求为感知全面、识别准确和应对及时、持续创新。

1.感知全面是税收征纳双方信息交流全面、透彻，纳税人及时准确获知税收政策和征管要求，税务机关及时了解税源变化和服务需求，征纳双方信息对称。

2.识别准确和应对及时是从税务机关角度作出的描述。识别准确是在全面感知基础上，税务机关运用先进技术手段准确了解纳税人服务需求和识别纳税不遵从行为。应对及时是税务机关基于信息的准确识别，及时作出正确判断和决策，对税源实施有效控制，为纳税人提供迅速、准确的服务，消除依法纳税障碍，抚平纳税产生的痛点；通过公平公正的执法对纳税不遵从行为予以纠正。

3.持续创新是从宏观视野审视税收，税务机关能有效传承知识、技术和经验，建立有利于发明和创新的体制机制，适应现代科学技术、经济社会发展以及由此带来税源变化，实现税收征管和税收制度的自动调整、自我完善。

二、案例

1. 上海市虹口区税务局智慧办税服务厅。该厅集成智能咨询、远程视频、涉税体检、虚拟体验、数据展示、自助办税、网上体验等功能，纳税人无须找人，就可智慧办税。

运用人脸识别技术和税收大数据，通过采集办税人员人脸图像，自动与税务"金税三期"系统实名认证的人员信息比对，精准识别办税人员身份，并同步推送有针对性提醒信息，包括任职身份、未申报、欠税、管理预警等内容，提醒纳税人及时办理涉税事项，为企业"定制化"涉税体检服务。企业法人可通过人脸识别或身份证验证方式，打印各年度纳税人体检报告。上海市税务局局长马正文表示，智慧办税服务厅建设是上海构建"智慧税务"生态体系的重要组成部分，要积累"可复制""可推广"的先行经验，落实减税降费政策措施，提升税收现代化治理能力水平，探索"线上线下联通""综合治税协同"的治理创新。

2. 长沙芙蓉隆平智能办税厅。纳税人通过人脸识别实名认证后进入无人智能办税厅，只需"动动口"发出语音指令，导税机器人"小 AI"就能将纳税人业务需求分类，通过人工智能办税服务分流，将纳税人引导至不同办税机器人前办理。

3. 安徽合肥市滨湖新区办税服务中心。可利用智能办税机器人"小安"自助办税，通过朗读企业序号进行智能语音办税，不用排队等待，仅用了 6 分钟就开好 4 张发票。据统计，纳税人通过"小安"咨询问题的首次解决率达到 75%，有效缓解因纳税人咨询量增长带给税务的压力。

4. 厦门税务采用人工智能语义分析技术，推出纳税服务"智能咨询服务"平台，提供税务知识智能咨询服务及"一站式"关联服务入口，根据纳税人在智能咨询平台上的服务需求，系统提供相关关联服务入口，如税费计算、服务投诉、涉税查询、百度服务等，让纳税人可以通过智能咨询平台获得一站式的服务体验。

5.安徽省网上税务局于 2017 年 7 月上线，纳税人可办理申请发票、申报纳税等 9 大类 219 个服务事项的 773 个具体业务，100% 覆盖纳税人依申请涉税事项，相当于 80% 涉税业务可实现全流程网上自助办理。网上税务局提供预约办税、邮寄办税、网上学堂等延伸服务，满足纳税人多元化办税需求。

6.云南省税务局与中国建设银行推出"小微快贷—云税贷"，该产品基于小企业纳税信息实现纯信用短期流动资金贷款，全过程采取全线上自助操作，从申请到贷款到账只需几分钟。

7.广东税务部门在防范发票虚开上，通过"机器学习"算法，结合实名办税有关数据，对省内疑点企业进一步延伸分析"上下游"和"同一人在其他企业任职"情况，锁定风险指数较大的纳税人并开展精准到人的风险防控，为实现事前、事中、事后的全闭环风险防控网络提供更科学技术支撑。

第四节　智慧城管

智慧城管作为智慧城市重要方面，可提高城市管理问题发现和解决效率，提升城市管理的智慧化。王连峰等在《"五位一体"智慧城管核心要素与互动关系：基于创新 2.0 视角的分析》一文中认为，智慧城管在理念上，在以用户创新、大众创新、开放创新、协同创新为特征的知识社会环境下，强调以人为本的可持续创新；在技术上，要求以移动技术、物联网、云计算、人工智能为代表的技术工具，突出在新一代信息技术支撑下的城市管理智能化、人本化服务转型。强调通过协同共治、公共价值与独特价值塑造，实现创新时代的城市管理再创新。

一、发展趋势

智慧城管发展趋势为全面透彻的感知、宽带泛在的互联、智能融合的应用以及以人为本的可持续创新。智慧城管业务新模式的打造，形成感知、分析、服务、指挥、监察功能的"五位一体"城管物联网平台，城市环境秩序和资源感知平台实现了"感知"，即通过各类智能感知设备、舆情分析、部门联动、专业执法巡查等及时了解城市管理问题、舆论社情和百姓需求；云到端的基础支撑平台支撑贯穿市—区—街道直至每一位城管队员的大数据"分析"，实时智能的分析和处理各类感知数据和业务信息，提供决策研判和一线执法支撑；综合应用平台的公共服务系统实现了"服务"，通过搭建基于创新的公共服务平台，充分利用市场机制和社会参与的力量，为市民提供人性化、便利化服务，通过平台搭建推动社区自治、自我管理、自我服务，形成"人民城市人民管"的多方参与社会管理服务体系，强调基于开放知识管理的城市管理智慧化；指挥调度系统实现了"指挥"，通过强化执法部门协同联动和执法力量勤务调度指挥体系建设，实现智能指挥、敏捷调度、处置有力，强化对违法行为及城市突发事件的应急处理能力；综合监察系统实现了"监察"，通过与社会管理服务网格对接，基于执法巡查强化问题反馈与监察，协调相关部门共同解决城市管理的各类痼疾顽症，形成城市综合管理合力。

二、工作模式

基于智慧城管平台的建设，推动城管内部的管理重塑和业务流程再造，形成"巡查即录入、巡查即监察"，"感知数据驱动的高峰勤务"，"基于创新的公共服务"智慧城管新模式。

1.打造"巡查即录入、巡查即监察"工作模式

通过人盯车巡、视频巡查（指挥中心视频监控岗和视频轮询功能）、噪音设备感知、舆情监控等方式及时发现问题、及时跟踪问题并督促问题的解决，建立从发现问题到督促落实解决问题的闭环工作机制。整合感知、分析、服务、指挥、监察"五位一体"智慧城管功能的城管平台是"巡查即录入、巡查即监察"工作模式的重要载体。城管执法人员变成智慧城管的"人体传感器"、现场监察员和一线服务员，变成政府的"眼睛"和"腿"。

2.打造"感知数据驱动的高峰勤务"工作模式

通过环境秩序和执法资源的感知，指挥中心精确把控城市环境秩序问题以及勤务力量部署情况，在指挥中心直接看到各重点区域情况，看到人在

哪、车在哪、车上都有谁，并通过车载取证系统以及通过城管平台视频回传看到现场情况，并进行点对点、扁平化指挥调度。通过实时的高发地段、高发时间、高发事件的"三高"数据分析和可视化展现，更好把握城市运行规律，实现基于数据分析的勤务管理，把有限人力投入到需要点位，提前布控、精准指挥、强化非现场执法，缓解当前城管执法力量严重不足的问题。城管物联网指挥中心集成热线受理、联勤指挥、决策会商功能，是"感知、分析、服务、指挥、监察"五位一体的集中体现。前两大模式（"巡查即录入、巡查即监察"的工作模式和"感知数据驱动的高峰勤务"工作模式）是城管根据智慧城管要求，对城管系统内部工作开展流程再造和管理重塑，改变了城管日常巡查、勤务指挥和应急处置的工作模式，更好支撑对社会公众的服务。

3. 打造"基于创新的公共服务"工作模式

面向共建、共享、共治城管地图公共服务平台及市民城管平台提供以下主要服务功能：（1）市民进行点图举报、咨询、建议、数据和内容挑错；（2）疏堵结合服务，市民共建便民市场，市民可针对市场评价打分、补充市场、完善信息和纠错、就缺少公共设施的地点提出建设便民市场的建议；（3）城管政务维基系统，邀请大众就城市管理直接提出政策建议，参与官方文件的共同编辑、参与决策，汇聚群体智慧管理城市；（4）数据开放策略，形成城管专题数据，并面向公众开放，提供给个人、企业、机构下载使用。

三、案例——首都智慧城管

北京城管基于城管物联网平台推动智慧城管建设，城管物联网平台建成于 2012 年，是北京市第一批物联网应用示范项目。结合智慧城管业务新模式构建，初步实现了智能感知、分析研判、公共服务、指挥调度、巡查监察功能。城市环境秩序和资源物联感知平台，注重业务数据资源的感知与采集，通过数据的采集、汇聚、分析来准确指导业务部署，环境秩序和执法资源感知平台从执法力量和队伍装备方面、部门信息共享方面等方面整合感知资源；云到端的智慧城管支撑平台，按照云服务的技术架构设计为全市城管提供技术支撑服务；智慧城管综合应用平台，在城市环境秩序和资源感知平台的基础数据获取、云到端的基础支撑平台的云端服务模式基础上，系统梳理城管系统的业务、数据、信息系统。

第五节　智慧法律服务

2016 年在第三届世界互联网大会智慧法院暨网络法治论坛上，最高人民法院院长周强指出，将积极推动人工智能在司法领域的应用。

法律领域各项服务和工作，都需法务文件、判决书、案件记录等各种法律文书，为人工智能带来诸多可能。赵鑫等在《人工智能技术在智能化法律服务中的应用》一文中认为，人工智能的语音识别能将听觉信号转成文本，可在庭审记录中用于语音转录；自然语言处理对文本的语法分析和语意解释，可用于识别文书，对文本进行基本总结，在一些场合还可推断意图；信息处理通过搜索、知识提取、非结构化文本处理等各种方法为查询提供答案，搜索海量文件，或构造基础知识图形识别文本各类关系，如文书处理等；借助机器学习开展同案分析、法律咨询等。

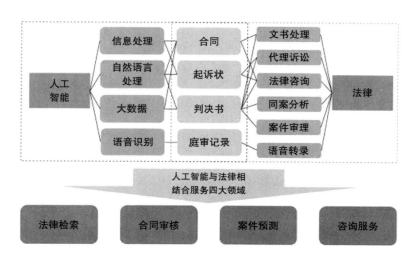

资料来源：赵鑫等：《人工智能技术在智能化法律服务中的应用》。

人工智能在法律领域的应用主要体现在信息检索、文书审阅、案件预测、智能咨询等产品形态，包含综合人工智能技术及解决方案供应商，专业法律信息平台。法律事件参与者有三类对象，分别是当事人、律师和法院。面对不同对象，基于人工智能产品服务也不尽相同。

一、人工智能应用于当事人的主要方向——法律咨询

当事人遇到法律问题时，可通过智能问答平台进行咨询，平台根据案情给出相关法律建议。平台通过人工智能实现自然语言的识别，更清楚的问题理解、分析和回答。如智能法律对话式咨询机器人，当事人在线自然语言提问，咨询机器人给出结果，支持婚姻、员工、交通、人事、民间借贷、公司财税、房产纠纷、知识产权、刑事犯罪、消费维权等类别咨询，给出可能判决结果，执行建议及相关法律条款。

二、人工智能应用于当事人的主要方向——律师对接

律师 O2O 平台通过搜索式或问答式，了解当事人案件信息，智能推荐匹配律师。搜索类律师 O2O 平台通过自然语言处理，识别提出的要求，为当事人搜索匹配的律师；对话式机器人进行机器问答，根据用户提供的案件具体情况，为当事人智能匹配相应律师。借助智能化法律系统，通过提问引导完成问题描述，系统根据收集的问题要点给出法律报告，并推荐相应律师，用户可付费邀请律师深入回答。问题内容覆盖婚姻、劳动、借贷、交通、继承、公司事务、合同事务等领域。智能化法律系统还提供付费咨询、法律事务委托、代写文书等功能。

三、人工智能应用于当事人的主要方向——企业法务

人工智能的文本处理能力可帮企业自动化解决特定问题，如法律风险监控、合同起草和审核以及合同解析和审查等。目前这类人工智能产品多以法务服务软件或 SaaS 形式供企业使用。智能法务平台能避免人为疏忽，提高文件处理效率，审核过程不受贿赂等问题影响。无讼法务（基于人工智能的

企业法务服务平台）主要提供法律监控和咨询服务。根据全网数据，从公司治理、合同管理、合规经营、劳动人事、知识产权、财务账款模块，用人工智能帮企业实时监测法律风险。对于劳动人事领域的相关法律问题，企业可在法务服务平台上一键咨询智能法务机器人。

四、人工智能应用于律师与律所主要方向——信息查找、文件处理

通过人工智能对法律条文、判决书等进行结构化处理，律师可根据自然语言或案件关键信息，搜索相关法律条文、过往相关案例判决书等用作参考。智能法律服务产品通过模糊匹配与关键词结合的搜索模式实现信息高效检索。文件处理与服务企业的法务平台相同，为律所提供整理案卷、尽职调查时检索底稿、法律合规审核、诉讼证据挖掘和合同文本分析等功能，法律数据关系搜索引擎模块整合案例、法规、机构、律师、律所、法官及法院信息等各类法务服务数据，在信息检索服务之外，通过综合串联与深度分析，解读数据关系。

五、人工智能应用于律师与律所的主要方向——案情分析与预测、智能客服

案情分析与预测是建立在信息检索的基础上，基于人工智能技术，提供相关案例分析、胜诉率分析、关联企业分析、数据可视化、案件判决结果预测等功能。人工智能在判决预测方面更优于人类律师。智能客服是律师将咨询机器人集成到自家公众号、网站等，为客户提供简单法律咨询服务，把律师从低价值简单咨询中解放出来。智能客服帮助律师初步筛选客户，高价值客户交由律师后续接手，提高律师工作效率。

六、人工智能应用于法院的主要方向——文书处理、智能咨询

文书处理是部分法院平台的功能，如杭州互联网法院，利用人工智能自动生成起诉书、判决书。当事人只需录入相关材料，就能通过智能平台快速生成起诉书。法院判决完，平台可自动生成部分或全部判决书，大幅提升法官工作效率。智能咨询是法院通过智能客服机器人、人工智能或实体，为公

众提供法律咨询服务。如深圳南山司法局"南小法"。

七、人工智能应用于法院的主要方向——案件辅助审理系统

基于大数据、机器学习等技术，通过学习大量案件，使智能系统学会提取、校验证据信息并预测案件判决结果，为法官判决提供参考。案件辅助审理系统使判案流程标准化，提高判决一致性，降低冤假错案可能性，增强司法公信力。上海刑事案件智能辅助办案系统打通公检法的数据办案系统，通过学习上海几万份刑事案件的卷宗、文书数据，提取证据信息，核实证据链，提醒办案人员，实现刑事案件的标准化和流程化。重庆法院金融案件智审平台，可在线提交材料、自动生成起诉书、向法官推荐相似案件，评析法官拟做出的判决，自动生成判决书。

第六节 智能公益——有 AI 更有爱

公益事业"靠爱发电"，除需大量人力、物力，还存在效率低、评估难问题。用人工智能创新工具可促进公益事业快速发展，指向更好社会治理模式。

一、人工智能辅助视觉系统

人工智能辅助视觉系统包括可穿戴眼镜和 App，借助人工智能的视觉识别和自然语言处理技术，识别摄像头拍摄的场景。视觉障碍人士戴上可穿戴眼镜，可随时随地了解接触的事物，包括交谈对象信息。

二、智能化"寻人"服务

依托大数据用户画像，以及人脸识别技术，上传走失亲人照片，可与民政部登记的走失人口信息进行快速比对，可帮助寻找走失亲人，辅助"姓名、性别、年龄、区域、救助站"等信息进行相应的筛选，可提高匹配效率。

据中国日报网消息，百度的"AI 寻人服务"已升级。借助"搜索 + 信息流"的双重加持，百度 APP 的"百度 AI 寻人"智能小程序将会更精准地触达有

寻人需求的用户面前，帮助更多走失者早日与亲人团聚。百度"AI寻人"是百度于2016年底推出的一项人工智能公益服务，求助者无须注册或登记，只需在网站首页上传走失亲人的照片，可得出系统对比之后的结果。百度将依据用户画像和知识图谱，让"百度AI寻人"智能小程序主动触达到有寻人需求人群，进行精准信息推送，帮助更多潜在需求人群了解和获取寻人服务。

近年来，腾讯、微博、阿里、今日头条等公司都纷纷利用人工智能技术帮助"寻人"，人工智能技术正在企业社会责任领域发挥着前所未有的能量。

三、公益智能辅助系统

据检察日报报道，2018年3月，内蒙古自治区呼伦贝尔市海拉尔区检察院公益智能辅助系统正式"上岗"，该公益智能辅助系统能高效、精准办案，集信息采集、案件智能分析于一体，以信息中心、指挥中心为支撑，统一协调公益诉讼工作车、公益诉讼指挥车完成现场勘查、指挥、检测等工作任务。信息中心、指挥中心汇集现场、数据以及海拉尔区28家行政执法单位执法信息，通过网络直接向公益诉讼工作车、指挥车发出指令。信息中心设有公益信息监控平台，以文字、图标的形式直观展示全部行政检察对象涉及的公益信息；公益诉讼指挥车安装有单兵调查指挥系统，既能与信息中心、指挥中心互联互通，又能与上下两级院进行信息交换、远程指挥。该院运用该系统成功查办黄某非法狩猎刑事附带民事公益诉讼案，庭审中，公益诉讼起诉人运用多媒体示证，并通过网络连线案发现场，将查扣的鸟类死体、活鸟以及放生活鸟场景生动直观展示给审判人员及旁听群众，收到较好庭审效果。

第七节　食品药品智慧监管

李克强总理在2018年《政府工作报告》中指出，创新食品药品监管方式，注重用互联网、大数据等提升监管效能，加快实现全程留痕、信息可追溯，让问题产品无处藏身、不法制售者难逃法网，让消费者买得放心、吃得安全。

国家药品监督管理局局长焦红谈到"如何立足于破解我国监管难题，制定适合中国国情的制度和措施"时，提出"瞄准前瞻性技术，如对人工智能、大数据、网络安全、基因诊断、精准诊疗领域开展监管政策研究"。

国家食品药品监督管理总局于 2016 年 7 月正式印发《关于"十三五"时期加强食品药品监管网络安全与信息化建设的指导意见》，提出了实现智慧监管的总体目标，以实现"智慧监管"为总方向，紧密围绕食品药品监管工作大局，推进"互联网＋"行动和促进大数据发展，创新监管网络安全和信息化建设与管理模式，采用云计算与大数据等技术，梳理和优化业务、应用、数据及技术架构，提升应用层次，强化数据融合，构建食品药品监管信息化建设工作新格局。

食药品智慧监管利用新一代信息技术，实现食品药品安全的"风险评估、风险管理、风险交流"，实现科学监管，促进体制改革，创新监管模式，确保饮食用药安全。陈锋在《"十三五"时期推进食品药品智慧监管建设的思考》一文中认为，食品药品智慧监管感知、整合、分析食品药品监管核心业务关键信息，智能响应各种食品药品监管需求，让食品药品监管全链条各功能彼此协调运作，使监管资源分配更加合理和充分，实现食品药品监管智慧式管理和运行，保障食品药品安全，促进社会和谐可持续发展。

一、典型特征

食品药品智慧监管典型特征为全面互联感知，充分开放共享，高效协同运作，敏捷智能服务。

1. 全面互联感知

通过信息化系统和各类智能终端设备将食品药品监管各干系方联成一个有机信息化整体。

2. 充分开放共享

将各类食品药品信息资源和监管数据整合为食品药品监管核心系统的知识体系，实现开放共享。

3. 高效协同运作

各类基础设施，食品药品监管的各个关键系统和参与者进行和谐高效的协作。

4.敏捷智能服务

对食品药品监管对象行为进行量化监控和分析，提供智能决策与服务。

二、推进食品药品智慧监管

为实现智慧监管，需有计划地开展信息化建设工作，包括：建立完善适用的信息化标准，整合开放共享的信息资源，建立移动便捷的应用，提供敏捷开放的服务，建设集约高效的基础设施，提供可信可控的网络安全保障。

1.完善信息化标准

发挥主导和统筹作用，理顺信息化标准管理工作机制，包括标准的制修订、发布、执行、维护、评价等各方面，进一步完善信息化标准的顶层设计，完善标准体系表，明确标准组成；组织重点标准的制修订工作；加强组织开展标准符合性测试体系、数据质量评价体系的研究与制定工作；推进标准宣贯、培训、推广与检查工作。

2.整合开放共享信息资源

数据治理是智慧监管的核心基础，主要包括如下工作框架：（1）开展信息资源规划。以法规为基础，以业务为主线，以数据为中心，对食品药品监管全过程进行业务和数据梳理，覆盖信息资源的采集、处理、传输、使用全过程，梳理数据分布、明确数据流向，厘清数据总体架构。（2）建立数据资源目录体系。在信息资源规划的基础上，建立数据资源目录体系，建立食品药品信息资源分布全景图；建立交换体系，实现按需交换，实现信息资源全系统内有效流转。（3）建立主数据管理体系。这是提升数据质量最有效治理措施。主数据通常指描述业务主、客体客观属性，且相对保持稳定的核心基础数据，比如产品信息、企业信息、人员信息等，主数据共享程度要求高，应用范围广，需建立有效管理机制，确保一数一源、准确、权威、充分共享。（4）建立主题数据库。主题数据库是按照业务主题划分，服务某一具体领域的业务数据，用于建设数据仓库，实现决策支持。（5）构建大数据统一管理和应用平台。架构食品药品监管大数据平台，实现对食品药品大数据的采集、汇聚、分析、利用，提供趋势预测、安全预警、综合评估、决策分析、合规性研判等服务，并向相关市场主体、第三方机构、协会提供数据共享与开放，推进食品药品监管社会共治新模式。

3.提升应用系统建设水平

按照基于事权、协同共享原则，以应用平台为汇聚点，推进食品药品安全监管应用平台的建设，覆盖行政审批、监管检查、稽查执法、应急管理、检验监测、风险分析、信用管理、公共服务等应用系统。应用平台主要覆盖食品药品生产经营管理、药品研究及注册管理、稽查执法、应急指挥、投诉举报、信用管理、互联网食品药品经营监测等业务，实现与省级食品药品监管应用系统的业务协同和信息共享。积极探索与推进移动执法终端系统应用，建设互联网食品药品经营监管系统。

4.创新政务服务体系

构建以大数据应用为中心的政务服务信息化体系要构建一站式、多渠道、个性化、智能化、以大数据应用为中心的政务服务信息化体系。一站式是向用户提供覆盖在线预约、在线申报、在线办理、在线查询、电子反馈等各环节办事服务；多渠道是形成以网站为主体，以移动客户端、智能终端、微博、微信、微视为补充的在线公共服务体系，提供多终端、多平台、多渠道的政务服务；个性化是通过分析用户历史访问记录，有针对性地向用户主动推送相关信息和服务；智能化是基于平台大数据，借助人工智能、模式识别技术，优化开发更多易用的政务公共服务。构建监管信息统一发布平台，注意信息发布的协同性、联动性。建立信息发布门户，对突发事件调查处置信息、产品抽检、产品召回、飞行检查、重大案件等社会关注度高、与公众利益密切相关的重要监管信息，以及其他对社会关注的回应信息，建立监管信息发布集群，实现集群内各节点联动发布，全系统联合作战，传递一个声音，互相支撑，互为补充，占据新闻传播主导地位，提升信息公开的统一性、权威性、时效性，服务公众，引导公众。

5.重构食品药品安全监管云平台

在充分利用现有资源的基础上，采用绿色环保、低成本、高效率、高可靠、易扩展的建设模式，整合改造现有基础设施，搭建食品药品安全监管云平台，分阶段逐步实现业务系统的整体部署升级和云化支撑，并适时推进监管云平台由基础设施层向平台层及软件层跃升。可根据业务支撑需要，灵活采取自行建设、租赁、使用当地政务云等方式，构建食品药品安全监管云平台。将可共享的资源（包括基础设施、数据、应用软件）以云服务方式实现共享。

三、案例

崔野宋在《落实"食品安全战略"加快推进"智慧监管"，实现"机器换人"》主题演讲中提到，海南省食品药品监督管理局推进"透明厨房"，让消费者通过手机和用餐场所内的显示屏观看操作现场视频图像，将图像接入有线电视。消费者和学生家长可清楚监督餐厅后厨操作情况，倒逼餐馆和学校食堂重视食品安全。

河北省食品药品监督管理局打造的"药安食美"平台，包括"查质量""找商品""我查乳粉""明厨亮灶""我要点评""投诉举报""小贴士""曝光台"等核心模块。消费者只需扫描商品条码，其中合格、不合格项目一目了然。

广东省食品药品监督管理局启动"智慧食药监"基础平台和网格化监管应用项目，为监管人员配备移动终端，建立完善日常监管、检验检测、即时通信等系统。

淮安市食品药品监督管理局创建"淮安市食品安全透明共治信息化系统"，通过商品信息全程电子化流转，实现主体责任、商品信息、社会监督、公众评价"四个透明"，从生产端、批发端到消费端、零售端自动流转、无缝对接、全程留痕。

成都市食品药品监督管理局成立食品安全监测预警数据中心，汇集食品检验监测数据、舆情信息，利用大数据技术进行分析，发现食品安全热点，开展产品风险评估，开展靶向性抽样检测，实现对食品安全舆情快速把控和趋势预测。

第十一章　智能化金融

国务院印发《新一代人工智能发展规划》指出，在智能金融方面，建立金融大数据系统，提升金融多媒体数据处理与理解能力。创新智能金融产品和服务，发展金融新业态。鼓励金融行业应用智能客服、智能监控等技术和装备。建立金融风险智能预警与防控系统。

金融是现代经济核心，通过人工智能提高金融活动效率，带来巨大收益。智能化金融带来金融行业新发展与突破，在大数据征信、贷款、风控、保险等方面助力金融服务标准化、模型化、智能化，帮助决策、预警和防范系统性金融风险。银行、证券、保险等业务本身基于大数据开展，有助于人工智能在金融行业应用和发展。

据财新网报道，2018 年 7 月 17 日，银保监会党委书记、主席郭树清带队赴中国银行总行调研督导，并主持召开座谈会。他指出，打通信息渠道。主动对接相关政府部门数据，综合利用内外部数据，运用互联网、大数据、人工智能、云计算等新技术，加快构建线上线下综合服务渠道、智能化审批流程、差异化贷后管理等新型服务机制，满足民营企业和小微企业特色化融资服务需求。

第一节　概　述

从金融业务执行前端、中端、后端模块来看，人工智能在金融领域应用场景主要有智能客服、智能身份认证、智能营销、智能风控、智能投顾、智能量化交易等。人工智能技术迅速改变了传统金融行业的各主要领域。围绕

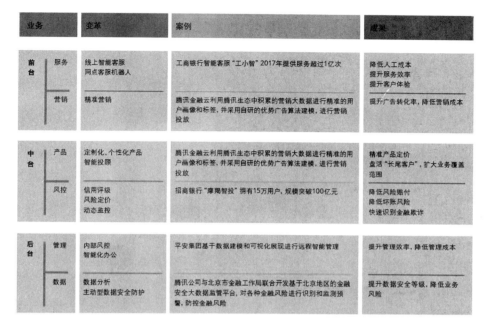

业务		变革	案例	成果
前台	服务	线上智能客服 网点客服机器人	工商银行智能客服"工小智"2017年提供服务超过1亿次	降低人工成本 提升服务效率 提升客户体验
	营销	精准营销	腾讯金融云利用腾讯生态中积累的营销大数据进行精准的用户画像和标签，并采用自研的优势广告算法建模，进行营销投放	提升广告转化率，降低营销成本
中台	产品	定制化、个性化产品 智能投顾	腾讯金融云利用腾讯生态中积累的营销大数据进行精准的用户画像和标签，并采用自研的优势广告算法建模，进行营销投放	精准产品定价 盘活"长尾客户"，扩大业务覆盖范围
	风控	信用评级 风险定价 动态监控	招商银行"摩羯智投"拥有15万用户，规模突破100亿元	降低风险赔付 降低坏账风险 快速识别金融欺诈
后台	管理	内部风控 智能化办公	平安集团基于数据建模和可视化展现进行远程智能管理	提升管理效率，降低管理成本
	数据	数据分析 主动型数据安全防护	腾讯公司与北京市金融工作局联合开发基于北京地区的金融安全大数据监管平台，对各种金融风险进行识别和监测预警，防控金融风险	提升数据安全等级，降低业务风险

资料来源：德勤：《中国人工智能产业白皮书》。

消费者行为和需求的不断变化，传统的金融服务行业参与者正面临着各领域各环节的重构。

人工智能技术在传统商业银行具体应用包括智能客服技术、生物识别技术、智能投资顾问技术三方面；在互联网金融领域的具体应用包括在互联网金融理财方面应用机器学习、在互联网金融风险预警方面应用神经网络。

一、在智能投顾、投资预测、等级测评等应用

王艳等在《人工智能在金融领域的应用研究》一文中认为，在金融投资领域，人工智能有智能投资顾问、投资预测、等级测评等方向应用。智能投顾是智能投资顾问，把人工智能技术应用于投资组合筛选。美国WealthFront 公司掌控着超过 26 亿美元资产；招商银行"摩羯智投"规模已逾 50 亿元；在投资预测上，利用人工智能分析海量历史数据并设置复杂参数，为投资者提供更科学投资信息，以规避风险和扩大收益，如嘉实基金的

人工智能选股策略组合"嘉实 FAS 系统";在等级测评方面,人工智能用于风险等级评判。例如,人工智能驱动基金 Rebellion 提前猜测希腊主权债务危机的爆发。

二、在身份识别和智能客服等应用

身份识别是人工智能综合应用计算机科学和生物识别技术的成果,利用生物学的虹膜识别、指纹识别、声波识别、人脸识别等技术,高效准确定身份,提高效率性,保证安全性。比如中国建设银行大力推进的"智慧柜员机",能受理和处理银行全部业务超过 80% 的部分,大大减轻大堂、柜台、理财室压力。在智能客服方向上,将人工智能应用到客服领域,有效减少电商带来的巨大客流压力,带给客户更好体验感。

三、在监管领域应用

人工智能技术用于识别异常交易和风险主体,检测和预测市场波动、流动性风险、金融压力、房价、工业生产、GDP 以及失业率,抓住可能对金融稳定造成的威胁。例如,从证据文件提取利益主体,分析用户交易轨迹、行为特征,精准打击洗钱等犯罪行为。

证监会印发《中国证监会监管科技总体建设方案》,在加强电子化、网络化监管基础上,通过大数据、云计算、人工智能等科技手段,为证监会监管提供全面、精准的数据和分析服务。中国人民银行反洗钱监测分析中心、信息中心、征信中心积极探索人工智能技术在非结构化数据处理、统计分析、数据集中等领域中的运用,时时甄别高频交易、量化交易等情况下的不合规交易,利用反洗钱软件监控反洗钱活动,为反洗钱、反恐怖融资以及打击各类经济犯罪提供了有力支持。中国人民银行成立金融科技(FinTech)委员会,强化监管科技(RegTech)应用实践,积极利用大数据、人工智能、云计算等技术丰富金融监管手段,提升跨行业、跨市场交叉性金融风险的甄别、防范和化解能力。

第二节　智能风控

人工智能技术可助力金融行业构建标准化、智能化、精准化的风控系统，助力金融机构、金融平台及相关监管层及时有效识别和防范存在的金融风险。国内金融从业者对此深有体会，中国银行抚州分行行长刘靖平认为，人工智能技术可为金融风控提供新模式、新思路，采用"大数据＋人工智能＋金融风控"打造智能风控模式。胡亮在《人工智能在金融风控中的探索与实践》一文中认为，传统风控采用传统评分卡模型和规则引擎等"强特征"进行风险评分，而智能风控根据履约记录、社交行为、行为偏好、身份信息和设备安全等多方面行为"弱特征"进行用户风险评估。

一、传统风控

传统风控标准化操作流程＝用户身份判断＋用户的实物证明材料审核，分为以下几步：首先，通过面签审核用户身份，确认材料真实性，材料包括身份证、户口本、银行流水、工作信息等身份和收入证明；其次，评估用户资产决定授信额度，主要是房产、车产等标准抵押物的资产评估；最后，在信用贷款方面，增加其他步骤，如调查贷款用途、确认交易意愿等。

侧重人工审核、强调因果关系的传统风控带来的问题：业务流程层层审批，效率低下；无法及时满足用户资金要求，用户体验糟糕；金额较小的业务因过高审核成本，使得机构无利可图。

二、智能风控

智能风控侧重大数据、算法、算力、人工智能，强调数据关联，主要应用包括：（1）计算机视觉和生物特征的识别，即利用人脸识别、指纹识别等活体识别确认用户身份；（2）反欺诈识别，智能风控利用多维度、多特征数据预示和反映出用户欺诈的意愿和倾向；（3）还款意愿和能力的评估判断，运用神经网络、决策树、梯度算法、随机森林等先进机器学习算法加工处理交易、社交、居住环境稳定性等用户行为数据。

智能风控流程主要包括数据收集、行为建模、用户画像。在信贷领域，智能风控可应用贷前、贷中、贷后全流程。贷前，助力信贷机构信息核验、信用评估、实现反欺诈；贷中，实现实时交易监控、资金路径关联分析、动态风险预警；贷后，助力信贷机构催收、不良资产定价等。在消费金融领域，人工智能技术可为借款人、企业等不同主体提供更深、更有效多维信息关联，挖掘企业子母公司、产业链上下游合作伙伴、竞争对手等关键信息。

三、智能风控与传统风控相得益彰

智能风控在互联网经济的"规模性"增长的消费金融市场中，捕捉非传统金融数据，增加弱金融相关特征，采用机器建模分析的方法为传统风控提供及时有效补充：（1）智能风控带来闪电般审核速度，带来更好用户服务体验；（2）对用户行为数据进行更精准化评估；（3）风险预测上，运用数据模型精准量化未来风险最可能发生的时间和场景。

目前在信用贷、消费贷等需求个性化、规模化的小额贷款场景下，智能风控具备充分优势，但在房产贷款、大型企业的供应链金融等涉及资产评估的大额贷款及交易真实性的验证上，传统风控依然无可替代，两种风控模式仍将较长时间共存，相得益彰。

第三节　智能投顾

埃森哲在《智能投顾在中国》一文中认为，智能投顾就是基于投资者的投资需求和风险偏好，为其提供数字化、自动化、智能化的财富管理服务，智能投顾最大特征为门槛低、费用低、高效率。

据权威在线统计数据门户 Statista 数据，2017 年全球智能投顾管理资产达 2264 亿美元，年增长率将高达 78％；到 2020 年，智能投顾管理资产规模占财富管理总资产规模比例将超过 10％；到 2022 年，全球智能投顾管理资产规模将达到 1.4 万亿美元。智能投顾全球用户数量将从 2017 年的 1290

万高速增长到 2022 年的 1.2 亿。据 Statista 估算，2017 年中国的智能投顾管理的资产达 289 亿美元，其年增长率高达 261%。预计到 2022 年，中国智能投顾管理资产总额将超 6600 亿美元，用户数量超过 1 亿人。

一、智能投顾现状

国内智能投顾始于 2015 年，多个独立第三方财富管理机构推出其智能投顾产品。2016 年开始，银行、券商、基金纷纷推出智能投顾产品。国内银行开展智能投顾的主要有招商银行摩羯智投、浦发银行财智机器人、兴业银行兴业智投、平安银行智能投顾、江苏银行阿尔法智投、广发智投、工商银行"AI 投"。建设银行、中国银行等银行牵手蚂蚁金服、腾讯、京东等互联网巨头，联合开发智能投顾。很多大型公募基金公司也在布局智能投顾。2017 年 6 月，华夏基金与微软签订战略合作协议，发力人工智能投顾，于 2018 年 1 月推出"华夏查理智投"。招商银行于 2016 年 12 月推出其智能投顾产品"摩羯智投"，截至 2017 年 6 月其申购规模累计达到 45 亿元。广发证券贝塔牛截至 2017 年 9 月累计交易达 17 亿元，注册用户数 47 万。

智能投顾出现及快速发展冲击传统面对面的财富管理模式，并促成新财富管理模式。国内智能投顾相关公司及产品，按照其开发主体可分为：（1）独立第三方财富管理机构，以技术驱动的智能投顾创业公司和转型的互联网金融公司为典型，例如，蓝海智投、理财魔方等；（2）传统金融机构，以银行、券商、基金为代表，推出智能投顾产品或线上平台，如招商银行摩羯智投、中国平安一账通、嘉实基金金贝塔等；（3）互联网巨头，凭借其流量和数字技术优势，进行智能投顾业务扩张，如京东智投、同花顺 iFinD 等。

二、智能投顾技术支撑

智能投顾是一种全新商业模式，不是一特定技术，但需有一定技术支撑。

1. 数字化平台

使得客户能通过移动和网页端获取服务。实现简单、直接的流程设计，从用户引导、获取投资者资料、支付、投资，到投资报告。

2.高阶及预测性数据分析

利用来自多种渠道(包括社交媒体)结构化和非结构化的大数据更深刻、更立体地刻画客户投资特征，更好地吸引和服务客户；对金融数据持续监测分析，对市场趋势做出判断，优化产品与组合。

3.程序化交易

用来管理金融产品的开发到再平衡，实现海量客户资产仅由少量人工团队管理，实现批量定制化服务方案。

4.公开应用程序编程接口

提供实时客户数据及交易数据支持，快速实现客户注册及其银行资金划拨。

5.人工智能

助力客户投资特征分析、投资组合构建和客户服务。

三、智能投顾业务模式

1.独立建议型

该模式通过调查问卷方式，分析用户年龄、资产、投资期限和风险承受能力等方面后，经过计算，为用户提供满足其风险和收益要求的一系列不同配比金融产品。这类智能投顾平台为理财用户提供建议，并代销其他机构金融产品，平台自身并不开发金融产品。平台推荐金融产品多为货币基金、债权基金、股票基金和指数基金等，有些平台也配置股票、期权、债券和黄金等。

2.综合理财型

这类模式将智能投顾功能整合到公司原有运营体系，通过对接内部以及外部投资标的，更好服务原有体系客户，还可吸引新客户，能更好地服务投资者，推动自身理财产品的销售，达到多重效果。其特点在于综合理财平台本身拥有很好客户资源，广泛销售渠道，多元资产标的等优势，其智能投顾平台在客户获取和用户体验等方面较其他模式更具竞争力。

3. 配置咨询型。

通过实时抓取全市场各类型产品数据，统计各类型金融产品的收益率数据、风险指标等，筛选和排序市场各类金融产品，结合用户风险评测指标，帮助用户选取更适合金融产品组合，用户自行完成交易。此模式主要针对更专业个人投资者，提供更丰富、更多维度的智能化数据与指标，助力资深个人投资者做投资决策。

4. 类智投模式

多为跟风"智能投顾"概念，几乎无智能或自动化投资属性。多以量化策略、投资名人的股票组合进行跟投，同时兼具论坛性质的在线投资交流平台。

四、智能投顾机遇

中国智能投顾提供商面临投资者教育欠缺、智能化程度较低、人工服务欠缺、监管政策不确定和盈利模式模糊等挑战，但也存在很多机会。

1. 独立第三方财富管理机构：转向 B 端

独立第三方财富管理机构并没有传统金融机构客户资源的优势，面临客户数据短板、监管政策不确定性和盈利压力，可从当前主要针对 C 端客户，未来向 B 端传统金融机构客户侧重，为传统金融机构服务其 C 端客户提供智能投顾解决方案。核心竞争力可侧重在模型和算法上，盈利模式不直接面向个人客户，将极大降低营销成本。服务 B 端也可从为传统机构的财富顾问或基金经理提供数字化、智能化的投资辅助工具切入。例如，璇玑科技以 B2B2C 模式为平台，已经为民生证券、安邦保险等多家主流金融机构设计智能投顾系统，正积极开拓东南亚 B 端市场。

2. 传统金融机构：善用客户资源

其智能投顾终极目标在于以客户为中心利用金融科技提供随人、随时、随地、随需的智能财富管理服务。传统金融机构已拥有大量存量客户资源，获客成本低；传统金融机构近年来线上化、数字化的变革培养了良好客户习惯，品牌信任度高；传统金融机构拥有资金优势，可通过销售自有金融产品提高盈利，短期盈利压力较小。对于传统金融机构高净值客户，智能投顾更多扮演辅助工具角色。智能投顾将后台功能简化、财富管理数字化、资产建议智能化，帮助财富顾问更好、更有效地服务其客户。对于具体金融机构来说，银行最大优势在于拥有庞大客户群体和大量金融数据，可更精准制作用户画像；但在资产配置和投资分析方面，由于投资范围、风险偏好，以及人力资源方面局限，券商和基金明显强于银行。两方可强强联合，探索能利用各自优势、快速获客、实现共赢业务模式。

3.互联网巨头：善用技术创新

互联网巨头拥有丰富客户流量，在技术创新和服务效率上更胜一筹。互联网巨头应利用大数据、人工智能方面优势，客户数字化体验方面的丰富经验，与初创公司或传统金融机构合作，提供差异化的"网红"智能投顾服务。

五、传统金融机构如何打造领先智能投顾

业务传统金融机构可在战略和业务两个层面做好准备，打造领先智能投顾服务。

1.战略层面——找准方向，细分客户

明确智能投顾战略方向，确定具体业务策略。智能投顾有两大战略方向（亦可两者皆有）：（1）为个人客户提供智能"投"服务。聚焦公司外部

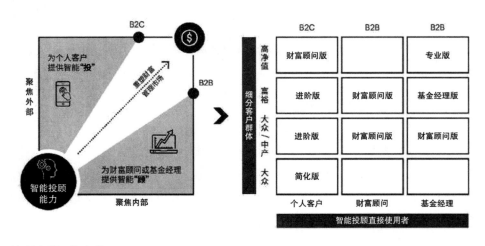

资料来源：埃森哲。

148

用户—个人客户，通过 App 和网页提供投资服务；全自动化投资流程，辅以人工客服协助沟通客户及解答客户疑问。（2）为财富顾问或基金经理提供智能"顾"服务。聚焦公司内部用户—财富顾问或基金经理，帮他们更高效、降低投资决策时间；利用智能投顾机器人实现实时投资决策；实现投资咨询流程中部分任务的自动化、智能化。银行、证券公司的需求主要是智能投顾技术解决方案，公募基金、私募基金、保险资管的需求为人工智能投资决策系统。

找准战略方向后，金融机构应依据其细分客户群体和智能投顾服务直接使用者，创建定制化智能投顾价值主张。各金融机构结合自身商业计划、现有能力、目标客户和渠道特点，选择研发不同版本的智能投顾解决方案。

2. 业务层面——聚焦核心能力

除创新开放的公司文化和扎实的金融科技能力（如大数据、人工智能）外，传统金融机构还需聚焦以下核心能力。

（1）客户洞察的智能化：从行为金融学的角度深度剖析客户。目标是精准识别客户真实风险承受能力、流动性要求、投资期限，推送符合其要求的投资组合。主要包括两方面：一方面，归集和沉淀客户信息，利用网购信息、社交信息、金融交易行为、信贷数据、问卷和客户画像对已有各类客户做标签，建立客户信息分析大数据。另一方面，通过机器学习的训练，形成投资目标、风险偏好、投资约束的客户洞察认知模型。

（2）投资组合决策模型的智能化：构建智能投资组合决策模型的能力是智能投顾的核心竞争力，依赖于投资领域的两大基础竞争力：投资逻辑与经验积累，量化投资的基础能力。投资组合决策模型依据各类市场信息，预测各类投资品的收益率和波动率，根据投资组合理论、构建投资组合模型，为客户资产配置提供支撑，满足客户资产配置的多元化需求。

（3）资产配置的场景化：依托客户洞察和投资组合决策模型的智能化，提供场景化的资产配置思路。比如，在购车购房、子女赡养、退休规划等生命周期不同场景，提供相应智能化投资建议。

（4）风险管控的智能化：对投资组合风险进行自动监测、识别、智能预警，实现资产组合模型的自动调优，优化客户资产配置。

（5）客户互动的智能化：引入智能客服，构建数字化互动方式，让客户享受"私人银行"级别顾问服务，提升客户黏性。

第四节　智能化反洗钱

洗钱是一种将非法所得合法化的行为，将违法所得及其产生的收益，通过各种手段掩饰、隐瞒其来源和性质，使其形式"合法化"。陈琼在《大数据在商业银行反洗钱领域的应用》一文中认为，洗钱通常分为处置、离析、融合三个阶段，通过改变资金形态使其非法所得在形式上"合法化"。洗钱损害正常经济秩序，削弱金融机构职能，严重影响社会稳定，带来破坏性影响。反洗钱是为预防通过各种方式掩饰、隐瞒毒品犯罪、黑社会性质的组织犯罪、恐怖活动犯罪、走私犯罪、贪污贿赂犯罪、破坏金融管理秩序犯罪等犯罪所得及其收益的来源和性质的洗钱活动。

中国人民银行成立了反洗钱监测分析中心，该中心是中国政府根据联合国有关公约的原则和 FATF 建议以及中国国情建立的行政型国家金融情报机构，是为人民银行履行组织协调国家反洗钱工作职责而设立的收集、分析、监测和提供反洗钱情报的专门机构。中国人民银行行长易纲在央行成立 70 周年之际，总结金融改革的内在逻辑和经验时指出，"反洗钱工作持续加强。2004 年牵头建立了国务院反洗钱工作部际联席会议制度，完善监管制度框架，加强工作协调配合，反洗钱监管全面覆盖银行业、证券期货业、保险业和重点特定非金融行业。中国深度参与反洗钱国际交流合作和规则制定。"中国银保监会 2019 年 2 月发布《银行业金融机构反洗钱和反恐怖融资管理办法》，从完善银行业金融机构内控制度、健全监管机制、明确市场准入标准等方面，建立银保监会银行业反洗钱工作的基本框架。该办法要求，银行业金融机构应按照风险为本原则，将洗钱和恐怖融资风险管理纳入全面风险管理体系；建立完善的反洗钱和反恐怖融资内部控制制度；有效履行客户身份识别、客户身份资料和交易记录保存以及大额交易和可疑交易报告等各项反洗钱和反恐怖融资义务。

银行承担着社会资金存储、融通和转移职能,几乎所有金融产品都可用于洗钱,以商业银行为主的金融机构是洗钱活动主要渠道,也是反洗钱第一道防线。

一、商业银行反洗钱中存在的问题

1. 客户身份信息获取与识别难度大

因公司业务活动特别是国际贸易活动复杂性,银行难以获取完整客户信息,对客户进行完整尽职调查;难以获得足够、有效信息核实客户信息真实性,甄别可疑交易。

2. 新兴互联网金融模式加大反洗钱工作难度

随着金融与新兴科技的不断融合,高科技和智能犯罪率增加,犯罪分子利用风险控制薄弱环节实施洗钱活动。这部分高风险交易呈现如下特征:一是集中在互联网渠道。犯罪分子可通过非法注册多个账户在互联网平台进行操作,由于缺少面对面核查环节,交易对象难以确认。二是集中在跨境交易。犯罪分子构建的洗钱网络可能遍布全世界,每个国家和地区的反洗钱监管力度受制于这个国家的政策导向和经济实力,犯罪分子只要找到链条中任何一个薄弱环节都可能开展洗钱活动。三是集中在创新型产品。一些结构复杂的创新型产品与互联网金融渠道叠加,形成了跨市场、跨行业的业务运作模式,呈现洗钱风险高发态势。

3. 商业银行反洗钱意识及技能有待提升

当前商业银行反洗钱工作主要依赖于一线员工的努力,部分员工对反洗钱重要性认识不足,我国商业银行对反洗钱可疑交易的人工分析整体经验比较少或缺少高科技手段,员工对于客户尽职调查的敏感度和可疑交易分析能力有所欠缺。

二、智能化反洗钱思路

新的业务模式快速涌现,以现代金融科技为支撑的新金融生态系统正在重新定义银行的运营和业务模式。利用大数据、人工智能等技术手段开展分析，从跨地区、跨行业、跨业务种类等多种角度综合考虑，以应对越来越多样化、隐蔽化的洗钱手段，更好挖掘洗钱手段的隐匿行为。

1. 基于客户标签、画像开展客户立体化识别

任何反洗钱案件实质上都是客户交易，洗钱犯罪者、贪腐政要、恐怖分子交易前都需直接或间接成为银行客户，切实做好客户身份识别、客户准入、客户持续识别和重新识别是商业银行反洗钱工作的核心所在。随着信息化程度不断加深，大量数字化设备和互联网应用产生海量数据，通过对银行内外部数据的搜集、拼接、筛选、挖掘、分析能帮助银行更全面、更立体化识别客户，多角度勾勒客户行为特征，形成全方位客户风险画像。国内外信用公司已考虑利用微信、Facebook、Twitter 等社交网站个人资料评估客户风险，客户的社会身份、在线声誉、风险偏好、职业、社交圈子等信息都成为公司考量客户风险的因素。商业银行可利用内外部数据构建出精准客户风险画像，通过匹配客户画像，识别客户交易行为的合理性，及时发现客户身份与交易行为之间的异常。

2. 结合内外部数据提升可疑交易报告有效性

商业银行具备客户群体规模大、资金成本低、核心业务系统成熟、行业经验丰富等天然优势，在整合核心能力时，积极探索同外部金融科技公司的合作形式，建立合作伙伴大数据生态系统。利用大数据生态圈监测识别可疑交易拥有更多维度，充分运用关联分析、聚类分析、神经网络等各类分析和挖掘技术，分析各类金融产品、金融业务特点，从资金划转的时间、地点、频率、金额、交易对手、原因等多维度入手，实现复杂交易的关联分析和资金往来交易流水的还原，理解每笔交易行为特点及意图，及时发现各类交易疑点。

3. 研发智能化、可视化的反洗钱数据甄别分析工具

利用业内流行的新型大数据分析相关工具，研发智能化、可视化的反洗钱数据甄别分析平台，打造线上实时分析应用大数据的能力，快速处理高密度流数据的采集、存储、计算、分析，监测和预警疑似洗钱及

恐怖融资活动。基于人工智能再造反洗钱合规流程，实现自动化的反洗钱调查和可疑交易报告的上报。积极探索包括模式识别和机器学习技术在内的人工智能在反洗钱领域的应用，预防和应对新形态的洗钱及恐怖融资案件。

4.加强人员培训，培养复合型人才

反洗钱专员既需处理可疑交易的感知能力和业务理解能力，又需掌握人工智能知识，能独立应用反洗钱监测预警平台开展可疑交易的分析和甄别。亟须培养一批兼具金融业务、反洗钱合规知识、人工智能等多种知识技能的复合型人才。

三、BAT反洗钱实践

马晨明在《基于BAT金融科技反洗钱实践的思考》一文中认为，BAT（百度、阿里巴巴、腾讯简称）对其旗下的百度金融、蚂蚁金服和财付通的定位均是具备金融科技输出能力的金融科技平台，其金融科技应用和实践在国内处于领先水平。

1.百度金融反洗钱

百度金融在运用金融科技反洗钱方面的应用主要体现在可疑交易监测、客户风险评级和客户身份识别与日常分析判断等三个方面。

百度金融认为，在反洗钱方面应用效果体现在：一是黑名单分类优化。根据风险分层级安排人力处理，利于及时发现和处理高风险类别任务；二是反洗钱风险控制针对性加强。在客户开户阶段，根据黑名单分类，实时拦截命中涉恐类、犯罪类等高风险类别，降低不法分子利用公司产品进行非法活动的风险；三是客户风险等级模型优化。采用静态因子结合动态因子的模型对客户进行分类，在客户身份特性风险基础上，加入客户日常交易行为风险的评估，利于发现风险和客户交易行为异常，采取管控措施；四是可疑交易模型优化。

2.蚂蚁金服反洗钱

蚂蚁金服在反洗钱领域，将金融科技在用户身份识别、正常和异常用户行为的刻画、反洗钱业务流程的高效管理等方面进行了有针对性的尝试和应用。

反洗钱智能分析产品利用大数据和人工智能，监控和分析可疑交易，主要功能：一个是反洗钱智能关系网络，通过后台大数据计算后将与客户有关的资金链路和数据分析结果直观展示给可疑交易分析人员，用于快速定位和识别洗钱风险；另一个是智能审理，智能学习可疑交易审理人员经验，自动分析可疑交易案件，并将分析结果提供给审理人员参考。蚂蚁金服认为，其自主研发的反洗钱流程管理平台，依托集团高性能数据库和云计算平台，极大提高了模型算法技术实践、规则模型部署、运营信息透明化及信息反馈闭环等业务流程的效率。

3.财付通反洗钱

财付通的智能反洗钱系统，在满足合规前提下，以风险为中心，结合移动支付业务特点，充分利用大数据和 AI 实现智能化反洗钱。

财付通金融科技的应用主要涉及大数据平台、一站式机器学习平台和知识图谱。表现在反洗钱中，是通过高效率的机器学习，用多维度的数据，自动刻画一类人或者一类行为。知识图谱对于异步消息整理，使定位黑名单变得前所未有的清晰，能更加多元地对目标进行解释。

第五节　智能化金融与实体经济相结合

中小微实体企业发展过程存在"放贷难"和商业银行"存量贷款客户管理难"等问题，迫切需要智能化金融服务好实体经济。

电力行业作为重要实体经济，可成为智能化金融与实体经济相结合的典范。据中国电力报报道，国网吉林电力推出"智能电力大数据＋金融"模式，助力吉林振兴发展。智能金融与电力大数据相结合，可拓展电力大数据在金融领域的应用场景，实现智能电力大数据产品的商业化运营，创造电力大数据与智能化金融互融互享互惠新路径，推动构建开放共建、合作共治、互利共赢的产业生态。

一、应用场景

电力大数据与智能化金融相结合，可助力银行识别客户、企业融资增信、政府调控经济，可为银行提供优质客户目标群体，实现引流赋能，推动银行不断接纳新伙伴、开拓新领域，为银行经营管理、市场主体融资难融资贵等问题提供了创新性解决方案。

智能电力大数据服务产品与智能化金融相结合的六大应用场景。一是向金融机构提供客户状态评价，将融资客户用电档案、用电量趋势、电费缴纳情况开展大数据分析服务，对客户运营状态进行量化；二是向金融机构提供潜力贷款客户挖掘推送服务；三是向金融机构提供存量贷款客户监控和风险预警服务；四是向金融机构提供金融热点服务区域分析服务；五是协助金融监督管理局共同建立"能源企业白名单"，为诚信用电企业提供路演平台和融资专项对接服务；六是形成共建共治共赢的能源互联网生态圈，向贷款客户提供个性化用电服务及数据服务，带动上下游产业共同发展。

二、典型案例

国网吉林省电力有限公司与吉林省地方金融监督管理局、工商银行、农业银行、建设银行、邮储银行等吉林省主要商业银行签署"智能电力大数据＋金融——助力吉林振兴发展"战略合作协议，聚合电力大数据资源和银行金融服务资源，推动金融机构对用电诚信企业、生产经营正常企业加大支持额度、简化授信流程、优化金融服务，形成"数据产品—银行授信—金融创新—企业发展—诚信电力"良性循环。工商银行吉林省分行行长岳万国表示，"用电数据＋金融服务"是吉林电力深挖数据资源、延伸产业链条、推动泛在电力物联网创新发展的全新尝试。国家电网公司董事长、党组书记寇伟指出，作为关系国家安全和国民经济命脉的"国家队"，国家电网公司要全力服务党和国家工作大局，全力推动和服务实体经济持续健康发展。

第六节 智能化金融监管、外汇监管

人工智能在金融监管领域的广泛使用，会对金融市场造成深远的影响，智能化金融是发展方向，监管机构正视这种趋势，积极抢占人工智能发展高地，未雨绸缪地开展战略性部署。

一、人工智能在金融监管中的应用

邵俊在《人工智能在金融监管应用的思考》一文中指出，人工智能在金融监管方面应用包括金融大数据处理、监管合规管理、市场行为监控等方面。

1. 金融大数据处理

随着金融业务创新发展，金融业务数据已达到大数据级别，且数据种类繁多、多维度，出现大量以金融多媒体表现形式的非结构化数据。只有有效清洗、分析和加工海量数据，才能挖掘数据价值，为监管者提供决策依据，发挥智能监管作用。结合云计算平台，人工智能可自动化、智能化地收集、整理和分析数据，并基于大数据风控模型，产生风险监管报告，满足监管需求。人工智能技术可处理非结构化数据，将业务运行报告、货币政策法规等繁杂信息转化成机器可识别信息，并建立合适模型进行推演分析，迅速找到问题答案。基于机器学习的数据挖掘智能地创建标准化数据报告，提升监管能力。

2. 监管合规管理

在强监管环境下，金融机构合规难度不断增加。金融机构不仅要了解以往监管文件，还要学习最新发布监管法规。随时间推移，监管文件数量和条目已超出人类可学习和控制的能力范围。人工智能可帮助金融机构合规管理，掌握已有监管文件和监管案例，快速学习最新监管内容，实时更新知识体系。机器学习技术能动态检测金融机构违规行为，当金融业务不符合当前监管法规时发出风险提示，指出不合规缘由，指导金融机构更正业务，降低合规风险。

3. 市场行为监控

随着互联网发展，交易欺诈和洗钱行为趋于复杂，监管部门的稽查重点由对单个交易行为实时追踪，转变为对多个交易行为的关系分析。由于交易行为的数据规模越来越大，交易涉及的主体关系错综复杂。知识图谱技术能从庞大交易行为中挖掘出深层信息，将主体和主体之间交易以关系图的形式表现，易判断这些交易主体之间关系，找出疑似非法线索。基于机器学习技术，在执法系统加入自动预警功能，一旦发现违规行为，可立即发出预警信号。

二、智能化金融监管的表现

1. 提升监管水平与降低监管成本

人工智能可快速处理大量数据，通过机器学习挖掘数据潜在联系，成为大数据条件下金融监管的有效手段。金融监管重要内容就是金融风险防控预警，金融领域风险点多面广，具有隐蔽性、突发性、传染性，运用人工智能可实时收集、整合和共享监管数据，有效监测金融机构违规操作和高风险交易等问题。人工智能可实时计算风险场景、风险估量等指标，一旦发现风险征兆，主动预警。

运用人工智能可实现监管流程的自动化和智能化，可解决监管者的激励约束问题，基于人工智能的监管系统可依据监管规则即时、自动地监管被监管者。

2. 防范监管套利

监管套利是市场主体利用制度差异性创造套利机会，实现规避监管审查和获取超额收益。运用人工智能帮助监管机构及时发现监管漏洞和不合规情况，有效遏制监管套利行为的发生。

三、智能化外汇监管

葛军等在《AI 在外汇监管领域的应用》一文中指出，在外汇业务领域，金融机构为了吸引客户，不断推出新的外汇信贷和融资产品，催生诸多新型的外汇业务模式，给外汇市场的平稳运行带来了新的挑战，对外汇风险防范的穿透性、精准性和实时性提出了更高的要求。在外汇监管中应用人工智能可有效提高决策效率，提高工作稳定性。人工智能应用于外汇监管可采取如下思路：

1. 推进数据标准化与共享机制

一是整合现有外汇管理系统内的数据，充分整合跨境收支、外汇账户、货物贸易、资本项目、个人外汇等系统数据，打破单一系统的固有监管模式，构建外汇管理系统数据的充分运用和整体联动监管模式；二是建立跨部门数据共享机制，打破"信息孤岛"，推动各金融监管部门和非金融监管部门数据共享。以数据集中和共享为途径，推动技术融合、业务融合，打通信息壁垒，形成全面覆盖、统一接入的数据共享大平台，实现跨层级、跨地域、跨系统、跨部门、跨业务的协同管理和服务体系。

2. 推动智能化外汇监管

大力推动外汇监管领域的技术创新，积极运用人工智能技术解决外汇监管难题、提升监管效率。

（1）引入监管科技打造外汇监管的事前安全区。以人工智能技术为依托，建立一个外汇监管的沙箱测试环境，迅速有效地评估创新金融产品和金融服务的价值和风险性，以确定其能否顺利推广上市。通过外汇监管沙箱测试，外汇监管部门能全面了解金融机构的创新产品，对其的风险性有较深刻认识，可对其采取针对性监管方式，实现有效风险防控。

（2）运用人工智能预测和防范系统性风险。在宏观分析领域，运用深度学习技术，通过导入海量历史金融数据，进行当前外汇收支情况的预测和可能产生的跨境资金流动风险的预警。通过案例推理，人工智能可学习以前所有监管案例，用过去监管案例来评价新监管问题、风险状况和解决方案，预防有关错误。

（3）运用人工智能加强微观主体的监管效率。主体监管是外汇监管发展趋势。主体监管覆盖外汇监管，包括税务、商务、海关等方面监管。随着跨部门数据整合和共享机制的建立，集中汇总和处理各职能部门数据信息，梳理主体海量信息。通过数据挖掘和深度学习技术，可分析某一特定市场主体可能出现违规或风险的概率，预测其下一步可能的交易行为，为外汇监管提供有效风险预警。

第七节　应用现状、发展趋势

人工智能在国内金融行业发展如火如荼，各大公司加大人工智能与金融相结合的步伐，也需把握好未来发展趋势。

一、国内各大公司注重智能化金融应用

1. 中国银行

中国银行数字化发展之路将围绕"1234—28"展开：以"数字化"为主轴，搭建两大架构，打造三大平台，聚焦四大领域，重点推进28项战略工程。在人工智能平台方面，中国银行将建设人工智能服务平台和人工智能机器学习平台，与新一代客服项目和网络金融事中风控反欺诈二期项目同步实施。目前，通过新一代客服项目，中国银行完成了智能机器人、语音识别、声纹识别、知识库等基础服务产品部分功能应用投产，机器学习平台已在网络金融事中风控系统二期实施过程中完成模型离线训练，后续将项目投产完成平台整体建设。

2. 交通银行

以"1+2+5+N"为总体框架，即：打造"1"个以"集中＋分布"并存的技术架构夯实智慧化基础；构建"2"个支持平台，以数据应用和信息安全两大平台增强智慧化能力；围绕"5"大应用领域，落实"国际化综合化"战略，全面提升集团跨境跨业一体化服务能力；建立全渠道多重感知、能听会说、能看会认的生物特征智能化应用体系，大力发展能理解会思考、能解决问题的人机协同金融服务模式。积极探索人工智能与银行业务的应用触点，以客户体验为核心，利用智能感知、智能认知、智能决策等人工

智能技术，以全渠道视角推动银行服务与运营流程领域的智慧化改造。交通银行推出了智能网点机器人、实体机器人用于语音识别和人脸识别，人机进行语音交流，识别熟悉客户，在网点进行客户指引、介绍银行的各类业务等。

3. 平安集团

平安集团设立了平安科技人工智能实验室，大规模研发人工智能金融应用。一是人像识别技术的应用。在指定银行区域运用相关识别系统进行整体监控，识别陌生人、可疑人员和可疑行为，提升银行物理区域的安全性，在APP 上利用人脸识别技术进行远程身份认证；二是智能客服。平安集团整合旗下保险、基金、银行、证券等客服，应用人工智能技术，大幅度节省客户选择的时间。

二、发展趋势

《腾讯智慧金融白皮书》认为智慧金融发展趋势包括以下几个方面。

1. 从产品供给到以客户需求为中心

金融服务模式变化背后推动因素广泛、多元，用户对服务和产品需求缺口，以及用户行为习惯变化，成为重塑金融服务产业格局的重要驱动力。作为体量庞大单一市场，我国金融服务市场既存在传统金融体系未能有效覆盖金融需求，集中体现在居民和企业可获得的金融工具有限，投融资渠道较为单一等，也存在不断涌现的新兴金融需求。随着经济活动朝着远程化、数字化、虚拟化方向纵深发展，用户对金融产品和服务的诉求逐渐发生变化，对便捷、快速、安全、低成本的金融服务的需求显著提升。在互联网环境中成长的 85 后、90 后逐渐步入主流消费市场，这部分群体对于线上沟通交流方式偏好，对个性化服务和产品的青睐，进一步催生出全新的、差异化的金融需求和模式。如此背景下，互联网金融服务供给是更多从用户视角出发，思考如今消费者想要哪些金融产品和服务。在金融产品和服务的研发设计中，许多带有明显"互联网思维"的非传统金融服务商，尤为强调用户体验与算法结合，产品功能丰富，操作简单，用户黏性较强，得以在短时间内积累大量固定用户群，市场份额持续扩大，带来了新兴金融服务主体的涌现和崛起，并在金融产业链条的参与度明显提升。在解决支付、借贷等基础性金融需求之外，智慧金融将进一步引领金融服务向更为个性化、差异化、专业化方向迈进。随着技术升级与成熟，金融服务机构或将能根据宏观市场波动、客户自身财务状况、日常消费习惯、风险承受能力等各种因素，为不同客户提供不同类别金融解决方案，辅助客户做出更理性、更优化、动态灵活财务规划与决策，实现金融服务"千人千面"。

2. 从技术的简单叠加到多元融合

技术创新已成为金融服务产业转型升级过程的基础性要素。此前，依托互联网、移动通信、智能手机等技术的应用和普及，我国互联网金融、金融科技产业在市场规模、用户数量、技术迭代等方面，一直处于高速增长并跻身国际领先水平。随着互联网基础设施建设的不断完善，移动互联应用的渗透率持续攀升。当前，大数据、云计算、物联网、人工智能、区块链等新兴技术，正在不断涌现并日益成熟，进一步推动金融服务领域新一轮创新浪潮。技术和金融服务模式结合是深度嵌入金融服务的各个流程和环节，从前端产品营销、用户服务，到后台风险控制、合规管理，体现出各类新兴技术的综合性、一体化应用趋势。以智能投顾模式为例，大数据分析、云计算存储、机器学习等技术的无缝化衔接，为智能投顾出具更为精确、个性化的投资建议和资产配置方案奠定基础。各项技术之间相互依存、彼此促进，为金融服务的创新发展提供了一个庞大的"技术工具箱"。现阶段，我国金融机构、互联网巨头、技术初创企业等市场主体，已经在区块链、人工智能等细分领域积极布局，研发验证项目和场景模拟，以期通过新兴技术"工具"的有机整合、组合运用，进一步解决金融服务体系中现存的痛点，推动金融服务产业效率提升，促进金融服务实体经济、社会民生，发挥技术创新的最大边际效益和核心价值。

3. 从应用场景到生态金融图谱

此前金融模式创新大多建立在对细分应用场景的价值挖掘，对传统商业模式的升级改造，未来智慧金融有望进一步催生新的商业模式和经济增长点，形成更广阔生态金融圈。支付日益发展成为一种底层技术和基础设施，渗透至多元化的交易场景，催生出各类"支付＋"创新服务，甚至全新商业模式，比如，扫码支付推广与普及，成为共享单车产业不可或缺实现条件。在"互联网＋"发展初期，线上线下边界非常清晰。随着移动互联在日常生活的全方位渗透和普及，互联网经济线上线下模式彼此交融的特征逐步显现，从O2O到OMO的发展脉络日益清晰。传统行业的市场主体，通过互联网支付领域的局部，搭建完整的线上商业链条。2017年以来，众多互联网行业巨头，也开始密集向零售、制造、公共交通等传统线下产业进军，通过与不同行业主体之间的密切合作，延伸服务半径，优化业务流程，将一个个独立、具体的应用场景，串联成一体化、优势互补的生态金融圈，推进场景金融到生态金融的迁移。

4. 从竞合博弈到协同共赢

新兴金融服务模式和服务主体的不断涌现，是我国金融改革过程中产业分工专业化趋势的集中体现。在整个金融体系中，新兴金融业态从体量和规模上仍属于补充性业务，定位于小额、快捷、便民，但是其在相当大程度上满足了市场多元化需求，为我国金融改革与创新贡献了积极力量。新兴金融服务主体促进了金融前端服务市场的竞争，对整体服务效率的改善产生了深远影响。激烈的竞争带来了金融服务成本的降低，拓宽了金融工具和渠道的选择范围，并从一定程度上倒逼传统金融服务产业改进服务，在产品和模式上寻求创新转型，进一步激发了市场创新活力。竞争并不是市场主体关系的全貌，在金融服务众多领域，特别是后台业务环节，新兴金融服务主体与商业银行等传统金融机构，充分利用各自优势，开展不同层面的合作。智慧金融与传统金融体系间并非纯粹竞争关系，更多体现"补强"关系，更多强调以技术综合应用为基础，提供更加专业化、个性化的综合金融服务，更加自动化、实时化风险监测和管理，使金融体系运行更高效、更安全，并通过与金融产业上下游主体的联动与合作，推动整体金融服务产业的持续健康发展。

第十二章 智能化交通

党的十九大报告提出要建设"交通强国"。国务院印发的《新一代人工智能发展规划》提出，要大力发展智能交通。研究建立营运车辆自动驾驶与车路协同的技术体系。研发复杂场景下的多维交通信息综合大数据应用平台，实现智能化交通疏导和综合运行协调指挥，建成覆盖地面、轨道、低空和海上的智能交通监控、管理和服务系统。

据民航资源网报道，2019 年 5 月 16 日，交通运输部部长李小鹏在中国民航发展论坛上的致辞中表示，推动智慧民航发展，需要互学互鉴和互助。将以智慧交通为主要方向，推进云计算、大数据、物联网、人工智能、移动互联网等现代信息技术与交通运输的深度融合，不断加快交通运输现代化进程。

据《中国消费者报》报道，交通部部署 2018 年重点工作时提出：一要大力推进前沿引领性技术等科技创新，组织做好综合交通运输与智能交通、先进轨道交通等重点科研专项的实施工作。二要深入开展国家交通控制网、智慧公路、智慧港口、智慧物流、交通旅游大数据等智慧交通试点示范。三要大力推进智慧交通发展，推进交通运输领域大数据应用，实施智慧交通让出行更便捷行动计划，推进国家综合交通运输信息平台建设等。深入开展国家交通控制网、智慧公路、智慧港口、智慧物流、交通旅游大数据等智慧交通试点示范。四要组织开展自动驾驶、无人船舶、太阳能路面等前沿技术研究与跟踪，研究制定促进自动驾驶发展的政策文件。推动辅助自动驾驶技术在营运车辆领域的应用示范。

智能交通系统将先进计算机处理技术、信息技术、数据通信传输技术、自动控制技术、人工智能及电子技术等有效综合运用于交通运输管理体系中，建立一种大范围内、全方位发挥作用的，准时、准确、高效的交通运输管理体系。智能交通是提高交通运输系统效率、服务品质、安全水平和环保节能的关键，是建设交通强国、实现中国交通世界领先目标的重要抓手。

第一节　概　述

陆化普在《智能交通系统主要技术的发展》一文中认为，智能交通是提高交通运输系统效率、服务品质、安全水平和环保节能的关键，是建设交通强国、实现中国交通世界领先目标的重要抓手。

为实现交通强国的战略目标，智能交通技术必将实现快速发展，智能化水平必将显著提高。交通大数据平台及其应用、视频数据提取技术、综合分析研判技术、交通控制优化技术、车路协同技术、城市交通大脑、无感技术等技术是智能交通领域关键技术。

一、交通大数据技术

交通大数据具有多源异构、时空跨度大、动态多变、异质性、高度随机性、局部性和生命周期较短等特征，城市交通需有效采集和利用交通大数据，满足高时效性的交通组织控制、交通信息服务、交通状况预警、交通行政监管、交通执法管理、交通企业经营管理、交通市民服务等。构建交通大数据平台是深化大数据应用、不断探索应用人工智能技术、不断提高智能化水平的前提条件。交通大数据应用最重要方向是提高数据"加工能力"，形成规范数据结构和实时数据处理机制，在大数据的采集、传输、处理和应用中，系统使用非传统工具处理大量结构化、半结构化和非结构化数据，获得能支撑规律发现、机理分析和自动生成对策方案的数据条件。

二、智能交通视频技术

在智能化发展背景下，深度学习和大数据为视频识别技术提供方向，智能交通视频技术主要体现在智能感知、智能识别及智能分析三方面。

1.智能感知。路口、路段感知：基于视频识别集成卡口、电警、信号控制、交通检测等系统，为路口最优配时、道路路况分析、交通大数据、交通规划等提供可靠依据；路侧停车感知：基于图像识别进行路侧违法停车的感知和抓拍以及路侧停车位的管理；停车场感知：基于视频车位引导系统，实现快速车位引导，通过增配设备升级为具有找车功能的智能车位引导及视频寻车一体化系统。

2.智能识别。通过图像识别、图像比对及模式匹配等核心技术，提取与分析人、车、物等相关特征信息，如车牌识别、人脸识别、车身颜色识别、车型识别等。

3.智能分析。一是检测交通事故，基于连续视频分析车辆停车、逆行等行为，发现交通事故和交通拥堵时报警；二是车辆违章抓拍，利用视频检测实现非现场执法。

三、智能交通分析研判技术

应用人工智能、大数据、云计算、特征识别、数据库分析、大数据挖掘分析、建模仿真、数据可视化等技术进行交通深度分析研判，实现更全面需求预测、更精准态势分析、更精细预报预警、更高效规律发现、更科学决策支撑，重点体现在交通运行态势分析研判与预警、多尺度交通安全风险分析、警力等资源配置优化与智能执法管理、交通监管与综合服务等方面。智能交通分析研判技术发展以应用为导向，以提高智能化水平为目标，以云计算、大数据挖掘分析、人工智能等技术创新突破为驱动，重点突破数据融合挖掘、态势分析研判、信息服务与预警、方案智能生成等方面技术。

四、车路协同技术

车路协同技术经过世界各国的大量研究和探索，已经取得了阶段性成果。目前，建立了车路协同体系框架和各种相关测试平台，突破了车—车／车—路通信、车辆安全控制及信息技术共享等关键技术，小规模展开了道路演示，但在通信标准、信息安全等方面仍存在问题和不足。

五、智能交通优化控制技术

智能交通优化控制技术将在以下方面实现突破：（1）交通信息采集与融合。基于互联网、大数据及云计算的交通信号控制系统，对道路系统的交通状况、交通事故、气象状况和交通环境实时采集、融合分析，形成多来源、多维度交通状况监控与融合数据。（2）控制方案优化。因信号控制不合理导致的通行资源浪费和交通延误十分明显，人工智能技术、网络流算法等优化方法不断发展，助力实现优化的干道控制和区域协调控制。借助车路协同技术提高道路交通系统的运行效率。（3）交通信号控制等信息交互方式的改进。在逆光、雨雪、浓雾、沙尘等视线不佳场景和恶劣天气下，驾驶员很难及时分辨信号灯状态。车路协同可将信息迅速传递给交通参与者。（4）信号控制优化效果的评价。利用移动互联网、手机、卫星定位等构建更直观、更可信的信号控制评价指标，更高效评估和调整交通系统性能。（5）控制与诱导的协同显著提高基础设施使用效率。通过诱导信息实现主动选择、优化的交通控制。（6）交通流信息与气象信息、大范围的交通状况信息融合使用，能实现更安全、更高效的交通组织与指挥。

六、城市交通大脑

一个良好城市交通大脑，能帮助形成数据驱动的交通管理模式和服务模式，提供更好地分析研判和决策实施的智能支撑。主要包括以下关键技术：（1）通过迭代优化的智能算法，优化路口、关联路段等之间的交通连接，基于交通事件、道路流量等实时感知体系和交通大数据综合平台的分析能力，智能形成交通组织、管理、控制的优化方案，形成交通优化区域。（2）梳理全区域、路口、路段等交通在线实时数据，研发能精准刻画道路交通演变的算法模型，包括交通视频分析处理算法、数据整合算法、信号优化算法、交通评价算法、态势研判算法等，为交通信号控制优化提供支撑，精准刻画交通流状态。（3）创新面向未来交通的交通治理模型，提升当前交通管理目标层级，精准感知道路网络上交通运行状态，通过当前状态和历史状态对比、趋势预判，找出影响交通拥堵和安全的关键因子，确定交通治理模型。（4）以数据驱动实现交通规划管理一体化。改变原有交通系统建设（交通信号控制、非现场执法系统、交通流信息采集系统、交通视频监控系统、交通诱导系统、道路交通设施建设等）和应用相对割裂的局面，消除路口交通设备间数据不共享状况，以数据分析为基础实现交通管理的科学化和智能化。（5）推进数据治堵深入应用。通过交通大数据研究交通拥堵成因，以先进智能算法指导交通排堵保畅策略。交通控制设备实时在线，以实时交通数据推进区域交通控制策略的形成和实施，形成良性交通运行机制，保障畅通有序。（6）构建安全有序交通环境。准确把握交通事故特点和规律，提升以识别风险、管控风险为主要内容的安全防控能力，建立健全"预测、预警、预防"机制，加强交通安全风险等级研判体系建设。（7）辅助道路网络优化改造决策。基于城市交通大数据分析，实施精准掌握交通需求特性、交通供给特性和交通供求关系特性，为城区道路交通系统改造提供决策支持，综合优化道路网络建设。（8）详细分析公交运行状况、供求特性、交通方式的衔接特性，不断提高公交服务质量，不断提高交通分担率，提升以公交方式为主导的综合交通系统。（9）动态分析末端交通状况，不断提高综合交通一体化、一站式服务能力，促进共享单车等绿色交通出行的发展。（10）动态分析行人需求特性，不断完善行人步行空间，指导形成安全、连续、温馨的步行道路系统。交通大脑建设以需求为依据，以功能实现为衡量，遵循交通工程原理和交通发展规律，注重实效。

七、无感技术

除人脸识别、车牌识别和无感支付之外，还有一系列物联网技术在交通领域深度应用。从现有技术来看，突破下列人脸识别问题：（1）光照问题。光照投射阴影会加强或减弱原有人脸特征。（2）表情姿态问题。在俯仰或右侧面情况下，人脸识别算法识别率急剧下降。（3）遮挡问题。当被采集出来的人脸图像不完整时，影响后面的特征提取与识别。（4）年龄变化。对于不同年龄段，人脸识别算法的识别率不同。（5）图像质量。对于分辨率低、噪声大、质量差的人脸图像难以识别。（6）样本缺乏。解决小样本下的统计学习问题。（7）大规模人脸识别。随着数据库规模的增长，人脸算法性能将呈现下降趋势。在无感支付领域，随着城市交通管理的精细化、智能化，基于车辆轨迹的交通收费和基于识别的停车收费等诸多无感收费技术不断发展，北斗作为全场景应用技术将有更广阔应用前景。

城市智能交通系统建设应以功能实现为核心，以问题为导向，既要有先进性，更要有实用性。智能交通系统发展的第一关键是能实现预期功能和能取得实际应用效果。智能交通系统目标明确、验收标准清晰、专家论证充分、后评价制度完善，是保证智能交通系统健康发展的基本要求。

第二节　常见应用

一、智能停车管理系统

根据张天宇在《城市智能停车系统》一文的观点，智能停车管理应用系统平台可集成数字视频监控、GIS 地理信息、无线射频识别、视频车牌识别等技术，包括诱导系统、收费系统、安防系统、附属设施四大部分。该平台能提升职能部门静态交通管理水平，促进泊位运营者规范化经营管理，使车辆驾驶者出行方便。

智能停车系统和城市智能系统是连接一体的业务支撑系统，向不同用户提供符合业务需求各项功能，可满足运营管理系统、运营支撑系统、智能诱导系统多方面需求，根据静态交通智能化平台，分析和导入大量基础数据，优化经营模式，通过分析和预测功能，提供系统性的在线和离线数据分析模型，有效提升城市智能化水平。

二、智能电子围栏停车管理系统

智能电子围栏是一种成本低、效率高、易管理的智能停车管理系统。智能电子围栏停车管理系统，主要在后台形成若干个虚拟的长方形停车位，并利用车辆终端高精度的连续定位信息装置检测车辆是否处于规定停车位范围内，若车辆进入规定的停车位区域，则定位终端自动蜂鸣提示，表示允许用户正常停车，否则不能正常停车。智能电子围栏停车管理系统一般包括车辆终端高精度连续定位系统、电子地图虚拟停车位系统、后台停车计费管理系统等。

三、智能红绿灯

据中国智能制造网消息，智能红绿灯能借助人工智能等技术，摆脱传统红绿灯的固定时长控制，学会"自我思考"，助力交通顺畅。智能红绿灯设计更科学合理，减少人为因素造成的误差，根据车流量多少合理调控红绿灯时长，减少一个周期内十字路口前排队车辆数，更好缓解堵车问题，进一步减少碳排放。智能红绿灯可实时监测路口车辆的排队、通行、车距、车速，根据道路实际通行情况自主调整红绿灯的灯时，提高路口整体通行效能。人工智能让红绿灯"红"得科学，"绿"得合理。智能红绿灯优势：

1. 自动调节红绿灯时长。智能红绿灯可借助摄像头、传感器以及显示装置根据车流量、人流量自我调节红绿灯时长，缓解交通拥堵现象。

2. 及时反馈拥堵及事故信息。实时收集路况信息，及时、快速传输到交通管理部门。在发生重大拥堵或交通事故时，智能红绿灯信息反馈帮助交警了解实际情况，迅速做出判断和决策。

3. 协助交通执法。配置识别路况的智能监控设备，可识别人流、车流，记录违反交通规则行为，提交至交通执法部门统一处理。

在南京，智能红绿灯已在河西大街泰山路、河西大街黄山路两个路口正式上岗，该系统可对路口车辆的排队、通行、车距、车速进行秒级实时监测。路口监测数据表明，交通非饱和时间段内优化调整率为100%，在全智能控制模式下平峰时段减少空放空待，高峰时段减轻路段排队方面优势明显。

四、智能交通机器人

王伟耀在《人工智能技术在智慧交通领域中的应用》一文中提出了一类智能交通机器人模型，该类智能交通机器人运用于路口进行交通指挥，运用人工智能技术实时监控交通路口状况，获取路口交通信息，根据算法与辅助决策指挥道路交通；可与路口交通信号灯系统实施对接、联网匹配，通过分析周围交通情况来控制信号灯。机器人可通过手臂指挥、灯光提示、语音警示、安全宣传等功能，有效提醒行人遵守交通法规，增强行人交通安全意识，降低交通警察工作量。机器人可通过图像识别技术监测行人、非机动车交通违法行为，使行人和机动车及时意识到自己的交通违法行为，增强其交通安全意识。

五、智能交通监控

智能交通监控系统以互联网为媒介通过智能计算机链接道路上的摄像头，借助人工智能的图像识别技术分析各区域道路交通情况，使交管部门能实时掌握道路车流量、拥堵情况，并智能化调整交通信号灯配时，或通过其他方式疏导交通，实现智能化交通管理与调节，缓解交通堵塞。智能交通监控系统还应用于停车场、高速路口收费站、路口车辆抓拍等场所。

六、案例

1. 据中国潮州网消息，潮州市积极推进智能化交通建设，打造的智能交通指挥中心包括六大系统：视频监控系统、交通信号控制系统、电子警察系统、缉查布控系统、信息发布系统和重点车辆监控系统。视频监控系统整合了新建的 112 个高清卡口、27 个高点监控以及原来的平安潮州视频，可以对市区的主要路口、路段进行监控，使得路面的交通运行状况实现可视化。交通信号控制系统能对市区 29 个路口进行信号灯控制。能够自动检测路口各个方向的车流信息，结合视频监控系统，方便中心工作人员对信号灯进行合理配时。电子警察系统可对一些严重交通违法行为比如闯红灯等进行自动抓拍、智能识别车牌号，为交警执法提供车辆违法行为证据，有效减轻交警的工作量。缉查布控系统也叫狼蛛执法助手。可帮助执法人员识别预警、布控拦截存在多次交通违法、假套牌等的车辆，有效提高执法效率。信息发布系统可发布前方道路通行状况的一些信息和进行交通安全宣传，营造良好的道路交通秩序。重点车辆监控系统可对危险品/剧毒运输车、客运班车、重型货车、散装物料车、校车、出租车、旅游包车、教练车等八大类型的车辆进行安全监控，实现科学化管理，预防交通事故发生。

2.据河北新闻网消息，秦皇岛市公安局交警支队创新交通管理，助推智能交通建设。依托人工智能和大数据运算能力，不断提升指挥平台自动轮巡、交通信号自主解析、违法行为精准查缉和应急事件自主处置的能力，通达指挥调度脉络。在提升交通信号自主解析能力方面，根据所得数据及信号控制效果自动发现问题，结合交叉口实际通行条件给出优化方案。在提升违法行为精准查缉能力方面，加大对机动车不礼让行人、不系安全带、开车接打手机等交通违法的精准打击力度，实现对"失驾"人员的精确抓拍，自主生成套牌车预警信息并安排最近民警进行拦截处置。

3.天津公安交管"慧眼"系统打通指挥调度系统与电子警察平台、移动警务通之间链路，可实现对非现场违法车辆和漏检、假套牌等违法车辆的快速发现、实时推送、精准查处，提高民警路面处罚震慑力。在中心城区应用至今取得比较明显的治理效果，通过民警与智能设备相配合，目前查处交通违法4.5万余起。为配合治理大货车专项行动，"慧眼"2.0版本应用人工智能和机器学习等先进技术进行，智能分析电子警察监控视频数据，辅助民警发现、处罚大货车涉牌等传统电警难以处罚的严重违法行为。随着交通科技设施建设，"慧眼"系统将持续接入多功能电警和警用无人机、警用车辆采集系统等多样化、广覆盖的采集设备，中心平台数据处理能力得到极大提升，编织一张多维度、立体式的车辆防控网络，让违法车辆无处遁形。

4.常州"无人机交警"助力智能交通。根据《江苏等地积极探索智能交通创新应用》消息，常州交警启用无人机巡查高架路段，机动车压线、不系安全带、开车打电话这样的"小动作"，都会被无人机"一览无余"，实时抓拍。这些都会被录入交通违法数据库作为执法依据。这种警用交通管理无人机具有续航时间长、操控距离远、飞行稳定性好等优点。即便在雨雪恶劣天气，无人机也能正常工作。无人机还能协助交管部门监控车流量，通知轻微事故车辆及时撤离。可派无人机飞到现场上空拍照取证，记录涉事车牌。无人机上安装了喇叭，民警通过无人机喊话，可引导当事人快速处置并撤离现场，恢复路面交通。

5.杭州"声呐电子警察"上线。杭州交警试点在市区部分道路安装"声呐电子警察"抓拍设备，专治机动车乱按喇叭。"声呐电子警察"通过采集声音信号和车辆图像信号的方式，经后台自动检测识别，对鸣号车辆进行精准查控。鸣号车辆被抓拍后，将立即通过电子显示屏现场实时显示车牌。

6.上海首个基于全视频的智能路侧停车管理系统上线。上海首个高位视频智能路侧停车管理试点项目，即徐汇区太原路道路停车标准化管理试点项目正式上线。该项目基于全视频智能化＋移动互联网的技术模式是智能路侧停车管理的一大创新，主要基于人工智能深度学习的技术，依靠智能识别，包括车辆套牌识别、车位识别、车辆特征(颜色、品牌等）识别、车辆入位、出位识别、路况视频信息采集（车速、车流）等。系统级软件服务实现停车运行管理和经营管理，以视频智能化为关键建立路侧停车新的管理模式，以先进稳定硬件为基础提升停车效率多元支付手段为客户提供便捷停车服务体系，无论是对车主、经营方，或是政府来说，都能改善"停车难"问题。

第三节　车联网

车联网通过整合人、车、路、周围环境等相关信息提供一体化服务，是物联网技术在交通行业的典型应用，是汽车行业转型升级的战略机遇，是国家创新发展战略重要组成部分，利于解决日益严峻交通拥堵问题。广义上说，车联网应包括车辆在全生命周期内产生的所有信息交换，涉及车辆研发、生产、销售、使用、回收等所有环节，除支持车辆与交通三要素——人、车、路互联，实现智能交通领域的应用，车联网还与移动互联网、智能工厂、智能电网、智能家居等外部网络互联，形成自车与人、车、路、网的相互连接与互动。

新华网等发布的《车联网产业发展报告（2019)》认为，全球车联网产业进入快速发展阶段，信息化、智能化引领，全球车联网服务需求逐渐加大。当前全球联网车数量约为9000万辆，预计到2020年将增至3亿辆左右，到2025年则将突破10亿辆。未来，与大数据、云计算等技术创新融合将加快车联网市场渗透。

一、车联网政策

1. 车联网产业标准体系建设促进产业健康可持续发展

工业和信息化部组织编制并联合国家标准化管理委员会印发了《国家车联网产业标准体系建设指南》，包含总体要求、智能网联汽车、信息通信、电子产品和服务等一系列文件。通过强化标准化工作推动车联网产业健康可持续发展，促进自动驾驶等新技术新业务加快发展。智能网联汽车标准体系主要明确智能网联汽车标准体系中定义、分类等基础方向，人机界面、功能安全与评价等通用规范方向。信息通信标准体系主要面向车联网信息通信技术、网络和设备、应用服务进行标准体系设计。电子产品与服务标准体系主要针对支撑车联网产业链的汽车电子产品、车载信息系统、车载信息服务和平台相关的标准化工作。

2. 智能网联汽车发展加速，道路测试管理规范出台

2018年4月，工业和信息化部、公安部、交通运输部联合发布《智能网联汽车道路测试管理规范（试行）》。我国智能网联汽车发展持续加速，汽车与电子、通信、互联网等跨界合作加强，在关键技术研发、产业链布局、测试示范等方面取得积极进展。目前我国所测试的大部分汽车属于有条件自动驾驶，不仅不能离开人，也要对测试驾驶人进行严格要求。实行的管理规范适用于在中国境内公共道路上进行的智能网联汽车自动驾驶测试。管理规范发布后，国内企业可以按照规范进行自动驾驶车辆测试，研发有望加速。

3. 国家推动智能化社会，智能汽车发展迎来新契机

国家发改委发布的《智能汽车创新发展战略》从技术、产业、应用、竞争等层面详细阐述了发展智能汽车对我国具有重要的战略意义，对于整个产业的推动将起到引领的作用。在汽车产业方面，整体规模保持世界领先，自

主品牌市场份额逐步提高，核心技术不断取得突破，关键零部件供给能力显著增强；在网络通信方面，互联网、信息通信等领域涌现一批世界级领军企业，通信设备制造商已进入世界第一阵营；在基础设施方面，宽带网络和高速公路网快速发展、规模位居世界首位，北斗卫星导航系统可面向全国提供高精度时空服务；在发展空间方面，新型城镇化建设、乡村振兴战略实施也将进一步释放智能汽车发展潜力。

车联网主要政策表

颁布时间	颁布主体	政策名称	支持对象	相关内容
2018.06	工信部、国家标准委	《国家车联网产业标准体系建设指南（总体要求）》《国家车联网产业标准体系建设指南（信息通信）》《国家车联网产业标准体系建设指南（电子产品和服务）》	车联网产业	车联网产业的标准体系结构，车联网产业标准化总体工作
2018.04	工信部、公安部、交通运输部	《智能网联汽车道路测试管理规范（试行）》	智能网联汽车	明确测试主体、测试驾驶人、测试车辆等相关要求。
2018.03	工信部装备工业司	《2018年智能网联汽车标准化工作要点》	智能网联汽车	智能网联汽车相关标准的研究与制定
2018.01	国家发改委	《智能汽车创新发展战略》	智能汽车	智能网联汽车战略意义
2017.12	工信部	《促进新一代人工智能产业发展三年行动计划（2018-2020年）》	人工智能	未来三年车联网产业发展方向
2017.12	工信部、国家标准委	《国家车联网产业标准体系建设指南（智能网联汽车）》	智能网联汽车	车联网产业标准化工作
2017.07	国家发改委、交通运输部	《推进"互联网+"便捷交通促进智能交通发展的实施方案》	智能交通	自动驾驶车辆研发方向
2017.07	国务院	《新一代人工智能发展规划》	人工智能	智能网联汽车发展规划
2017.04	国家发改委、工信部、科技部	《汽车产业中长期发展规划》	汽车产业	明确汽车产业发展方向
2017.01	工信部	《物联网发展规划（2016-2020年）》	物联网	物联网产业五年发展规划

资料来源：赛迪顾问。

4.车联网产业成为建设智能交通的重点发展任务

国家发改委和交通运输部发布《推进"互联网+"便捷交通促进智能交通发展的实施方案》，从构建智能运行管理系统、加强智能交通基础设施支撑、全面强化标准和技术支撑、实施"互联网+"便捷交通重点示范项目四个维度全面阐述了汽车产业转型升级的重要方向，提出了车联网与自动驾驶的技术创新发展趋势和应用推广路径，并明确了相应的引导政策和示范项目。"构建下一代交通信息基础网络"作为重点发展任务，提出了要加快车联网建设，为载运工具提供无线接入互联网的公共服务，以及建设基于下一代互联网和专用短程通信的道路无线通信网。

二、产业链全景

朱帅等在《正视车联网产业的瓶颈》一文中认为，车联网产业涉及众多技术领域，包括自动识别技术、无线通信技术、智能化控制技术以及卫星导航等，这些技术确保汽车与周边设备之间的通信，智能化控制技术是车联网技术的核心。

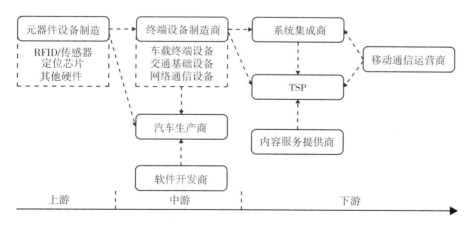

资料来源：赛迪顾问。

车联网产业主要分为产业链上游、中游和下游三个部分。上游主要包括RFID/传感器、定位芯片和其他硬件等元器件设备制造商。中游主要包括终端设备制造商、汽车生产商和软件开发商。下游主要包括汽车远程服务提供商（简称 TSP，上接汽车、车载设备制造商、网络运营商，下接内容提供商）、系统集成商、内容服务提供商和移动通信运营商。

车联网产业链条长，产业角色丰富，从上游到下游涵盖制造业和服务业两大领域。制造业中整车厂作为核心位置，一方面作为终端、软件、服务的集成者，具有较大的话语权，同时也在开展自身的车载智能信息服务业务。通信芯片和通信模组由于涉及通信技术，门槛较高，主要参与者都是华为、大唐、中兴以及国外的高通、英特尔等通信行业领先企业。服务领域，通信运营商以中国移动、中国联通和中国电信为主，同时运营商也在积极拓展其他车联网领域业务。车联网信息服务提供商方面，包含了传统 TSP 供应商如安吉星等、主机厂自有 TSP 平台以及新兴车联网创业企业。从整个产业链条看，初创型企业更多地集中在车载终端设备、交通基础设备、软件开发、信息和内容服务等市场刚刚起步或者门槛较低的环节。

1.TSP 市场逐步冷静，平台方案持续摸索

TSP 是车联网产业链的核心环节，统筹整合产业链其他环节的参与者，在 TSP 大平台上为整车厂打造车联网产品，内容涵盖 TSP 服务平台、呼叫中心、内容聚合、数据中心与云平台等。无论传统 TSP、整车厂还是互联网企业都在不断进入 TSP 产业，但是 TSP 目前盈利模式不清晰、平台需要规模效应等因素导致大部分企业仍在不断摸索中。

2. 车载智能终端产业稳定增长

随着智能网联汽车的逐步发展，传统汽车零部件生产商也开始从机械电子零部件向智能化汽车配件生产，其发挥自身特长，将智能化的驾驶辅助、车辆信息监测、网络信息服务融入升级后的零部件产品，主要发展方向有驾驶辅助、地图导航、语音服务、云平台信息服务等。

3.行业巨头主导通信运营和通信芯片

车联网通信离不开通信运营商的网络服务以及其拥有的公用移动通信基站。中国移动、中国联通和中国电信均成立了下属的车联网部门与子公司，力图从网络运营和基站建设着手，协同制定车联网应用标准，引领行业发展。通信芯片同样具有较高的进入门槛，国内以华为、大唐、中兴为主，开

展 LTE-V2X 芯片和 5G 通信芯片的研发。在通信运营和芯片等领域，国内市场基本会被行业巨头占领。

三、车联网服务

车联网是实现自动驾驶乃至无人驾驶重要组成部分，是智能交通系统核心信息通信平台。刘宗巍等在《中国车联网产业发展现状、瓶颈及应对策略》一文中认为，车联网可以涵盖车辆全生命周期中的所有数据，能面向个人、企业、政府等不同用户提供各种不同类型的服务。

1. 安全服务

包括自主式安全驾驶辅助、协同式安全驾驶辅助、车辆安全监控和救援、远程控制、隐私安全。

2. 节能服务

包括协同式节能驾驶、节能路径规划、驾驶行为分析和提醒、车辆状态监控、公共交通效率提升。

3. 信息服务

包括通信及网络服务、互联网内容服务、导航服务和 LBS、个人定制服务、企业数据服务、软件服务。

4. 交通服务

包括交通信息服务、高速公路交通管理、公共交通管理、车队管理、特殊车辆管理。

5. 保障服务

包括汽车维修、汽车配套服务（停车、加油、充电、保养等）、汽车金融和保险、汽车租赁和共享、汽车销售、其他用车相关服务（酒店预订、旅游、智能家居控制等）。

四、车联网面临瓶颈

朱帅等在《正视车联网产业的瓶颈》一文中认为，我国车联网面临的瓶颈包括如下几方面：

1. 核心技术短板多

与发达国家相比，核心技术领域存还存在明显短板。欠缺汽车电子技术领域的自主创新和生产能力，在车联网核心硬件设备中，毫米波雷达、高端前视摄像头、远红外夜视等还都只能依赖外国产品，国内没有具有自主知识产权的企业和产品；在中央决策控制、智能终端操作系统和环境感知及数据融合等关键性软件技术方面，尚处于初步探索阶段。车联网产品层次较低，高技术产品匮乏，低品质产品同质化现象较为严重，缺乏高层次技术的突破。

2. 商业模式不够清晰

车联网商业模式以建立汽车制造商、零部件商、互联网企业之间的互联关系和合理利益分配机制为基础，一些因素阻碍该机制的建立。从汽车使用角度看，拥有全世界最多的汽车品牌和数量，大而杂对车联网产业发展造成一定困扰，当前乘用车市场车联网应用产品面临一定供需矛盾。多数应用集中在信息娱乐和远程服务方面，对用户真正有独特意义的行车安全、节省油耗、规避拥堵等服务滞后，这种供需矛盾直接造成应用提供商盈利困难。

3. 数据壁垒影响产业发展

政府部门的数据开放和共享是车联网产业发展的政策基础。政府数据整合、公开和共享步伐较为滞后，阻碍车联网产业发展。

第四节　自动驾驶

郭英楠等在《无人驾驶产业发展现状及影响》一文中提到，研究显示，我国每年拥堵成本占 GDP 的 2% 左右。据公安部数据，截至 2017 年底，我国机动车保有量约 3.10 亿辆，其中汽车约 2.17 亿辆，占比 70%；汽车驾驶人达 3.42 亿人。巨大的交通流量加上昂贵的拥堵成本，使得智慧交通成为我国现阶段交通治理合理的解决办法。我国计划在 2030 年前部署超过 3000 万台无人驾驶汽车，无人驾驶汽车的销量将从 2020 年的 8000 辆 / 年增长到 2035 年的 950 万辆 / 年，占所有轻型车销量的 75%。

德勤发布的《中国人工智能产业白皮书》认为，人工智能时代，与汽车相关的智慧出行生态的价值正在被重新定义，出行的三大元素"人""车""路"被赋予类人的决策、行为，整个出行生态发生巨变。强大的计算力与海量的高价值数据是构成多维度协同出行生态的核心力量。随着人工智能技术在交通领域的应用朝着智能化、电动化和共享化的方向发展，以无人驾驶为核心的智能交通产业链将逐步形成。

一、自动驾驶等级

自动驾驶等级划分基本原则是安全优先、逐步接管驾驶权、关注执行层。自动驾驶可分 L1—L5 五级，其中 L1—L3 为自动驾驶系统辅助人类驾驶，称为高级驾驶辅助系统；L4 为人类辅助自动驾驶系统；L5 为完全自动驾驶，不需人类辅助，称为无人驾驶。从技术发展看，目前国内外智能驾驶技术多处于 L2—L3 水平。虽然关于人工智能的系统和算法已日趋成熟，但值得许多自动驾驶的测试环境仍处于实验阶段。上路无人驾驶一旦出现事故，将面临用户信任危机。

自动驾驶分级		名称	定义	驾驶操作
NHTSA	SAE			
L0	L0	人工驾驶	由人类驾驶员去安全驾驶汽车	人类驾驶员
L1	L1	辅助驾驶	车辆对方向盘和加减速中的一项操作提供驾驶，人类驾驶员负责其余的驾驶动作。	人类驾驶员和车辆
L2	L2	部分自动驾驶	车辆对方向盘和加减速中的多项操作提供驾驶，人类驾驶员负责其余的驾驶动作。	车辆
L3	L3	条件自动驾驶	由车辆完成绝大部分驾驶操作，人类驾驶员需保持注意力集中以备不时之需。	车辆
L4	L4	高度自动驾驶	由车辆完成所有驾驶操作，人类驾驶员无需保持注意力，但限定道路和环境条件。	车辆
	L5	完全自动驾驶	由车辆完成所有驾驶操作，人类驾驶员无需保持注意力。	车辆

资料来源：美国国家公路交通安全管理局、美国汽车工程师学会、德勤研究。

二、自动驾驶应用

1. 物流领域——无人货运

无人驾驶可应用在长途卡车运输、封闭道路上的配送，以及同城运送。

无人驾驶技术的普及，能在增加道路上卡车数量的同时，降低人为造成事故导致的死亡率，节约整体成本。通过人工智能的多传感器在线标定、多传感器融合、远距离感知、精细化建模控制、多目标优化决策等技术，将解决货车盲区大、机动性差、稳定性差和结构松散的问题。无人驾驶重卡实现商业化，能解放司机劳动力，实现节能减排。

2. 共享出行领域——无人共享汽车

以人驾驶为中心的共享汽车行业存在着诸多问题，成本高、车位少、规模小、车况差、赢利难、安全性差。无人驾驶可解决目前共享汽车领域的诸多痛点，从"人找车"变成现"车找人"。用户只需通过手机 APP 预订，附近闲置车辆通过自动驾驶技术与使用者"会合"，用户结束行程后，汽车可自动返回到附近固定停车位，极为便捷。

3. 矿山领域——无人驾驶矿车

矿山开采工作环境恶劣且封闭、工作路线固定、内容枯燥单调重复、危险性高，较少人愿从事该行业，因此自动驾驶矿山机械是自动驾驶领域最快实现商业化的方向之一。矿山铲运机无人驾驶系统主要由通信系统、遥控系统、视频监控系统、门禁系统、运行状态监测与记录系统、声光报警装置、铲运机定位装置、自主导航系统、行为学习和人工干预系统组成。无人驾驶矿车可在矿山现场流畅、精准、平稳地完成倒车入位、停靠、自动倾卸、轨迹运行、自主避障等环节。

4. 港口领域——自动驾驶集装箱转运车

相比港区外的高速公路集卡运输，港口码头作业区具有相对封闭、可控特点。自动驾驶集装箱转运车能对接现有港机系统及港务系统，能在港区内实现自动驾驶（启停、并线、超车等）、精准停车并配合集装箱装卸。通过无缝对接码头管理系统，自动驾驶集装箱转运车获得相应运输指令后，可实现码头内任意两点间的水平移动及岸吊、轮胎吊、正面吊、堆高机处的自动收送箱功能。每一台自动驾驶集装箱转运车通过车载网络实时与码头控制中心保持联系，从码头管理系统实时接收每一条任务指令，并将当前车辆状态，任务执行情况实时汇报给控制中心。自动驾驶集装箱转运车有效提升货物周转效率及港区运营智慧化、无人化水平，解决港口效率、成本、安全的问题。

5.轨道交通领域——无人驾驶轨道线

无人驾驶系统在轨道交通中应用越来越广泛，关键技术包括全自动运行的信号及综合监控系统、全自动运行的车辆系统等。2017年底，北京轨道交通首条"无人驾驶"线路——燕房线的试运行成功，这是中国第一条具有完全自主知识产权的轨道交通全自动运行系统。燕房线信号系统无人驾驶技术达到完全自动驾驶，列车唤醒、休眠、启动、停止、车门的开闭以及紧急情况下的列车运行全部为自动驾驶。

三、社会影响

无人驾驶技术的发展是一把双刃剑，在让人们享受技术进步成果的同时，也带来诸多社会影响。

1.带动智能经济，改变社会就业结构

自动驾驶产业带动高效、绿色智能经济，降低传统经济中低效的、以牺牲生态环境为前提的产业成本。就业结构将发生明显变化，对体力及脑力劳动者冲击较大。无人驾驶虽减少对司机的需求，但却急需车辆生产和维护方面的人员。

2.自动技术致使人体机能退化

自动驾驶技术的普及可能导致人类弱化路况判断和风险规避能力，甚至影响人类感知风险的整体能力。"起点—终点"行驶方式，减少人类自身记忆路径和规划路程的过程，导致人类记忆力和综合评估能力一定程度上退化。自动驾驶技术带给人类便利的同时，也在一定程度上致使人类更加懒惰，最终导致人体机能退化。

3.机器规则威胁现代交通秩序

自动驾驶通过雷达、光电探测器等实现环境判断，环境信息传输给核心芯片处理后作出指令规划。在这个链路中，探测器、中央处理器和执行机构都有问题隐患。探测器在理想状态下没有风险，但是实际生活中路况十分复杂，如车辆通过泥泞路段溅起的泥沙可能会封闭探测器，导致处理器判断前方有障碍，实施紧急制动，后车因反应不及造成追尾事故。

第五节　智能轨道交通系统

智能轨道交通系统是以电力电气化系统、信号通信系统以及信息系统为基础的综合平台，以大数据、云计算、物联网技术、人工智能等为基础的城市轨道交通智能化系统，是现代轨道交通发展的必然趋势。智能轨道交通系统可实现互联互通、信息交互、数据共享、功能协同、可视化管理，有效消除"信息孤岛"，避免重复建设，节约资源，优化管理与服务。

2018 年交通运输部公布《城市轨道交通运营管理规定》，该规定要求，"城市轨道交通运营主管部门和运营单位应当建立城市轨道交通智能管理系统，对所有运营过程、区域和关键设施设备进行监管，具备运行控制、关键设施和关键部位监测、风险管控和隐患排查、应急处置、安全监控等功能，并实现运营单位和各级交通运输主管部门之间的信息共享，提高运营安全管理水平。"

一、智能轨道交通系统的组成

王茉莉等在《关于城市轨道交通智能化的探讨》一文中提出，城市轨道交通智能化系统安全高效，具体可以分为六大子系统：

1.综合监控系统，简称为 ISCS，是一种典型的大型分层分布式监控系统，体系结构为中央 ISCS 系统、车站 ISCS 系统、现场控制系统。我国最早采用这一系统的是深圳地铁 1 号线，现已推进到各城市地铁轨道交通。该系统的火灾自动报警系统、环境与设备监控系统、电力监控系统尤为重要。

2.乘客资讯系统，简称为 PIS，是在城市轨道交通中提供多种资讯服务的系统，如广播和视频节目的播放，紧急情况的报警，天气及车次时间票价的查询。

3.综合安防系统，简称 SAS，是为了保证城市轨道交通正常秩序的运行。同样综合安防系统也是一个整体的称谓，其下还细分为安防集成管理、综合电视监控、电子围墙、门禁等子系统组成。轨道交通综合安防系统采用领先人脸抓拍机方案，人脸抓拍机内嵌人脸抓拍功能，能自动抓拍和上传图像中的人脸，实现事件的实时传达、告知、报警，以使事件快速处理。

4.通信系统，简称 CS，城市轨道交通智能化的通信系统是专用通信系统，是整个轨道交通的神经中枢系统。按照服务类别可以分为，控制信号传输系统、话音通信系统、图像通信系统、数据通信系统。要求是能够迅速、准确、可靠地传递与交换信息。

5.自动售票系统，简称 AFC，是进行售票、检票、统计的系统，是与乘客关系密切且极大了方便乘车过程的系统。

6.信号系统，简称 SIG，是指挥列车安全运行的关键设备，有了信号系统的保障，就可以杜绝和减少列车事故的发生。该系统还可以分为列车自动防护、列车自动监控、列车自动运行等子系统。

二、轨道交通智慧化过程

周长杰等在《城市轨道交通智慧化的研究》一文中认为，智能信息化处理技术实现智能化轨道交通体系包括数据智慧采集、数据智慧融合、数据智慧挖掘、开展智慧决策。通过数据智慧采集、融合、挖掘、决策构建智能化城市轨道交通体系，为乘客提供更安全、便捷、舒适智能交通系统。

1.智慧采集。数据采集获取数据过程，城市轨道交通方面数据采集工具如摄像头、传感器等都是比较常见的，借助这些设备工具能够将采集的数据转化为多种物理量信息，包括车辆行驶速度、噪音、压力、温度、轮轨力等，以高速列车轨道交通为例，运行数据直接关系到运行安全、乘坐舒适度，通常需大量传感器等相关设备。没有数据智慧采集就不可能实现智慧轨道。

2.智慧融合。智慧融合针对系统中所用到的大量不同类型传感器获取的数据信息，在同一个标准基础上，根据构建的规则集，通过自动化智能化的分析、综合以及集成形成数据集合，方便后续数据分析、挖掘以及决策任务。

3.智慧挖掘。智慧挖掘主要任务是关联性分析、聚类分析、分类预测、时序模拟、偏差分析等，针对轨道交通运营列车、路线、道路、牵引供电以及调度指挥等系统积累的海量融合数据进行挖掘以及全面综合分析，及时找出轨道交通运行的安全隐患，为轨道交通安全运行提供智慧决策支持。以高速铁路轨道交通为例，针对货运、客运、物流等主要的轨道交通运营类型，借助数据智慧挖掘可以实现流量预测、安全性能分析以及乘客分类等职能，更好指导列车运行，同时还可分析客流组织、评价换乘枢纽布局以及站台乘客行为等。构建面向数据挖掘的轨道交通信息集成模型是未来轨道交通数据智慧化重要方向，这些模型能全面管理轨道交通工具运行安全数据，为轨道交通主动安全预警提供数据决策支持。

4. 智慧决策。智慧决策是轨道交通智慧化发展的关键环节和最高层次，在数据智慧采集、数据智慧融合以及数据智慧挖掘的基础上为轨道交通管理提供安全运行决策方案。智慧决策建立在数据智慧采集、融合、挖掘的基础上，通过阵容传感器、压力传感器、摄像头、RFID 等设备感知轨道交通的车速、噪音、压力、温度、湿度等信息，对轨道交通海量、连续、多时空以及多样性的数据信息进行多层次融合，通过关联分析、分类分析、预测分析、偏差分析等为轨道交通提供智能决策支持，节省大量时间和成本，提升智慧决策水平。

第六节　智能水运

我国拥有 1.8 万千米海岸线和 12 万千米内河航道，素有"航运大国"美称。水路运输的智能化主要包括船舶智能化、航道智能化、港口智能化和海事管理智能化。

一、智慧港口

蒋仲廉等在《智能水运的发展现状与展望——第十届中国智能交通年会〈水路交通智能化论坛〉综述》一文中认为，智慧港口具备生态环境和谐化、物流资源集约化、港城融合一体化、技术装备现代化、管理运营科学化和服务智能化等特征。狭义上智慧港口指借助人工智能、物联网、云计算、大数据、"互联网＋"等现代信息技术，基于港口供应链思维，实现物资资源无缝对接联动，实现信息化、智能化、最优化的现代港口。港口资源管理信息系统包括海量港口资源数据的采集与整合、系统数据更新维护、大数据共享平台建设和地图服务响应速度等。借助港口资源管理信息系统，可实现港口资源数据的互联互通、各港口运行状态展示、公共锚地资源集中调度、重要港口视频监控、港口岸线规划、监管和港口经营监控。

二、智能船舶

智能船舶以大数据技术为基础，运用先进信息通信技术和计算机技术，实现船舶智能化感知、分析，保障船舶航行安全和航运效率，成为研发智能化船舶的强大驱动力，如中国船舶工业集团"会思考"的智能船，可连续感知船舶运行与海况环境，降低事故率，保障航运安全，最终实现面向"Sea——海洋，Ship——船舶，System——系统，Smart——智能，Service——服务"的船舶运营智能服务体系（"5S"工程）；世界上最大商业造船供应商之一的罗尔斯·罗伊斯计划在未来 10 年内将第一艘无人货船投入使用。智能船舶主要包括信息感知、通信导航、能效控制、航线控制、状态监测与故障诊断技术、遇险救助和自主航行等关键技术。

第七节　船联网

船联网已成为智能交通行业应用重要方向之一，船联网具备技术融合性、要素载体多样性和服务功能集成化特点。船联网根据用途可分为海运船联网、河运船联网、军用船联网、工程船联网和渔业船联网等。本书主要介绍渔业船联网。李国栋等在《渔业船联网应用场景及需求分析研究》一文中认为，渔业船联网以海洋渔业船舶为网络基本节点，以船舶、船载仪器和设备、航道、陆岸设施、浮标、潜标、海洋生物等为信息源，通过船载数据处理和交换设备进行信息处理、预处理、应用和交换，综合利用海上无线通信、卫星通信、沿海无线宽带通信、船舶自组网和水声通信等技术实现船——

岸、船—船和船—仪等信息交换，在岸基数据中心实现节点各类动、静态信息的汇聚、提取、监管与应用，使其具有导航、通信、助渔、渔政管理和信息服务等功能。渔业船舶因其特有的广布性、灵活性、群众性和低敏感性，相比其他民用和军用船舶联网，渔业船联网可为渔业船舶航行和作业提供更智能化保障，在获取海洋信息、发展海洋经济、维护海洋权益方面具有重要优势。

以物联网、人工智能为代表的技术发展，影响和推动渔业船联网不断演进和完善，促进船联网在新领域的应用，渔业船联网主要应用场景包括：辅助渔业生产、渔业多媒体、渔业监管、海洋科研等。

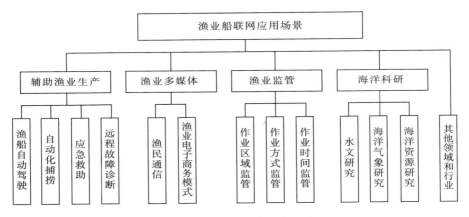

资料来源：李国栋等：《渔业船联网应用场景及需求分析研究》。

一、辅助渔业生产

渔业船联网立足于"服务渔业，服务渔民"。渔业船联网技术是信息化、智能化在现代渔业中实施的主要手段，可为高效和安全渔业生产活动提供保障。

1. 渔船自动驾驶

自动驾驶技术在渔船的普及上，面临着渔船大小规格多样化、航行轨迹不规律等诸多制约因素。渔业船联网的实施，可在航行条件监测、渔船操作监视、决策支持、船舶及其周围环境和其他安全方面的监测上为渔船自动驾驶与管理提供技术保障，促进自动驾驶技术在渔业船舶上的应用。

2. 自动化捕捞

无论远洋还是近海捕捞，实施自动化捕捞是渔船升级换代的必经之路。渔船作业装备主要包括助渔仪器和捕捞设备。助渔仪器中的鱼探仪、网位仪、通导设备等能通过船联网实现互联互通，接入互联网，实现对渔场信息和鱼群洄游信息共享。捕捞设备通过船联网实现设备智能控制和无人操作，通过船联网的联通促使实现单船或多船助渔仪器和捕捞设备自动协同工作，实现渔业自动化捕捞和联合作业，促进海洋渔业的精准捕捞和高效捕捞。

3. 应急救助

渔业安全作业关系到渔民生命财产安全和渔业经济健康发展。渔船作业安全威胁主要来自自然灾害、船舶间的碰撞、船舶自身事故和火灾等因素。海上渔业生产时空跨度大、个体分散、通信不畅导致事故多发，给后续救助工作带来较大困难。渔业船联网可发挥无缝实时通信、全方位船舶状态监控等方面能力，为防范海上渔船碰撞事件，实时掌握海上渔业船舶动态运行信息，科学防台避灾，减少渔民伤亡和财产损失，提高渔船突发事件的应急处置能力及船只互助救援等方面发挥重要作用。

4. 远程故障诊断

海洋渔业生产作业环境的复杂性和恶劣性决定其具有较高风险，生产相关数据的跟踪极为重要，尤其是船舶运行和生产作业数据，包括船舶推进系统、电力系统、安全系统等关系到船舶安全的数据。渔业船联网的构建，实现渔船和渔业节点的信息互通与共享，衍生出庞大渔业船舶运行和生产相关大数据池，大数据池可及时分析并预测潜在不稳定和危险信号，准确及时地远程诊断和追踪。

二、渔业多媒体

依托无线移动通信技术发展的陆上多媒体应用正发生日新月异变革，由于海洋环境复杂多变，海洋通信发展明显滞后于陆地通信，海洋渔业通信情况相较于其他海洋相关行业更薄弱，导致渔业多媒体应用发展明显滞后。渔业从业人员众多，渔业生产作业环境相对隔绝，更需渔业多媒体满足广大渔民通信、娱乐需要，及渔业电子商务模式发展需要。

1. 渔民通信

渔业船舶海上作业周期往往数月，在茫茫大海，长时间高体力劳作之余，渔民渴望与家人沟通，了解外部信息。外界通信的不畅易导致内心焦虑，甚至出现心理障碍和疾病。船联网提供低成本的语音通信和数据通信，支持电话、文字聊天、网页浏览，视频传输功能，可满足广大渔民海上作业期间精神生活的需要。

2. 渔业电子商务模式

因水产品本身特殊性，商品信息发布存在一定滞后，为水产品的销售带来非预期隐患。构建新型渔业产品销售模式，需买卖双方商品交易匹配。渔业船联网的构建，实现水产品信息的采集与发布零延迟，通过水产品大数据分析，能极大提高买卖双方匹配度，提高生产销售的时效性，为渔业产品在线销售提供条件，实现海洋优质蛋白捕获即售。

三、渔业监管

渔业科研与管理投入严重滞后于渔业活动的快速发展，渔业资源衰退、生态环境恶化已使中国专属经济区的食物供给和生态服务功能大大降低，生态认知能力的不足和渔业监管手段的落后严重制约专属经济区的生态修复和双边渔业管理的主动性。发挥渔业船联网对信息获取的实时性和精准性特点，为渔业监管有效落实和巩固提供可靠技术手段。

1. 作业区域监管

渔业跨界和越界捕捞现象时有发生，特别是涉及敏感水域，造成了一定国际影响。通过人工智能技术有机融合的渔业船联网解决方案，可实现作业渔船的精准定位与跟踪、实时信息（船位、报警、短信等）的采集、处理、存储、分析、展示、传输及交换，保障渔业管理部门实施全面自动化监管。

2.作业方式监管

因缺少对渔船作业方式实时监管的有效手段，渔业监管部门虽制定详尽渔具准用目录，明确了渔具最小网目尺寸，以及渔船携带渔具的数量、长度和灯光强度等标准，引导渔民使用资源节约型、环境友好型的作业方式，但依然无法杜绝违规作业渔具对幼鱼和珍稀濒危水生野生动物造成危害和影响。通过船联网将渔船的空网拖曳作业数据、网目实时图像数据，以及渔获物实时图像与称重数据传送至渔业船联网数据中心进行大数据对比分析和图像识别后，可快速判断渔船作业方式是否违法，及时实施监管。

3.作业时间监管

国家实施的伏季休渔制度对恢复海洋生态功能、保证海洋资源可持续发展、提高渔获物产量等均起到决定性作用，但"偷捕"现象屡有发生，降低休渔效果。船联网监管端的设备监控节点可在休渔季节远程监测船载动力设备、导航设备以及捕捞设备，实施有选择性的远程强制控制，及时制止违法乱纪行为。

四、海洋科研

海洋科研包括地质、海洋地球物理、海洋化学、海洋生物、海洋物理、海洋水声等多个学科，海洋科考船能承担海底地形和地貌、重力和磁力、地质和构造、综合海洋环境、海洋工程以及深海技术装备等方面的调查和试验工作。但科考船总体数量无法与中国分布在世界各大洋的渔船数量相比，采集数据与分析结论多为一定区域性的局部认知与推论。在大范围分布的渔船作业之余，充分发挥中国的渔船数量优势与地理分布优势，充分挖掘渔船的潜在信息感知能力，为中国海洋科学研究提供更多海洋基本环境要素数据。渔业船联网可在众多海洋科考领域发挥作用，下面仅以水文研究、海洋气象研究和海洋生物资源研究等三学科为例。

1.水文研究

有效采集海洋的各层级温度、盐度以及区域深度等水文数据可认识水环境演变中各种复杂物理、化学、生物等过程的客观变化规律。渔船可在作业过程中利用自身配置的传感器设备进行不间断的采集与存储这些基本数据，在合适网络条件下将数据传输至船联网大数据中心实施科研共享。较之科考船，这些基本数据来源更广、分布更均匀、持续时间更长，利于海洋水文研究。

2. 海洋气象研究

地球表面绝大部分为海洋覆盖，海洋环境具有和陆地迥然不同的物理、化学性质，决定了海洋气象学研究重要地位，其与捕捞业、盐业、海水养殖业、航运、海洋资源勘探、国防建设以及其他各种海上作业关系密切。采集数据的时间连续性和空间分布均匀程度对气象研究至关重要，基于渔业船联网的大量传感器节点将海洋气象研究所需数据及时汇总至大数据中心，为海洋气象研究提供必要的基础数据。

3. 海洋生物资源研究

地球上80%多生物资源在海洋里，海洋生物种类多、数量大。利用海洋资源还比较局限和盲目，大量捕捞使海洋食物链、海洋生态关系发生变化。海洋生态的一些缓慢性变化能否及时感知，需大量的生态与资源数据跟踪对比，仅靠离散的、局部海洋水域环境跟踪调查无法准确还原真实的海洋生物链变化情况。渔业船舶分布广、作业时间长，可利用渔业船联网完成上述信息的采集、传输和处理过程，使渔业相关信息服务于海洋资源研究。

第八节　智能航空客运系统

中国民用航空局局长冯正霖指出，要以信息化、智能化为支撑，以大数据利用、移动互联网为平台，推进民航服务质量管理体系与生产运行体系全面融合，建立全流程服务质量管控体系，进一步提升民航服务质量。

冯正霖认为，打造以合作共赢为特征的发展机制。智慧民航建设是一个系统工程，创新链、产业链、资金链、政策链相互交织、相互支撑，必须在更加开放的平台上建立多方参与的合作机制，才能形成建设智慧民航的合力。要加强行业各主体间协同合作，推进政府部门、航空公司、机场、空管等运行主体之间数据和应用系统接口开放共享，打破信息孤岛。加强不同交通方式间的协同合作，推动各种交通方式信息系统衔接，充分发挥各种运输方式的比较优势和组合效率。加强上下游产业链创新链协同合作，与航空制造业、物流业、旅游业以及地方政府等建立更紧密的联系，协同创新、融合创新，为智慧民航建设形成强大合力。

智能航空实现精准全面的监测，能识别安全风险，预防灾难发生，帮助机场提高运营效率。牛文生在《基于天地一体化信息网络的智能航空客运系统》一文中认为，对于航空客运系统，集成了航空通信网络的天地一体化信息网络是飞机与空管、机场和地面系统通信的主要承载网络，是飞机实现超维度互联的重要途径。海量的飞机数据将产生并通过网络实时流动，通过人工智能等技术进行综合处理和利用后转化为有用信息，全面提高人员工作效率，优化业务流程，将航空客运提高到智能化水平，形成智能航空客运系统。智能航空客运系统以智能飞机为核心，依托天地一体化信息网络，结合智能地面系统，实现飞行、维护、乘务和运营等过程。

一、系统功能

智能航空客运系统应具有以下几方面功能：

1.智能飞行。飞机能实时获取大量的飞行所需信息，通过信息融合辅助飞行机组完成飞行前准备、飞行计划的制订和执行、异常情况处理和飞行品质的改进等工作，显著降低飞行机组的工作负担和出错概率。

2.智能维护。飞机及地面系统能通过遍布飞机的大量传感器，实时监控机体和机载系统的健康信息，通过综合处理，预测健康状况，预先提出维护和维修建议，降低维护工作量，避免航班延误和取消。

3.智能运营。地面系统能实时获取机队状态、机组状态、航班及气象等情况，通过信息融合和分析，提出运营控制建议，提高飞机和机组调度效率，提高飞机利用率，降低运营成本。

4.智能乘务。飞机及地面系统能为乘务机组和乘客提供及时全面的信息支持，根据个性化需求自动调节客舱环境，提供个性化餐饮和娱乐服务，提供与地面互联网的实时、低成本和高带宽的信息连接，显著降低乘务的工作负担，提高乘客满意度和忠诚度。

二、系统构成

智能航空客运系统由智能飞机、机场地面系统、飞机制造商地面系统和航空公司地面系统几部分组成。

1. 智能飞机。智能飞机机载系统分为 3 个网络域：飞机控制域、信息系统域及开放域。飞机控制域由通信导航等传统机载系统组成，用于控制飞行，属高安全等级网络域。信息系统域由智能机载信息系统及传感器组成，用于提供各种信息服务，属于低安全等级网络域。开放域由客舱娱乐系统及乘客自携设备组成，用于提供娱乐信息服务，不涉及飞行安全。智能机载信息系统是飞机智能化的主要承载系统，具有 2 个中心：①网络中心采用物联网技术，将全机机载系统和设备进行连接，将飞机与外部网络进行连接，实现互联互通。②信息中心具有强大的信息处理平台，采用人工智能等技术对全机数据进行智能化分析和处理，按照各利益相关方信息需求提供相应信息服务。智能机载信息系统通过遍布全机的智能传感器全面感知飞机的内外部状态，通过网络中心、数据中心和信息中心，实现数据采集、传输和处理，通过天地一体化信息网络与其他智能地面系统进行数据交换，为飞行机组、乘务机组、维护人员和乘客提供智能信息服务。

2. 机场地面系统。由机场接入、信息安保、网络管理和数据管理服务器等设备组成。机场地面系统为飞机提供 Wi-Fi 等无线接入，提供飞机所需软件、数据库和乘客信息等数据更新服务，并将飞机数据快速下传并发至航空公司数据中心。

3. 飞机制造商地面系统。由信息安保、网络管理、云基础设施等设备组成。飞机制造商基于设计和制造优势，实时分析获取的飞机数据，评估和预测飞机健康状态，为航空公司提供维护和维修建议，对运营过程提供优化建议。

4.航空公司地面系统。由信息安保、网络管理、证书管理和业务系统等诸多设备和应用软件组成。采集和集中飞机、航路、机场、机队、机组、气象和航材备件等数据行，建立签派风险、航材周转、机队和机组调度等模型，结合飞机制造商提供的信息服务，完成运营和维护等业务流程。

第十三章　智能化安防

国务院印发的《新一代人工智能发展规划》提出，围绕社会综合治理、新型犯罪侦查、反恐等迫切需求，研发集成多种探测传感技术、视频图像信息分析识别技术、生物特征识别技术的智能安防与警用产品，建立智能化监测平台。加强对重点公共区域安防设备的智能化改造升级，支持有条件的社区或城市开展基于人工智能的公共安防区域示范。

据公安部网站消息，2017年12月26日，公安部部长赵克志在上海调研时强调，积极适应云计算、物联网、人工智能等新科技发展趋势，坚持统筹规划，大力开展智慧公安建设，取得了明显成效。实践证明，这条路子是正确的。只要理念、思路、路径正确，就要坚定不移地往前走，努力为推进警务机制改革与现代科技应用深度融合创造更多可借鉴、可复制的好做法好经验。

据公安部网站消息，2018年1月24日，公安部部长赵克志在全国公安厅局长会议上提出，要坚持实战引领，充分运用大数据等新技术手段，积极构建以大数据智能应用为核心的智慧警务新模式，着力提高预测预警能力、精确打击能力和动态管理能力，不断提升公安工作智能化水平。

2018年2月2日，应急管理部部长王玉普在《学习时报》的署名文章《肩负起新时代安全生产工作历史使命》中提出，加快上下融合贯通的安全生产监管监察信息化建设，运用信息化、数字化、智能化等现代手段提高安全监管监察执法效能。

第一节　概　述

随着人工智能在安防行业的渗透和深层次应用，安防行业已呈现"无AI，不安防"新趋势。

中科院自动化所等编制的《安防+AI人工智能工程化白皮书》认为，安防系统正在从传的被动御升级成为主判断和预警的智能防御。安防行业也从单一的全领域向多元化应用方发展，旨在安防行业也从单一的全领域向多元化应用方发展，旨在提升生产效率、提高生活智能化程度，为更多的行业和人群提供可视化、智能化程度解决方案，随着智慧城市、智能建筑，智能交通等智能化产业的带动，智慧安防也将保持高速增长。预计在2020年全球产业规模实现年全球产业规模实现106亿美元，中国会达到20亿。

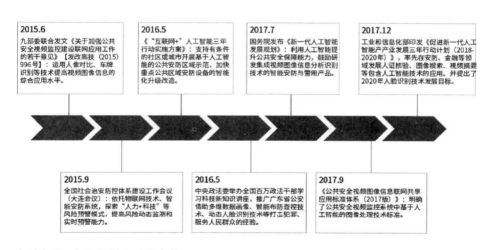

公共安全领域人工智能发展相关政策文件

2015.6
九部委联合发文《关于加强公共安全视频监控建设联网应用工作的若干意见》【发改高技（2015）996号】：运用人像对比、车牌识别等技术提高视频图像信息的综合应用水平。

2016.5
《"互联网+"人工智能三年行动实施方案》：支持有条件的社区或城市开展基于人工智能的公共安防区域示范，加快重点公共区域安防设备的智能化升级改造。

2017.7
国务院发布《新一代人工智能发展规划》：利用人工智能提升公共安全保障能力，鼓励研发集成视频图像信息分析识别技术的智能安防与警用产品。

2017.12
工业和信息化部印发《促进新一代人工智能产业发展三年行动计划（2018-2020年）》，率先在安防、金融等领域发展人证核验、图像搜索、视频摘要等包含人工智能技术的应用。并提出了2020年人脸识别技术发展目标。

2015.9
全国社会治安防控体系建设工作会议（大连会议）：依托物联网技术、智能安防系统，探索"人力+科技"等风险预警模式，提高风险动态监测和实时预警能力。

2016.5
中央政法委举办全国百万政法干部学科技知识讲座，推广广东省公安借助多维数据画像、智能布控查控技术、动态人脸识别技术等打击犯罪、服务人民群众的经验。

2017.9
《公共安全视频图像信息联网共享应用标准体系（2017版）》：明确了公共安全视频监控系统中基于人工智能的图像处理技术标准。

资料来源：宇视根据公开信息整理。

安防行业的AI应用场景分为卡口和非卡口，应用场景分为卡口和非卡口，前者指光线、角度等条件可控的应用场景，以车辆卡口及人脸为主；后者指普通治安监控视频场景。吴参毅在《浅析AI+安防应用之难及趋势》

一文中认为，安防行业人工智能技术主要集中应用在人脸识别、行人识别、行为识别、车辆识别、结构化分析、大规模结构化和半结构化视频信息检索等方向。

一、人脸身份确认

人脸身份确认应用属于卡口场景人工智能应用，以公安行业人员布控为代表，在关键监控点位安装人脸抓拍摄像机，通过后端人脸识别服务器比对识别抓拍到的人脸，确定人员身份。一种是与人脸黑名单库比对识别，人脸黑名单动态布控应用中主要利用人脸抓拍摄像机从高清／超高清视频画面中使用深度学习模型检测并抓拍人脸照片，然后提取人脸深度学习特征向量，比对黑名单库人脸实现报警提示；另一种是与静态人脸库比对，人脸静态比对使用深度学习模型检测并抓拍人脸图片，然后提取人脸深度学习特征向量与静态库中的人脸比对识别，确认该人脸身份。通过人脸识别系统还可查询人员行走轨迹，用于寻找走失老人、儿童等便民服务。在第 27 届青岛国际啤酒节期间，开发区警方将"人脸识别"系统应用于啤酒节安保，成功抓获网上逃犯 25 名。

二、人脸身份验证

人脸身份验证属于卡口场景应用，人脸白名单应用属于人脸身份验证应用。人脸白名单已应用在很多行业，比如人脸门禁、人脸速通门、人脸考勤、人证核验等，广泛应用于企事业、各类园区等场景。除实现基础人脸识别应用外，人脸身份验证还使用活体检测等手段，防止通过照片、视频、面具等人脸假冒行为，切实保障出入口人员安全管控及日常人员管理等。

三、车辆识别应用

车辆识别应用属于卡口场景应用。车辆识别技术是公安实战中应用最成熟、效果最明显技术之一。借助遍布各地交通要道车辆卡口，车牌识别使得"以车找人"成为现实，协助警方破获各类案件。车辆识别技术已从初级基于车牌的车辆识别应用阶段，发展到车型识别、套牌车识别等精准车辆识别应用阶段。

四、视频结构化

视频结构化应用一般属于非卡口应用。在视频结构化分析与快速检索应用中，视频结构化业务分类检测视频中的机动车、非机动车、行人等活动目标，识别其特征属性。提取目标小图和场景大图写入存储设备，便于后续快速查询及智能检索。通过视频结构化业务快速分析并提取出视频中感兴趣目标的特征属性信息，高效获取案事件相关线索，促进大安防时代视频数据从"看清"跨入到"看懂"阶段。

五、行为分析

行为分析可辅助安防应用。通过行为分析系统分析处理人员异常行为，应用于重点区域防范、重要物品监视、可疑危险物品遗留等行为的机器识别；也可对人员异常行为报警，提升视频监控应用效率；还可实现对群体的态势分析，如人群密度分析、人员聚集分析等，分析重点区域或人员聚集较多场所态势，防止人群事件发生，提前预警、及时处置。

第二节　智慧警务

2018 年 9 月 27 日，公安部常务副部长、北京市公安局局长王小洪在北京市公安局召开的科技信息化工作会议上，就新时代首都公安智慧警务建设，强调要以更高站位来推进智慧警务建设，要以更实措施来推进智慧警务建设，要以更准发力来推进智慧警务建设，要以更严管理来推进智慧警务建设。

马文学等在《智慧警务应用体系探索与研究》一文中认为，智慧警务是指采用物联网、大数据、云计算、移动互联网等先进的科学技术，实现信息资源的强度整合、高度共享、深度应用。智慧警务需切实推进警务模式创新与现代科技的"深度融合",立足"快速、精准、高效"目标,构建以"智能的情报分析、精准的指挥调度、迅速的行动打击、有效的治理防范、高效的惠民服务"为代表的警务应用体系,以最小警务成本实现最大警务效能。

一、智慧警务应用

1. 治安防控,加强预测预警

警情防控体系要在信息感知和数据汇聚的基础上,深化智慧人口管理,加强智慧社区警务系统、人工智能立体化防控系统等方面的建设。织密全天候、全覆盖治安防控网络,高效整合信息数据库,构建智能分析统计模块,从时间、空间上直观反映涉稳元素,形成更准确的先期掌握、先期预估、精准决策、精确处置。

2. 情报研判,辅助决策分析

智慧情报研判,深度融合视频联网监控、治安卡口等信息系统,实现图侦部门的信息共享与合成作战。利用警用 PGIS 系统,深度关联警综、情报、人口等常用信息系统,充分发挥大数据在确定犯罪嫌疑人、串并案件方面作用;利用人工智能的预测性分析犯罪数据找出将要犯罪区域与犯罪行为可能性较高地区,按可能性分别布置警力和监控。

苏州市公安系统运用人像分析平台创造主动追逃新模式,通过大数据碰撞发现疑似洗白身份的对象。2015 年 6 月以来通过该应用系统,直接突出嫌疑人破案达到 500 余起,抓获嫌疑人 169 人。

3. 指挥调度,提升处警能力

智慧指挥调度运用融合通信、GIS 技术、云计算和大数据等技术,结合警情变化、治安状况、警力配备、辖区面积等因素,科学分析警情时空规律,分级预警,整合指挥调度所需通信资源、信息数据等,实现横向跨部门协同、纵向体系内贯通、指令快速上传下达、勤务自动调整、警力科学配置过程。

4. 民生服务,提升服务质量

智慧民生警务服务充分挖掘数据资源潜能,规范数据处理流程,提升数据治理水平,打通数据交换渠道,丰富数据服务模式,实现跨层级、跨地域、跨部门、跨业务的协同管理和服务，对外为公众服务提供法制、网安、出入境、禁毒、刑侦、交警等互联网便民服务，为政府部门和相关行业提供信息共享服务，最终构建统一调度、精准服务、安全可控的信息共享服务体系。

5.执法监督，规范执法过程

公安机关实行"统一领导，分级管理，条块结合、以块为主"的行政管理体制，强化执法管理智能化建设，配套建设执法"大数据"监督管理中心，实现对警情、案件、场所、财物、案卷等执法要素的全方位、全流程、智能化管控和可回溯式监督管理。

6.移动应用，丰富警务手段

警用移动应用主要用于警务人员执法现场查询、执法信息现场采集、指挥调度等。通过移动警务设备，一线民警可快速查询暂住人员信息、监控人员信息、在逃人员信息及车辆信息等，可随时随地请求后台云端系统的支持实现信息的快速比对甄别；可采集现场图片、音视频等数据传回公安内部系统中心，帮助一线民警解决对犯罪嫌疑人的通缉、协查等工作需求；还可通过地理信息系统为一线民警提供导航定位功能，让警务人员迅速对区域内警情做出判断和决策，减少出警时间和因对地形不熟悉而造成的群众伤亡。

二、案例

1.浙江公安——大数据人工智能助推公安改革

"云上公安、智能防控"是浙江省公安厅从 2016 年就开始在全省公安机关中谋划实施的公安大数据战略。他们大力推进"天网""天算""天智"工程建设，积极开展警务大数据应用，着力打造数据警务、智慧公安，警务工作正向更可知、更可测、更可控方向发展。完成了全息档案、关系网络、全时空轨迹、超级搜索、超级碰撞等通用功能建设，为基层一线民警提供便捷高效的大数据应用服务，为现实斗争提供精确的信息支持，全警、全量、全时空实时采集上云的数据资源为公安业务提供了前所未有的丰富维度。

2.贵阳公安——构建智慧警务新模式

贵阳公安积极践行新理念新思路新举措，以"块数据指挥中心"建设为核心，完善了可汇聚、可研判、可推送、自流程化的"一中心三平台"总体架构，铺设了覆盖全市的"天网工程""智慧门禁""人脸识别"等万物互联前端感知网络，以大数据引领警务改革的局面逐步成型。

3. 江苏深挖大数据打造智慧警务

江苏"智慧警务"建设新目标是"来能报警、动知轨迹、走明去向、全程掌控"。早在 2014 年，江苏就全面启动警务大数据工程建设。为适应大数据平台和"智慧警务"建设的需求，江苏省公安厅全面升级大数据指挥服务体系，基于在线大数据建立的各种打击犯罪平台，成为基层民警侦查办案的"撒手锏"，江苏各地警方依据大数据研发出众多战法模型。利用警务大数据建成服务"旗舰店"和"微警务"集群，将户口迁移、车管缴费、护照办理等多项权力事项、服务事项搬到网上运行，推出"手机 110""手机车管所""手机签证官"等移动端便民服务，在线办理成常态。

第三节　智能化公安指挥调度

随着社会总体治安形势的不断变化，各级公安指挥人员能实时通过高度集成、操作便捷的指挥调度平台直观掌握现场情况、警力部署及其他辅助决策信息，能根据现场演变情况适时做出决策和调警处置。李亚东等在《大数据助推人工智能在公安指挥调度上的应用》一文中认为，快速派警、优化分配任务、节约决策时间成为遏制现场事态恶性发展、最大限度保证群众安全性、最低成本解决事件的关键因素，人工智能的引入贯穿接警、处警、决策、指挥、调度等实战业务，便捷化、智能化业务流程。人工智能技术能使公安指挥具有"多媒体受理、智能化决策、可视化指挥、立体式调度"的全方位指挥功能，打造"辅助决策、快速指挥、高效运转"公安一体化指挥体系。

一、接警智能化应用

传统接警席所获取报警信息往往只来源于报警人、视频监控或安防报警，无法获取报警事件隐藏的信息，随着大数据、视频智能分析、人工智能等信息化技术不断成熟，为指挥中心提供更全面现场警情信息，可有效提高警力利用率、降低假警率、错警率。接到报警电话时，通过语音识别自动获取案发地址、人物信息、案件事由等信息，根据事件信息类别自动弹出预案，推送处警建议，对于重点人员可通过后台关联数据库，智能报警提示，对于假警情报，通过联动现场视频进行复核，智能化确认报警事件。

二、处警智能化应用

在报警事件确认完毕后，将处警流程、现场信息、处警注意事项等信息标准化、规范化、智能化后，推送给一线警力，充分利用警力资源。通过对案件信息、案发地周边警力分布、事发地周边路况信息等处警影响因子赋予不同权重，结合人工智能机器学习，通过模型推演、人工核验后形成处警指令。在处警人员赶赴现场时，根据现场实时交通路况信息智能化推送最优路径给处警人员，按级分配不同管理权限，上级对下级接处警情况可实时监控并存储备案，下级漏接可跳转上级，处警快捷，可区分警情轻重缓急，过滤误报。

三、智能化态势应用

在公安实战应用中，态势是指挥员了解现场情况，评估事件未来发展以及作出对应决策的关键信息。决策过程中，态势图可作为协作研讨的底图，推演态势。智能化态势包括态势感知、态势处理、态势展示，态势感知可通过传感器、互联网、移动端、PC 端等获取现场气象信息、交通流信息、场所信息、应急资源信息、警情信息等；态势处理则可通过态势标绘、态势订阅、态势分发、态势回溯、态势研判、态势评估等方法分析事态走向的多种可能性，将基于时空维度的现场态势转换为直观、可视化"态势图"，为指挥控制人员分析行动方案、有效决策提供支持，可基于大屏、PC、移动等终端表现形式为指挥中心人员、一线警力提供直观可视态势现场图、态势趋势图、专题研讨图。

四、智能化决策应用

随着前端信息不断叠加，决策日益基于数据和分析，指挥员需快速、准确从海量信息中筛选有效信息。人工智能的日益成熟为公安业务开辟新路径，在发生重大案事件时，可根据事件描述信息，通过模型计算，迅速筛选出与此事件相似的典型案例以及其所采取的预案，经过类比思维，把相似事件知识应用到新事件，得到新事件的解释或解决方案。基于人工智能的决策智能化应用可帮助决策者减少决策成本、提高决策准确性，可通过人机交互方式迅速将下达的决策方案分解成易理解和传达的行动命令，规范化决策流程，提高决策效率。

五、智能化预案应用

智能化预案以案事件为核心，以分解预案为标准化、序列化、智能化、行动化指令为目标，基于地理信息数据库、模型库、决策技术库和预案库，针对公安各类突发事件的不同特性和文本预案，采用预测分析模型模拟预测预警，在预测预警过程中，通过调用分析模型库，可通过数据（数据驱动）、模型（模型驱动）和知识（知识驱动）提供专家咨询和辅助预警。比如在警情发生后，可通过提取警情关键字如警情类别、警情级别、案件特征等，根据问题识别已有成熟模型，分析模型所需数据，采用相似度计算方法，评估新案例与旧案例之间相似程度，为当前警情推送历史案例的解决思路，通过案例的重用和修正形成当前警情智能化预案，最终将其分解为一系列指令推送给一线警力人员。

第四节　智慧消防

公安部部长赵克志在 2018 年公安消防工作会议上要求，要大力实施科技兴警战略，全面推进"智慧消防"建设，综合运用大数据、物联网、人工智能等新技术，深入开展消防安全评估、风险预测、灾情预警等工作，着力提升消防工作智能化水平。

智慧消防应打破信息壁垒、信息孤岛、信息烟囱，强化科技创新、联动融合、开放共治，依托政务网、公安云、消防业务系统、智能物联网、互联网等大数据来源，形成一个大数据共享闭环，探索消防新模式，提升消防部队预测预警预防、打早打快打胜能力，实现火灾防控精准化、灭火救援高效化。智慧消防是火灾防控"自动化"、执法工作"规范化"、灭火救援指挥"智能化"、部队管理"精细化"，抓手是人工智能、物联网、云计算、大数据、移动互联网等新技术。

一、智慧消防特点

王秋华等在《智慧消防的技术特征及应用模式》一文中认为，智慧消防具有广泛性、共享性、智能性。

1.广泛性。消防信息感知网络覆盖范围大，涉及防火和灭火、抢险救灾、救援等多个领域，覆盖生活多个方面和层次。消防工作需采集不同密度、不同形态以及不同属性各种信息，包括区域地形、地貌、人口分布、道路交通、建筑物分布、市政水系等基础数据，需政府相关部门、社会企业、事业单位以及居民住宅管理等共同参与、大力配合。

2.共享性。消防服务共同分享、共同使用，实现消防所有用户（监管方和被监管方以及公众）间信息的互通、互联和共用。

3.智能性。智慧消防建设需强大信息承载系统，实现智能化管理和处理海量火灾信息，提供及时有效信息，如灭火救援时需火灾现场基本信息，包括风速、相对湿度气象因素，建筑物各种图纸，可燃物分布状况，建筑物内人员状况等，以便消防员综合分析，提出最佳解决方案。

二、火灾预警监测和监管智慧化

1.有效利用物联网，使安全监管动态化。第一，重点监控。当地消防总控制室需配备远程监控系统，能同步监控消防设施运行状况与值班履行情况，接入企业监控信号与街面公安视频探头，动态监控堵塞消防通道及运输易燃易爆物品等，实现重点企业与高风险企业消防设施的识别管理。通过GPS及北斗定位系统定位，全程监控消防人员日常巡查状况。第二，联动查处。规范联合处置程序、建设流程、反馈、上传、管理机制。消防执法人员按照程序对消防通道堵塞及消防出口封闭等进行劝阻并责令整改，同步更新"智慧消防"信息系统内的数据，与有关部门联动、核查，并督促整改。第三，风险预警。通过大数据技术，智能分析火灾隐患，风险评估，在系统地图标明。针对较高风险区域，增加抽查频次，加大整治力度。第四，精准灭火。整合各种信息平台，实现数据及时更新、动态预报，为灭火救援提供精准数据，实现高效、精准灭火。第五，高效评估。综合运用大数据技术，结合无人机、地理信息系统等相关技术，能在火灾后迅速评估火灾损失，为火灾调查提供有力依据。

2. 火灾预警监测自动化。第一，构建人员密集、火灾风险性高等重点场所的消防安全自动警示系统。在消防重点场所设立基于公共移动通信网络的安全风险警示系统，播放安全逃生、安全防范知识等。一旦发生火灾，及时发送火灾警示及逃生信息，实现快速疏散和逃生。第二，开发区域火灾分析评估系统。在现有城市火灾风险评估模型基础上，开发城市区域火灾分布系统APP，定期调整更新，以便及时了解火灾风险，提高防范意识。第三，建立城市火灾自动报警中心。运用大数据、人工智能技术等构建城市火灾自动预警系统，同步监控消防水系统、防排烟、消防报警装置和消防用电等运行状况，从总体上动态管理消防控制室操作人员。

三、案例

近年来江苏省消防总队以消防大数据为核心，坚持问题导向，挖掘数据价值，服务实战工作，全力推进"智慧消防"建设，取得了良好成效。第一，建设省市消防大数据指挥服务中心，联通公安网、政务网、互联网三大网络，运行全省统一的消防大数据综合业务管理服务平台，实现与20余个消防安全委员会成员单位的数据共享；第二，加强与腾讯、华为等行业巨头的战略合作，固化与国内顶尖互联网公司的常态交流机制；第三，以应急救援实战指挥平台建设为主线，探索构建数字化应急救援指挥新模式；第四，依托数据分析研判工具，对高危火灾风险进行预测预警，推动落实重点地区、行业、单位分级分类管控。

第五节　智能森林防火

国家森林防火指挥部总指挥、国家林业局局长张建龙强调，森林防火是保护生态建设成果、维护人民群众生命财产安全的重要保障，各成员单位要深入贯彻落实党中央、国务院决策部署，通力合作、全力以赴抓好森林火灾防控，提升森林防扑火能力。

全球异常气候频繁发生，森林防火形势严峻，压力持续加重，森林火灾已成为生态文明建设成果和森林资源安全的最大威胁。无人机使用成本低，具备对地快速实时巡察监测能力，在森林消防领域应用广泛，涉及森林防火方方面面。李建有等在《无人机在森林消防领域的应用概述》一文中认为，在森林火灾预警监测、火灾发生时的扑救辅助、余火监测、灾后损失评估等方面都发挥重要作用。

一、灾前林火预防与监测

我国森林火灾监测主要有地面巡护、瞭望台监测、远程监测、航空监测、卫星监测等层次。地面巡护投入人力大，盲区多；瞭望台监测条件简陋和艰苦，大面积林区瞭望塔数量不足，密度小；远程监测系统的应用水平及火情瞭望的覆盖率不高，设备折旧快，后期维护投入大；卫星监测时效性不高，识别能力有限。无人机快捷灵活，机动性能好，巡护范围广，资金投入时效性高。采用无人机监测可覆盖大部分盲区，可提高地方防火部门自主性，无人机监测作为新的林火监测方式，可有效减轻现阶段林火监测困难。以无人机为平台，结合图像识别技术、传感器技术、可见光及红外等通道与地面巡护协作，建立天上看、地下巡的立体监测模式，对林区进行林火监测，对林内人员进行监督，进行森林防火宣传。在高山峡谷森林地区，小气候直接影响着该地区的气象因子及植被等，尤其对林火影响不容小觑。由于小气候显著的各个区域气象因子，植被，火险等级不一致，不同时刻，不同空间林火行为变化莫测。运用无人机获取各个局部区域的火险因子数据并分析对比火险等级，重点监测和防治火险等级较高区域。发生火灾时，可运用无人机实时监测火灾行为，为火灾预防、扑救排兵布阵提供参考和依据，使防火更具目的性和针对性。采用无人机遥感技术，结合计算机图形处理分析地形并实现可视化，利于防火部门直观了解林区地形状况，方便森林防火规划，制定扑火预案，寻找有利时机扑灭森林火灾。

二、灾中扑救辅助

在火灾发生时，无人机能辅助扑救。无人机可对火场跟踪航拍，传回火灾图像资料，有助于指挥者全面了解火场动态状况，对制定扑火方案起辅助作用。无人机在距离火场较近上空，可监测火灾区域气象变化，为火场态势、火势蔓延的判断及扑火力量的部署提供依据。以无人机为搭载平台，搭载微型基站可临时构建火场通信指挥网，使火场无线电通信畅通，可配合搭载广播等通信设备，实现指挥部与灭火作战单位之间的信息互换，指令传达。在西南林区，高山林立，大多数情况下物资输送只能靠人力，应急物资时效性较差，无人机技术将缩短轻量急需物资运输时间，提高运输效率。在陌生地域，采用无人机侦察水源、地形等，协助制定扑火方案及战术；在夜间，无人机搭载红外设备可预先侦察地形；在山地等复杂地形条件下采用无人机导航，可有效避免扑火队员因对地形的不熟悉和夜间视距短造成人员伤亡。

三、灾后余火监测

明火扑灭后主要依靠扑火队伍留守火场，对余火监测巡守。在余火清理过程中，情况错综复杂，尤其是在受灾面积较大、林情复杂、森林可燃物载量大的火场中，余火清理特别困难。余火一般以阴燃为主，较为隐蔽，只有少量青烟甚至无烟。由于热辐射作用，火场及周边可燃物含水率下降，可燃物变得干燥；一旦复燃，火灾迅速蔓延，火势大。许多大火灾因余火死灰复燃造成。采用无人机搭载红外监测或传感器系统等，根据火的特点，从空中监测火场，温度或光感数据经过分析处理与火场地形图叠加，能直观看出火场热值分布，标出较容易复燃区域，使扑火队员对余火清理具有方向性，有效提高余火清理效率，降低余火复燃率，减轻余火清理难度。

四、灾后调查与评估

灾后调查与评估包括起火点和起火原因的调查，讲究时效性。在发生火灾时，介入越早对起火点、起火原因调查越有利。当火灾发生时，火场环境极其危险，若此时调查人员直接近火场，安全隐患较多。采用无人机可第一时间直接监测火场及周边情况，缩小起火点调查范围，可用无人机直接捕捉到涉案人员活动画面，为森林火灾案件侦破提供便利。火灾扑灭后要评估受灾情况及损失，火场面积测算与受灾林木种类及林木蓄积测算是评估的重要组成部分。将无人机作为搭载平台以新型测量技术为依托，利于实现火场面积测算的便捷化和精细化。火灾发生后，植被受到毁灭性打击，特别是火强度大、火烈度强的严重受灾区，植被基本被烧光，这些区域内林木种类和林木蓄积的确定尤为困难。运用无人机遥感技术测算林木蓄积量或运用无人机遥感系统结合图像识别技术识别林木种类，可实时采集火场植被信息。

五、案例

泰山景区实施智慧防火建设，从"预防火灾、发现火灾、扑救火灾"三个层面构建了智能化监控报警系统、高清视频监控系统、防火三维云平台等为代表的九大系统，通过大数据分析，分析判断森林火灾风险，实现火情推演，应急预案联动。将卫星遥感技术应用到森林防火。建设智慧泰山防火三维云指挥平台，建立火警救援数据库，研判火情发展趋势，实现自动报警、智慧研判和智能指挥。

第六节　人工智能与反恐、禁毒、边检

随着反恐、禁毒、边检形势的日益严峻，人工智能的日趋成熟，人工智能已应用到反恐、禁毒、边检领域中。

一、人工智能技术在反恐活动中的应用

傅瑜等在《人工智能在反恐活动中的应用、影响及风险》一文中认为，充分利用持续进步的人工智能技术，可在控制恐怖组织信息传播、解读反恐情报、预防恐怖事件方面发挥更大作用。

1. 辅助控制恐怖组织信息传播

随着人工智能技术在视频、语音和图像识别方面的能力不断增强，可通过图像匹配技术控制上传被标记为恐怖主义的宣传图像或视频，系统可将用户上传的照片或视频与已知恐怖信息数据库比对，决定上传行为是否被拒绝。Facebook、微软、Twitter 和 YouTube 已着手共建欧盟互联网论坛和共享行业数据库，利用机器学习，开发和实施新的内容检测和分类技术。随着人工智能发展，社交媒体对恐怖主义信息控制能力将进一步增强。

2. 促进反恐情报的开发和利用

人工智能在机器翻译和图像、语音识别等方面发展使得高效开发和利用现有反恐情报成为可能。人工智能对数据的高速处理能力可实现低层次计算活动的完全自动化，发展和有效利用现有数据价值。通过深度算法，人工智能可抓取恐怖组织成员及其支持者文字和图片。早在 2013 年，为探查潜在的自杀式爆炸袭击者等恐怖分子，美国国土安全部已把深度学习技术应用于"生物特征识别视觉监控系统"，通过链接计算机与摄像头，在扫描人群后根据面孔自动识别和定位目标。2017 年 4 月，美国国防部启动了"算法战跨职能小组"，将国防部大量数据快速转为有实际价值的情报，该小组正利用人工智能解析无人机平台的全运动视频传感器数据。

3. 预测防范恐怖活动发生

人工智能系统可根据现有恐怖活动案例数据库和各类政府数据库及社交媒体数据库，预测恐怖活动嫌疑人和恐怖行为，必要时防范和监督嫌疑人，在可能发生恐怖袭击地点做好防范和应急准备。马里兰大学开发的全球恐怖主义数据库涵盖近 17 万起恐袭案例，以大数据为基础的恐怖行为分析预测得到显著提升。安德鲁·斯坦顿等人评估了 2200 多起涉及"伊斯兰国"的交战案例，通过挖掘这些事件推导"伊斯兰国"的车载简易爆炸活动与伊拉克军事行动、联军空袭之间关系，分析"伊斯兰国"行为，研究人员判断出恐怖组织的优先目标，发现以前未被认识到的战术之间的相关性。

人工智能技术正逐步应用于预测恐怖袭击嫌疑人。以色列公司以人物性格为分类，利用算法对一个人在分类项中的匹配度打分，预测虽未列入官方数据但有可能发动袭击的人员。美国国家安全局开发的"天网"可利用机器学习在 555 万人的蜂窝网络元数据基础上评估可能成为恐怖分子的潜在对象。

二、智能禁毒

据北青网消息，北京市强制隔离戒毒所已将人工智能运用于戒毒领域，大数据交互信息为提升戒毒人员心理健康提供科技支撑。

1. 人工智能戒毒

人工智能戒毒系统根据人工智能算法，通过大数据对戒毒人员毒瘾渴求度的量化动态评估，达到较准确的动态评估客观毒瘾渴求度，还可再扩展到精神诊疗领域，分析戒毒人员，通过全息眼镜和生理检测等设备，比较准确预测戒毒人员心理。除评估有瘾人士，还能进行多种干预矫正的治疗方案，对看到毒品就厌恶、系统脱敏等进行心理暗示，通过穿戴智能设备随时监测到戒毒人员身体情况，以此辅助戒毒。

2. 人工智能发现实验室毒品

传统毒品交易网络，源头是罂粟种植和毒品加工厂，摧毁源头就可摧毁整个毒品交易。近年来，实验室毒品正成为毒品犯罪另一个严重隐患，实验室制毒只需利用较为普通和合法原材料，化学专家可隐藏在任何实验室制造毒品。借助人工智能监控一个庞大的物流系统能检查化工原料不正常波动，智能分析出原料与产品间比例，如输入原材料无法得出对等产出比，或大规模采购了特殊原料，就可发现毒品实验室的藏匿之所。

三、人工智能在边检反恐工作的应用价值

李洪等在《人工智能在我国边检反恐工作中的应用探析》一文中认为，积极应用大数据、云计算、深度学习等人工智能技术来实现口岸的常态化智能监控、出入境人流的异常监测预警、出入境涉恐人员的身份甄别、涉恐嫌疑人员身份信息关联核查及轨迹分析等，以提升边检机关的反恐作战能力。

1. 实现出入境重点人员检测跟踪及异常行为识别与预警

融入深度学习技术的人像识别技术被广泛应用到公安图侦领域。例如，在出入境口岸限定区域安装智能摄像机，智能摄像机将通过人脸识别技术自动完成对视觉范围内所有人员的人脸识别、身份信息比对、核查等工作，常态化监测查验现场的人员秩序混乱、自助查验通道旅客尾随通关、冲闯关等异常情况，如确定为重点人员或发现异常，智能摄像机将向检查员、值班科队领导等相关责任人报警，持续跟踪，实时提交位置、图像等信息。

2. 实现出入境涉恐人员信息关联分析

万物互联时代，生活踪迹正被某一计算机程序、摄像头、红外探测器等信息化设备记录并存放于网络。大数据技术在这些数据海洋中，检索具有实际意义信息并寻找规律特点、操作规程和最佳行动策略。例如，一个国内"涉恐人员"在境外接受培训后，企图用骗取护照利用过境免签政策伺机"回流"入境内地实施恐怖活动，可利用大数据技术从庞大网络数据资源及其各类关联信息数据中抽丝剥茧，挖掘、收集到全面翔实的有效电子数据证据，最终判断其非法入境及涉恐事实。

3. 实现出入境涉恐人员活动轨迹预测

智能化视频侦查可快速应用到公安领域。例如，2013 年内蒙古赤峰市敖汉旗公安局组建图像侦查中队，主要应用大数据、云计算和基于深度学习

的人像识别等技术在海量视频数据开展侦查工作，利用这些技术手段破获刑事案件多起。当今社会，网络摄像头已被各行各业部署在大街小巷，即便是我国边境一线的一些交通要道、非法便道等偏远边境地区也能见到摄像头，边检机关应用人工智能技术能在大量视频监控信息中查找所需信息，预测涉恐人员活动轨迹，一定程度上有效预防涉恐人员潜入潜出及口岸恐怖事件发生。

第七节　人工智能与扫黑除恶

据人民网报道，2018 年 1 月 11 日，习近平总书记在十九届中央纪委二次全会上发表重要讲话，强调"老虎"要露头就打，"苍蝇"乱飞也要拍。要推动全面从严治党向基层延伸，严厉整治发生在群众身边的腐败问题。要把扫黑除恶同反腐败结合起来，既抓涉黑组织，也抓后面的"保护伞"。

黑社会作为和谐社会的一个巨大毒瘤，给人民生命财产安全带来极大危害，影响整个社会繁荣稳定。扫黑除恶是指清除黑恶势力，人工智能在扫黑除恶中也能发挥重要作用。

一、案例 1：全国扫黑办的智能化举报平台

2019 年 5 月，全国扫黑办发布升级后的智能化举报平台，只需扫描专用二维码、网上搜索"12337"或点击中国长安网、中央政法委长安剑微信公众号和微博等举报链接，就可随时随地、方便快捷地登录平台。

中央政法委秘书长、全国扫黑办主任陈一新指出，专项斗争开展以来，各地各部门广泛发动群众检举揭发黑恶势力违法犯罪。随着专项斗争全面纵深发展，有的地方出现掌握的线索不多、深挖彻查乏力的情况，有的地方则举报线索量大面广，线索核查出现了"堰塞湖"现象。为充分调动群众举报积极性，确保扫黑除恶专项斗争健康深入发展，全国扫黑办运用信息化智能化技术，借助大数据、云计算等信息化手段，对原有信件和电话举报平台进行提档升级，建立统一高效的智能化举报平台。

陈一新主任指出，举报平台升级，重在网络化智能化，贵在便捷安全、精准高效，对于确保专项斗争健康深入发展具有重要意义。平台有利于增强专项斗争的精准性。平台实行全流程自动化处理，避免重复查办；依托大数据技术，可及时查找打击盲区、校准打击重点。全国扫黑办还将每月自动随机选取一定数量的实名举报线索进行回访，听取举报人意见。平台有利于增强专项斗争的持续性。平台可分析发现行业领域存在的突出问题，为源头治理提供决策参考；实现对案件办理进行动态跟踪、对黑恶势力犯罪动向进行动态监测，通过大数据分析，找到规律、集成经验，推动建立完善专项斗争长效机制。

全部举报信息都在内网系统流转处理，所有工作流程都有信息记录，全程可追溯、可倒查，安全保密性很高。

智能化举报平台对群众举报的涉黑涉恶犯罪及其"保护伞"线索，不论人数及证据多少，都能一并集成。实行全流程自动化处理，省级扫黑办可通过智能化举报平台的管理研判功能，核查比对省内举报线索，实现统一分流、交办、督办、反馈，避免重复查办。

平台依托大数据技术，每月综合分析各地举报线索核查情况，可及时查找打击盲区、校准打击重点，有效提升线索研判精度。除由公安部和省级扫黑办对线索核查结果进行双重把关之外，全国扫黑办还将每月自动随机选取一定数量的实名举报线索，通过短信方式对举报人进行回访，听取举报人意见。

平台可分析发现行业领域存在的突出问题，为源头治理提供决策参考；实现动态跟踪案件办理、动态监测黑恶势力犯罪动向，通过大数据分析，找到规律、集成经验，推动建立完善的专项斗争长效机制。

二、案例 2：河北承德扫黑除恶专项斗争信息平台

2018 年 7 月，承德市检察院扫黑除恶专项斗争信息平台投入运行。为突出扫黑除恶专项斗争打击重点，全面履行检察职责，承德市检察院利用互联网＋思维、大数据、云计算、人工智能等新技术，有机结合人工智能的客观精准性和人的主观能动性，深度融合信息化和检察工作，为推动司法办

案向人机结合模式转变、实现"智慧检务"向深度拓展、有效收集扫黑除恶专项斗争案件线索奠定坚实基础。

该平台通过互联网舆情分析、投诉举报线索、举报热线等手段扩大获取线索来源；通过对扫黑除恶工作进行数据建模，制定研判规则，智能化研判收集的线索；通过平台建立起检察机关与纪委监察委、法院、公安机关、各行政执法机关的网上协作、网上移送、网上通知机制，使得线索办理更高效。

第八节　智能化网络安全

网络安全问题随着网络技术的发展和互联网的普及不断滋生，在网络安全应用过程中，主要挑战是对海量信息的自动化处理，使得网络安全中人工智能技术应用不断地深入。

一、智能反垃圾邮件系统

反垃圾邮件系统是设置在企业邮件系统服务器之前的阻挡垃圾邮件进入邮件系统的一套装置或设备，反垃圾邮件系统可帮助邮件系统抵御垃圾邮件、钓鱼邮件、欺诈性邮件、间谍程序邮件、病毒邮件等各类邮件威胁。人工智能应用在反垃圾邮件系统中，可保护用户数据安全外，可检测扫描并智能识别用户邮件，及时发现敏感信息，采取有效防范措施阻止恶意邮件。

二、智能防火墙系统

传统防火墙更多依靠管理员来保障数据包的安全性。智能防火墙利用网络边界建立网络通信监控系统，以此隔离外部网络和内部网络，能对外来的资源信息、病毒、干扰源等快速做出反应并识别进行处理，有效阻止这些干扰源对计算机网络系统的入侵和损害。智能防火墙使用识别技术自动进行一系列解决问题的行为，全面有效分析防御数据，能巧妙地融合代理技术和过滤技术，拓宽监控范围，有效拦截有害数据流，对网络空间起到更好安全防御效果。

三、智能入侵检测系统

传统入侵检测算法多以人工挖掘关联规则方式识别入侵行为，不能充分提取用户行为特征信息，普遍存在误报率高、泛化能力差、时效性差等问题，在检测速度、检测范围和体系结构等方面均存在短板。智能入侵检测系统借助人工智能中的模糊信息识别、规则产生式专家系统、数据挖掘、卷积神经网络等技术，可提升入侵检测效率，更好抵御各方病毒入侵带来的潜在威胁。

第九节　智能化煤矿安全生产

应急管理部副部长、国家煤矿安全监察局局长黄玉治指出，要充分利用信息化、大数据等手段，实行远程监管监察执法。

随着人工智能发展，人工智能被应用到煤矿生产中，提高生产力，提升煤矿生产安全性。左毅等在《人工智能在煤矿安全生产中的运用》一文中认为，人工智能可应用在井下故障诊断及灾害预防控制等方面。

一、人工智能在井下故障诊断及灾害预防控制中的应用

煤矿生产过程中要解决挖掘方案的合理性和优化问题，最大限度获取经济利益，还需解决生产过程可能出现的安全问题，以及对环境的破坏性。人工智能可应用在故障诊断和灾害预防控制方面，智能诊断专家系统以神经网络为基础，利用神经网络强大学习能力，总结归纳过去煤矿生产过程出现的安全问题以及解决方案，当问题出现时专家系统便迅速反应，诊断问题并推理出应对方案。

二、人工智能在优化煤矿开采方案中的应用

随着人工智能专家系统的发展，煤矿企业对矿井挖掘的方案和参数越来越合理，更贴合实际条件。例如，我国针对采矿巷道围岩支护中围岩分类的

相关问题设计的一项专家系统可智能的根据实际情况将围岩进行分类，针对巷道支护的形式以及参数问题专门设计了一项专家系统，针对煤矿井下爆破挖掘方案的选择问题开发设计了一个专家系统，这些技术在煤矿安全生产中都得到广泛应用。

三、人工智能在实现煤矿安全仪器仪表网络化中的应用

煤矿安全仪表与人工智能技术的融合，可通过强大计算功能快速准确计算合理参数，将数字安全检测仪器连接到网络上，网络上的模式识别软件快速准确分析出所处实际条件。如果将智能系统直接安装到数据采集设备上，便可实现智能的远程测量和数据采集，自动实施分类。设计一项人工智能软件，将计算机与仪器、仪表连在一起，可远程操控这些仪表，完成不同任务。

第十节　智能化自然灾害预测

如能预测自然灾害发生，可及时应对，减少各项损失。随着人工智能技术发展，人类对于自然灾害的预测愈发精准，其技术应用优势得到全球广泛关注。

一、地震

根据腾讯数码消息，研究人员正在创建自己应用来预测地震和余震，能预见到地震，当局可相应地开始疏散行动。日本正在利用卫星分析地球图像来预测自然灾害。基于人工智能系统寻找图像变化，以便能预测地震和海啸等灾难的风险。这些系统还能监控老化基础设施，可检测结构的变形，用于减轻因坍塌的建筑物、桥梁或下沉道路造成的损坏。

二、洪水

研究人员正在开发基于人工智能的系统，在降雨记录和洪水模拟的帮助

下收集用于训练人工智能系统的数据，从降雨和气候记录中学习，并通过洪水模拟测试。人工智能可用于监测城市洪水。英国研究人员通过 Twitter 和其他移动应用程序收集众包数据来监控城市洪水，数据包含有关地点的位置和图像，这些信息由人工智能识别。此类系统可用于监测和预测洪水造成的损害。

谷歌利用机器学习、降雨记录和洪水模拟相结合的方法来预测印度部分地区的洪水灾害情况。将历史事件、水位读数、特定区域的地形和海拔等各种各样的数据输入到机器模型中。建立的河流洪水预警模型可更准确地预测洪水发生的时间和地点，更准确地预测洪水发生的严重程度。

三、火山喷发

科学家正在训练人工智能来识别火山的微小灰烬颗粒，灰粒的形状可用于识别火山的类型，这些发展可帮助预测火山爆发和创造火山危险减缓技术。

IBM 正在开发 Watson，使用地震传感器和地质数据预测火山爆发，目标是在 Watson 的帮助下预测火山爆发的位置和强度，帮助最大限度降低活火山周围地区的生命损失。

四、泥石流

在预测泥石流方面，日本开发出了一款人工智能系统。该系统结合降水量预告、分析降水临界点时间、测量斜面上的水分含量和倾斜度的传感器，可预测出降雨之后斜面的水分含量，判断是否发出泥石流预警。

第十一节 智能化减灾遥感

遥感是非接触的远距离探测技术，以其新的视觉和多光谱特性，能探测人们在地面观察不到的现象和可见光以外的物质存在。分析通过卫星、飞机等载体获得的遥感数据，可获取地表环境、城市结构、农业生产等重要信息。中国科学院院士、中国工程院院士、遥感学家李德仁认为，遥感技术正在由对地观测进入对人、对社会观测的新阶段，随着技术的不断进步，将有更多的技术手段应用到这一领域。未来在人工智能技术的帮助下，对观测的数据进行挖掘、管理，地理信息技术将更好地解决自然和社会发展的问题。百晓等在《人工智能在减灾遥感中的应用》一文中认为，利用人工智能处理分析数据的优势，可提高遥感数据分析的智能化、自动化，更有效地从遥感数据中获取有用知识，为防灾减灾提供更准确高效的服务。

随着人工智能的不断发展，遥感数据的分析将更加借助和依赖人工智能方法，不同人工智能方法在各种灾害遥感中发挥不同作用，不同灾害种类具体分析这些方法的应用。

一、热带气旋

热带气旋所带来的灾害可称为飓风、台风或热带风暴，在卫星遥感图像上具有较明显特征。人工智能主要通过对采集到的遥感数据进行分析从而定位风眼和预测路径，对此类灾害进行预防和报警。

1.风眼定位。由于热带气旋的眼壁轮廓通常是一条不规则的闭合曲线，可使用基于活动轮廓模型的偏微分方程法来进行图像分割定位眼区。由于在图像中风眼位置较暗，并且在边缘位置风速不连续的，可根据这两个成像特点对遥感图像进行分析增加图像约束求得风眼边缘。风眼定位过程中要用到的人工智能方法有图像分割、图像识别等。

2.路径预测。气旋路径可通过周围积雨云的形状和相对位置进行判断，可使用神经网络来学习不同时间点卫星图像中周围云相对于气旋中心的相对位置，及图像中云的拉长形状，以此指示气旋可能的移动路径。

二、洪涝

洪涝灾害中利用人工智能手段进行水体识别可以确定出洪涝受灾的区域，道路水毁识别则可确定道路毁坏进而评估受灾情况，确定最佳救援路径。

1.水体识别。水体识别技术是基于水体的光谱特征和空间位置关系进行分析，排除其他非水体信息从而实现水体信息提取的技术，是洪涝范围检测的核心。由于水体和周边地形地貌往往具有较大差异，根据水体特征的图像分割成为水体识别的主要方法。一种思路是通过综合提取遥感影像中地物的形状、光谱、纹理和邻域等特征进行逐像元分类实现智能分割。另一种思路是进行遥感图像的多尺度分割，使用分类器进行水体识别。在识别出水体和非水体的基础上，进一步根据水深程度进行洪涝等级分类并用不同的颜色表示，为下一步的灾害救援提供信息。

2.公路水毁识别。公路水毁灾情是汛期灾情分析和抗灾抢险的重要内容。通过对比洪涝发生前后的图像，采取图像多层次方法分析检测损毁信息。多层次方法采用面向对象的分类方法进行地物的分类和划分，分类有层次顺序，不同层次划分不同地物。

三、地震

在地震灾害里，人工智能方法可以用来解决房屋倒塌评估、次生地质灾害监测以及救灾帐篷识别等问题。

1.房屋倒塌评估。对房屋倒塌情况的评估是地震直接危害中最能反映震区破坏程度的指标。应用人工智能中的图像变化检测方法，通过对震前震后遥感卫星数据进行影像匹配和变化检测，得到两者变化区域，获取房屋倒塌信息和地震影响区域。

2.次生地质灾害监测。地震次生地质灾害是指由地震直接引发或由地震作用影响而引发的灾害性地貌重塑过程。主要针对地震所造成的山体滑坡、堰塞湖等开展监测，按照其影像特征，结合灾前影像数据进行变化检测，开展滑坡体的识别。这里主要采用图像变化检测方法进行分析。

3.救灾帐篷识别。救灾帐篷是地震发生后安置灾民的重要装备，准确核实灾区的帐篷数量和空间分布是评估灾区救助需求、核查地方救灾工作成效、优化安置点布局、估算转移安置人数的重要依据。使用分辨率高的无人机航空遥感图像，利用目标检测技术识别出帐篷具体位置。目标检测算法根据分析目标进行预学习和训练，设计一个滑动窗口在图像上均匀移动，每次对滑动窗口内的局部图像分类，判断是否存在此类物体，最终找到整张图像内的所有目标。

四、森林火灾

人工智能在森林火灾中主要有火灾识别、火烧迹地分析等应用。

1. 火灾识别。火灾识别主要利用无人机遥感的高分辨率图像判别有无可疑火灾发生，以便后续进行重点监测和及时救治。对无人机地面接收站接受的图像分类，使用分类神经网络进行训练，可以达到很高的识别精度。

2. 火烧迹地分析。火烧迹地是火灾结束后被烧毁区域。由于森林中被火烧过的部分植被已不存在，在遥感图像上没有了森林影响反射，与周围植被的反射具有不连续性，可通过面向区域的图像分割算法提取火烧迹地的范围。也可结合灾前的森林图像，比较配准后的灾前灾后影像得到差值灰度图，求得过火面积。

五、滑坡

人工智能主要应用在滑坡体识别、滑坡区域提取等方面。

1. 滑坡体识别。遥感卫星图像通常包含的空间范围比较大，可利用滑坡区域与背景区域之间存在明显差异的特点进行分析，快速确定滑坡体的位置。基于深度学习的目标检测技术主要包括基于可能区域的分类和基于边界框的回归两种思路，前者具有更高准确度，后者则具有更快速度。

2. 滑坡区域提取。通过对多时相遥感影像进行变化检测能自动提取滑坡边界信息。变化检测方法包括图像差集和后分类比较。图像差集对灾前灾后图像进行减法，后分类比较则使用神经网络分类器对灾前灾后的图像进行多尺度分类，然后对分类结果进行比较，确定滑坡区域。

第十四章　智能化环保

国务院印发《新一代人工智能发展规划》提出"智能环保"。建立涵盖大气、水、土壤等环境领域的智能监控大数据平台体系，建成陆海统筹、天地一体、上下协同、信息共享的智能环境监测网络和服务平台。研发资源能源消耗、环境污染物排放智能预测模型方法和预警方案。加强京津冀、长江经济带等国家重大战略区域环境保护和突发环境事件智能防控体系建设。

生态环境部部长李干杰在《中华环境》2017 年第 10 期发表的署名文章《提高环境监测数据质量不断提升环境管理水平》中提出，健全质量管理和量值溯源体系，建设一批国家实验室和专项实验室，提高国家环境监测质量控制水平。加强大数据、人工智能、卫星遥感等高新技术的应用，对环境监测活动实施全程监控。

第一节　概　述

人民群众对改善环境质量期望值的越来越高，环境监管形势越来越严峻，现有监管手段面临着效率低、监管漏洞多等问题，已不能适应新环保形势要求。如何在新形势下充分利用有限执法力量有效提升监管能力，防范环境风险，打击环境违法行为，就成了迫切需求。

智能化环保融合物联网、云计算、人工智能等技术方案，通过实时采集各类污染源、环境质量、生态、环境风险源等基础信息，构建网络，构建一个高度感知的环保基础环境，实现污染源、水环境、空气环境、生态环境等全方位、多层次、全覆盖的动态环境监测和处理，在功能上满足环境质量状况评价、环境管理和应急预警需求，实现环境管理与决策"智能化"。智能化环保平台由数据采集硬件和数据中心软件系统组成。数据采集硬件采集现场各种环境数据并将数据传输到数据中心，数据中心安装智能环保软件系统，对数据进行存储、分析、汇总、展现和报警。

　　智能化环保要实现"感""知""用"。"感"：智慧环保充分利用高清视频监控、污染源与环境质量在线实时数据等先进传感技术，全天候、全方位覆盖污染源，实时感知区域内环境状况；"知"：采用大数据、人工智能等技术手段，实时分析采集的环境数据，自动研判数据超标的污染源点源，筛选可能的超标原因，指导执法人员现场监察，实现精确打击环境违法犯罪；"用"：形成一个集环境管理、监察、监测、公众参与及科学决策为一体智能化管理平台，提升环保工作处置协同能力，创新环境监管执法模式，形成环境执法全过程信息闭环，促进公众对环保工作的理解、认可和参与，倒逼企业加强守法意识。

　　环境监测平台在第六章已经叙述过，此处不再赘述。

第二节　智慧环保

　　周博雅等在《智慧环保在城市环境治理中的应用研究》一文中认为，治理模式和手段的智慧化是智慧环保的重要特征，互联互通、协调一致的环境治理理念是智慧环保建设的要点。费新勇在《智慧环保建设路径探索与实践——以深圳市为例》认为，"智慧环保"是一个技术创新与管理转型相融合的复杂过程，这一过程具有复杂性、长期性、持续改进等特点，管理机制体制、管理团队的实力、建设团队的实力、新技术应用、资金投入、政策环境等都能影响其成败。

一、智慧环保治理解决方案

　　智慧环保是一套完整的环境治理理念和操作体系，解决方案包括诸多不同功能模块，这些模块共同作用于城市环境治理的实践，基本上都包括分布式环境传感器系统、监控预警平台与环境举报系统、环境控制与处置中心、在线事务办理平台等模块。由于智慧环保解决方案具有模块化的特征，各地环保部门和相关管理人员可在依托四大模块的基础上根据本地需求自主调整和完善智慧环保解决方案，打造出具有本地特色的智慧化城市环保治理体系。

1.分布式环境传感器系统

分布式环境传感器系统是智慧环保的眼睛、鼻子、耳朵和神经末梢。通过广泛分布的各类环境数据监测传感器，系统可利用网络和通信线路将专业环境监测数据实时上传到环境监测服务器，便于后续的环境预警、监管和处置。分布式环境传感器系统地域分布范围可更加广泛，监测类别更加多样，其监控能力不受时间和地域的限制，能做到实时反馈、全面反馈和精准反馈。

2.监控预警平台与环境举报系统

该系统能通过民众举报和初步分析环境传感器传输各类数据，自主区分影响城市环境质量的各类环境问题，有针对性地向环境控制与处置中心反馈，起到信息甄别和信息传递的重要作用。由于智慧环保系统拥有较高的智能化程度，系统可根据数据库的各类环境数据预警值和安全上限以及各类关键词组合，自主区分和辨识环境问题的严重程度和预警等级，提示相关工作人员做出应对措施。

3.环境控制与处置中心

该中心是城市环境处置和治理的中枢和大脑，最终汇总和深度分析各类信息。该系统在大数据和云计算等技术辅助下，能较准确地根据各类环境问题的表现和特点，自主挑选事先编制的各类预案供决策人员选择并提供分析数据和其他决策依据。在环境控制和处置中心的帮助下，城市环境治理更加科学化、规范化。智慧化控制和处置不仅符合城市环境治理自身特点，也能有效避免人工决策偏向性和失误，防止环境寻租情况出现。

4.在线事务办理平台

该平台是环保部门在线办事机构，该平台可有效分流办事大厅的人员流量和业务压力，优化环保行政审批和处罚处理的流程和时间，提高环保部门的办事效率。在线平台获取的事务办理信息数据通过环境控制与处置中心的深层分析，也能反映出城市环境治理的一些现象和问题，为环境决策者和环境管理者调整治理思路和工作重心提供参考。

二、智慧环保价值

1. 智慧环保可有效应对城市化的环境问题

城市发展速度与城市环境质量成反比。城市化进程越快，城市面积越大，城市环境问题越突出，治理难度越大。由于智慧环保应用是以分布式传感器系统和网络信息平台为基础，其快速扩展与延伸的成本相对较低，而其环境治理力度则不会发生显著改变。将城市环境治理结构从涟漪式辐射扩散转变为扁平式网络结构，以多中心的网络治理节点和信息处置中心取代原有单一环保监管部门，可加快信息传递速度，提升城市环境治理效率。

2. 智慧环保有助于构建多元化城市治理体系

智慧环保系统采用多种智能终端和信息平台，衍生新治理方案和政策措施，发展一系列丰富的城市环境治理手段与策略，为城市治理模式改革和创新提供帮助。智慧环保应用有效实现对多元治理对象的全面防控。原本只能针对可吸入性颗粒物、氮氧化物、二氧化硫和水体重金属等少数几种污染物的城市环境监测系统，可在智慧环保的应用中被能全面监控大气、水、固体废弃物、噪音和光污染的智能系统所取代，有效实现环境监测类别全覆盖；城市环境治理对象由点状分布的重点污染企业和地域，发展成为全地域、全行业覆盖的各类社会主体。智慧环保应用让城市环境治理从治理主体、治理手段到治理对象实现多元化，构建全方位城市环境治理体系。

三、智慧环保建设实践经验

1. 要全面加强环境物联感知网建设

生态环境信息感知能力是开展生态环境大数据分析的重要前提，通过环境感知物联网布设采集海量实时数据，可有效支撑大数据分析和决策。

2.要确保充足的资金、人员保障

通过调研相关单位,发现"智慧环保"建设离不开大量持续资金投入保障,建设完一个系统后需要持续的资金投入。开展智慧环保建设不仅需环保业务人才、信息化技术人才,更需环保业务与信息化技术复合人才以及充足的人员保障。

3.要以业务需求为导向加强信息资源整合

共享智慧环保是一个实现环保业务综合管理的大系统,对已有一定信息化基础的地区,要以业务需求为导向开展信息系统和数据的整合工作,生态环境大数据分析多涉及跨部门、跨领域的数据共享与综合分析,需强化外部各类数据交换共享。

4.要强化项目管理机制

"一把手"高度重视,建立完善信息化管理制度,明确部门工作职责,强化顶层设计和管理是确保信息化建设顺利推进的关键。

第三节　智能化生态环境物联网

2019年5月,生态环境部信息中心副主任杨子江在第二届数字中国建设峰会数字生态分论坛上表示,生态环境部正加速推动信息化高质量跨越式发展,信息化对生态环境工作的支撑能力不断增强,包括为污染防治攻坚战提供专网、云资源和数据服务,建设大气数据采集与共享和空气质量管理平台等。生态环境部正在开展生态环境信息化体系设计工作。在初步形成的信息化体系设计方案中,生态环境信息化体系将建设一张高精度三维感知生态环境变化的生态环境物联网。通过信息化体系建设构建起"生态环境最强大脑",让生态环境信息化进入基于即时、全量、全网数据的"智能+生态环境"治理创新时代,为打好污染防治攻坚战提供强力支撑。

一、技术特点

随着5G逐渐商用,其所具备的高带宽、低时延和大连接特点,将促进生态环境领域各类传感器技术进步与扩大应用范围，更好支撑云端智能化应用。

物联网技术在生态环境领域应用最广泛、最深入，主要应用于环境监控，包括污染源自动监控、环境质量在线监测和环境卫星遥感。污染源自动监控是在重要污染物排放企业安装自动监控设备，环境质量在线监测主要包括空气质量自动监测、水质重点监测、环境噪声的自动监测等，环境卫星遥感主要通过热红外相机、超光谱成像仪等多种遥感探测设备对区域生态环境动态监测。

物联网技术在生态环境领域不断呈现新应用。比如，大物联车载系统是在每辆出租车车顶灯处放置前端监测器，以 3 秒 / 次频率收集上传数据，通过同比环比分析，绘制城市道路动态图，让数据"活"起来，呈现城市道路周围区域的污染动态。

二、存在的问题

生态环境领域还存在一些问题和需要攻克的难题：

1.应用系统"小、散、多"，信息化相关规范标准执行没有做到上下贯通，造成数据唯一性、可用性严重不足，大数据应用受限，决策支持能力无法满足生态环境工作需要。

2.国家与地方、地方与地方生态环境部门之间数据交互共享不通畅，业务协同水平低，无法满足跨地域特点突出的管理服务需要。

3.生态环境监控的精度和广度都还有很大提升空间，包括传感器设备技术水平、成本、运维能力等各方面都需不断提升。基于大量自动获取数据的大数据应用还非常有限，但生态环境领域预测预警、精准判断都需要大数据、人工智能技术的有效支撑。

三、科学统一规划

搭建的生态环境物联网是一张横纵贯通全国生态环境领域的固定与移动相结合、高速、可视、智能的生态环境业务专网，一个支撑应用快速开发、数据共享交换、业务协同交互、大数据应用的统一云平台，一套覆盖全国、数据唯一可靠的生态环境数据，一个满足跨部门、跨层级、跨区域的生态环境部门业务协同"大系统"，一张动态反映生态环境现实、模拟预测趋势的"虚拟空间图"，以及依托国家政务服务平台的生态环境服务"一扇门"。

生态环境信息化建设要以生态环境数据采集、传输、处理、分析应用和展示为主线展开，按照统一的生态环境信息资源目录，分级分类搭建上下对应的生态环境数据库，以生态环境业务专网为依托，通过生态环境数据共享服务平台，快速实现跨地区、跨部门、跨层级的数据交换共享。

第四节　智能化海洋环境污染信息图像监测系统

人类与海洋关系越来越密切，海洋环境保护越发重要。传统海洋监测技术主要适应近海环境监测，监测范围短，采用低维度监测技术，监测精度低，监测效率低。温玉波在《海洋环境污染信息智能图像监测技术研究》一文中认为，海洋环境污染信息智能图像监测技术，能实现全覆盖的高精度海洋污染监测，并可提取海洋环境污染样品信息。

海洋环境污染智能图像监测系统，采用智能数字遥感技术与水质传感器技术进行污染数据采集，利用大数据对比分析法进行数据计算，实现海洋污染信息智能图像监测。

一、采用智能数字遥感技术

智能数字遥感技术依托遥感卫星，构建智慧型数据模块监测海洋环境污染，通过多层数据库筛选分析获得可用信息。智能数字遥感技术结构包括图像层、海洋信息表示层、海洋分析显示层。图像层利用遥感卫星对海洋环境进行遥感识别，将拍摄图片进行简单处理打包，通过无线传输送到海洋信息处理界面。海洋信息处理层将图像层所监测信息进行数字化表示，依托海洋对象数据库、海洋环境物理场分析数据库进行处理，数据传递到分析显示层进行数据分析。分析显示层接纳海洋信息表示层的数据信息，利用数据链路模式、图像数据模块以及数据挖掘技术等进行图像处理。海洋卫星图像数据库主要对卫星图像处理分割、对象识别，构建多维图像组织，计算图像物理间距。海洋对象数据库主要对海洋环境物理场流形，海洋物理场流形内嵌维度，低微分布分析，海洋对象特征提取。

二、利用水质传感器采集污染源数据

水质传感器作为海洋环境污染监测技术重要手段之一，利用水质传感器监测海水 pH 值、海水溶解氧、海水电导率、海水温度。水质传感器采用特种立体水质传感装置，通过计算机图像显示系统完成监测图像处理。水质立体传感装置包含立体感应原件，能同时监测多个监测源，对集成 pH 值监测装置、海水溶解氧监测装置、海水电导率监测装置以及海水温度监测装置进行综合信号的采集。传输装置将感应信号以脉冲电流形式进行无线传输，显示在计算机图像系统中。

三、优化大数据对比分析法

依托智能数字遥感技术和水质传感器监测技术的综合数据采集，对污染信息充分提取，由于提取数据量巨大，对比分析难度大。优化大数据对比分析法处理采集数据。将采集的数据源类型进行重新定义，通过对图像信息以及数据源的提取，与标准污染图像以及污染参数进行大数据对比，得出综合监测结果。基于海洋实际情况，存在逆流、顺流、海风、能见度低等因素，对采集的大数据会产生"合理量化"影响，当产生数据涡流时，监测数据分析量化会有所变化，数据涡流对污染数据分析造成很大难度，需统一量化不同数据变相、数据矢量以及数据失衡度。

第五节　智能化黑烟车监控系统

我国机动车排放污染问题日益突出，已成为空气污染的重要来源。江绮鸿等在《黑烟车智能监控系统的应用》一文中认为，黑烟车智能监控，借助

科技手段，应用互联网＋，完善机动车污染管理，减少人力投入，极大提高监管效率，对黑烟车上路形成威慑作用。

为减少机动车尾气污染，在传统监管手段基础上引进人工智能技术，搭建黑烟车智能监控系统，采取"环保取证，公安处罚"的联合执法模式，有效威慑黑烟车上路行驶。

一、系统介绍

1. 机动车尾气黑烟由80%炭黑颗粒和20%左右的气溶胶颗粒物组成，该颗粒物在可见光条件下可吸收部分波段，尤其是可见光中的绿光波段最为敏感，机动车尾气黑烟排出尾气管需3秒左右扩散时间，在黑烟尾气团扩散这段时间内能捕捉相关信号就可判断该车尾气黑烟排放状况。

2. 系统基本原理是将智能视频技术应用于道路机动车尾气污染监控。在道路行驶过程中，通过传感器远距离探测机动车尾气管部位的冒烟状况，根据数据信号的有烟和无烟，以及烟羽背后的深色和浅色目标之间对比度差异，来衡量尾气烟羽黑度。

3. 黑烟车智能监控识别系统采用视频监测方法对道路中行驶的机动车尾气黑烟进行实时在线监测，是智能交通监控技术和智能黑烟识别技术相结合的先进技术，智能交通技术包括车辆跟踪技术、牌照识别技术，系统在利用交通监控技术基础上结合现有智能黑烟识别技术开发的黑烟车视频识别技术，实现对道路行驶的每一辆车分割的同时跟踪识别；实现对大部分车辆的尾部特征进行识别；基于林格曼烟度为基础，实现对二级以上黑烟特征进行识别；采用可调节技术，实现排除道路环境光线变化和阴影影响的自动适应功能。

二、应用趋势

黑烟车智能监控是"环保取证，公安处罚"执法模式中"环保取证"的创新方式，是"互联网＋"在机动车污染防治工作中的有效应用。通过黑烟车智能监控系统，结合大数据应用，统计分析黑烟车数据，为整治、处罚高排放机动车提供科学依据，精准打击黑烟车违法上路行为。大力推广黑烟车智能监控，并结合机动车排气遥感监测及道路空气质量监测等技术，建设和完善机动车排气污染监管平台和城市机动车污染检测体系，提升城市机动车污染监管水平。利用黑烟车智能监控及违法上路处罚措施，提高广大车主环保意识，减少机动车排气污染。

第六节　智慧环卫

环卫工人被称为"城市的美容师"。据科技日报消息，在世园会亮相的无人智能清扫车"蜗小白"，采用了智能 AI 技术和无人驾驶技术，集成了多源传感器感知、融合定位、智能决策等技术，成为可以自动完成清扫、洒水、智能避障的"超级清洁工"。除了世园会，蜗小白还工作在清华大学、北京海淀公园、河北雄安新区等地。

这只是智慧环卫的一个应用缩影。智慧环卫依托物联网技术与移动互联网技术，对环卫管理所涉及的人、机器人、车、物、事进行全过程实时管理，合理设计规划环卫管理模式，提升环卫作业质量，降低环卫运营成本，用数字评估和推动垃圾分类管理实效。智慧环卫所有服务部署在智慧城市管理云端，对接智慧城市网络，以云服务方式随时为管理者及作业人员提供所需的服务。

智慧环卫作为国内环卫行业信息化建设的引擎，依托物联网等技术，实现了对环卫工人、环卫机器人和环卫设备的实时监控，可及时分配任务，提高突发事件应急能力，提高各项工作的规范化、智慧化、标准化管理水平。人工智能技术大大丰富了智慧环卫的内容，各种机器人新技术、新算法也让智慧环卫变得"更智慧"。据统计，我国现阶段 31 岁至 49 岁的环卫工人数量占比约为 35%，50 岁至 60 岁的环卫工人数量占比约为 43%，60 岁以上的环卫工人数量占比约为 22%。劳动力短缺、高龄化、效率低下是当前环卫工作的"痛处"。智慧环卫机器人可很好解决这个痛点。

据长沙晚报讯，中联环境研发的环卫智慧作业机器人"绿色精灵"集机器视觉、深度自学习、全场景图像识别、智能机械臂等高科技于一体，呆萌的外表下有一颗"智能芯"。"绿色精灵"具备了智能保洁与巡检、智能地面垃圾检测及清理、垃圾智能识别和作业模式智慧选择、智能清洁作业与机械臂智能协同作业、自动无线充电、室内作业与室外作业双模式无缝切换、自适应不同外界环境场景、"互联网云＋环卫机器人"智慧远程互联等八大核心功能。环卫智慧作业机器人通过智能机器臂加装吸管头可变种实现垃圾智能定域吸拾、通过智能机器臂加装洗地装置可变种实现智能定点清洗、通过智能机器臂加装修剪刀可变种实现园林智能裁剪等。可广泛应用于广场、公园、园区、街区、生活小区、机场、高铁枢纽等众多场所。

中联环境研发的无人小扫能自动感知到周边行人、车辆、动物等，对垃圾进行精准追踪清扫并会根据地面垃圾种类及负荷，调整作业车速、扫盘转速、风机功率等作业参数，实现节能清扫。"无人小扫"运行视频、作业轨迹和工况数据都会实时传输到中联环境的调度云平台，支持远程对"无人小扫"进行实时控制。

第七节　应用案例

一、黄石"智慧环保"

黄石"智慧环保"于2017年12月正式启动建设，2018年8月建设完成并上线试运行。黄石"智慧环保"系统通过物联网、移动互联网和大数据分析等技术，实现各项环保管理业务的协同，大大提升环保综合管理工作效率和环境监管的精准，为环境预警和环保整体工作提供支撑，并对接黄石"智慧城市"建设，将各类数据资源共享到省、市一级系统，全面实现环保信息共享。黄石"智慧环保"项目的建成将实现一张网监管、一张图作战、一个平台指挥、多系统交互、公众和多部门联动，纵横打通全域环保业务，为环保部门实现精细化的监管、智能化的监控、科学化决策。随着"智慧环保"项目建成，黄石市环境监管、环境预警和生态科学决策将步入大数据时代，为黄石市在治水、治气、治声、治土和生态市创建过程中，提供强有力的技术支撑。

二、寿光智慧环保

自 2015 年初开始，寿光市环保局充分利用"物联网、大数据、云计算"等信息化技术，全力打造了一套集"感、知、用"为一体的"智慧环保"监管系统。寿光"智慧环保"整个系统包括基础平台和应用子系统。两个基础平台分别为：环境数据云中心，整个系统核心，为环境监管提供"大数据"分析和决策支持；地理信息系统，整个系统支撑平台，可直观反应区域内环境质量和点源变化等基本信息。应用子系统分别是：污染源视频监控系统、污染源和环境质量在线监测管理系统、移动执法系统、环境应急系统、危险废物监管闭环管理系统、环保政务系统、公众参与系统。

第十五章　智能化教育

党的十九大报告指出，优先发展教育事业。建设教育强国是中华民族伟大复兴的基础工程，必须把教育事业放在优先位置，深化教育改革，加快教育现代化，办好人民满意的教育。

国务院印发的《新一代人工智能发展规划》提出"智能教育"。利用智能技术加快推动人才培养模式、教学方法改革，构建包含智能学习、交互式学习的新型教育体系。开展智能校园建设，推动人工智能在教学、管理、资源建设等全流程应用。开发立体综合教学场、基于大数据智能的在线学习教育平台。开发智能教育助理，建立智能、快速、全面的教育分析系统。建立以学习者为中心的教育环境，提供精准推送的教育服务，实现日常教育和终身教育定制化。该计划还指出，构建包含智能学习、交互式学习的新型教育体系，推动人工智能在教学、管理、资源建设等全流程应用。

2018年4月13日，教育部印发的《教育信息化2.0行动计划》提出，积极开展智慧教育的创新研究和实践，积极探索智慧教育的先进经验和做法。

据中国教育和科研计算机网消息，2019年5月16日，教育部部长陈宝生在北京召开的国际人工智能与教育大会上表示，人工智能是实现教育生态重构的有效手段，人工智能技术在教育中的深度广泛应用，将彻底改变教育的时空场景和供给水平，将实现信息共享、数据融通、业务协同、智能服务，推动教育整体运作流程改变，使规模化前提下的个性化和多元化教育成为可能，进而构建出一种新的灵活、开放、终身的个性化教育生态体系。

2019年5月，在北京召开的国际人工智能与教育大会通过的成果文件

《北京共识》提出，各国要制定相应政策，推动人工智能与教育、教学和学习系统性融合，利用人工智能加快建设开放灵活的教育体系，促进全民享有公平、有质量、适合每个人的终身学习机会。

第一节　概　述

教育部副部长、中国工程院院士钟登华认为，人工智能将为教育发展带来巨大变革。智能化教育是人工智能技术对教育产业的赋能，是人工智能对教育工作的替代和辅助，将教师和学生从低效重复枯燥的工作中解放出来，提升教学与学习效率。

一、智能化教育本质

北京师范大学未来教育高精尖创新中心编制的《人工智能＋教育》蓝皮书认为，人工智能技术跨界融入教育核心场景、核心业务，促进关键业务流程自动化、关键业务场景智能化，提高教育工作者和学习者效率，孕育新业务流程，创新教育生态，培养适应人机结合思维方式的创新人才。智能化教育核心价值在于深度融合智能信息技术与教育教学全过程，破解教育发展瓶颈，促进全面革新。

智能时代的教育，将更加注重培养学生创新能力和合作精神，实现更加多元、更加精准的智能导学与评价，促进人的个性化和可持续发展。人工智能赋能教师，改变教师角色，促进教学模式从知识传授到知识建构的转变，缓解贫困地区师资短缺和资源配置不均的问题；人工智能赋能学校，将改变办学形态，拓展学习空间，提高学校服务水平，形成以学习者为中心的学习环境；人工智能赋能教育治理，将改变治理方式，促进教育决策的科学化和资源配置的精准化，加快形成现代化的教育服务体系。

北京市副市长张家明在国际人工智能与教育大会上提出，教育是人工智能的孵化器，人工智能是教育的助推器。一方面，人工智能为教育赋能，要着力促进教育公平、提高教育质量，实现终身教育；另一方面，教育为人工智能赋能，要加快推动人工智能普及教育，加强智能领域人才培养，优化智能领域科技创新。

二、人工智能的赋能应用将成为教育联动的关键，加快形成终身教育共识

浙江大学校长吴朝晖在国际人工智能与教育大会上发言时指出，人工智能科技在教育的赋能与应用，将带来全新的教育理念与教育方式，进一步打破教育阶段界限，打通人才培养链条，串联小学、中学、大学、社会的教育形式，使教育走向一贯性、联动性和终身性，形成基础教育、高等教育、社会教育的共同体格局。人工智能对于终身教育的作用主要表现在：

1. 通过人工智能的赋能应用可提供联动工具，让终身教育更加容易。人工智能作为一组技术统称，几乎可将所有技术内容应用到基础教育、高等教育、社会教育领域，如机器学习、自然语言处理、计算机视觉、语音识别等人工智能科技可帮助打造数字化教科书，为所有年龄段学生创建可定制"智能"内容，帮助开展深度学习与有效记忆。终身教育门槛将大大降低，使人人可学成为可能。

2. 通过人工智能的赋能应用可提供联动方法，让终身教育更加方便。人工智能科技用计算和数据的方法处理教育内容，可简单地将教育从传统课堂"搬向"物理世界、虚拟信息世界的任何"场所"，如通过数据方法可从全局角度对基础教育、高等教育、社会教育的教学内容进行整合。终身教育各阶段内容的专属性将被打破，使处处可学不再是幻想。

3. 通过人工智能的赋能应用可提供联动平台，让终身教育更加普遍。人工智能科技可创建不同年龄、不同背景、不同学科的受教育者共同学习平台，形成涵盖不同专业、课程、学科、师资等的丰富资源库，如智能机器可替代辅导老师或讲师，在虚拟学习环境帮助受教育者完成从小学到大学再到社会的整个学习过程。教育的时间限制将被突破，使时时可学成为现实。

第二节　人工智能助推教育 1.0 转向学习 2.0

随着人工智能科技创新发展，人机将共生互存，人类智能与机器智能协同的模式也将不断向学习领域延伸，推动教育 1.0 迅速转向学习 2.0。学习 2.0 是学习者在数字化学习环境中，利用数字化学习资源，以数字化方式进行学习的过程。

一、学习 2.0 比教育 1.0 的进步之处

1. 在目标上，学习 2.0 将有别于掌握知识为主的传统教育，转向知识、能力、素质、人格"四位一体"的全人教育。

2. 在观念上，学习 2.0 从以教为主转向以学为主。

3. 在环境上，学习 2.0 将不再单纯依赖传统教室，而是注重课堂学习、校内实践、社会实习、全球交流的实质性融通。

4. 在方法上，学习 2.0 将改变记忆式学习的做法，更加强调自主学习、在线学习和深度学习。

二、教与学互动的新空间

在教育 1.0 向学习 2.0 转变的过程中，将不断产生教与学互动新空间，这种新空间主要体现在以下几层面：

1. 物理世界与虚拟信息世界交互产生的新空间。人工智能科技将渗透到任何物理或虚拟形式的课堂，深刻改变现行教学媒介、师生评价反馈、深度学习等，使受教育者的任务单式的学习、团队项目式的学习、多学科的交叉学习等都变得更便捷。

2. 教师与辅助教学智能机器交互产生的新空间。在这种空间范畴下，还存在教师与辅助教学智能机器的关系；辅助教学智能机器将部分扮演以往教师角色，如承担自动出题与批阅、学习障碍诊断与反馈、问题解决能力测评、学生心理素质测评与改进等功能。

3.学生利用辅助学习智能机器交互产生的新空间。学生除了与教师进行教与学的互动外，更多的是与辅助学习智能机器共同学习、相互提高，如学生将在智能学习伴侣、个性化智能教学机器陪伴下完成自主学习。

三、学习 2.0 优势

可见，学习 2.0 将由学生、教师、智能机器共同参与，其中的学生是探究者、发现者、合作者，教师是支持者、引导者、组织者，智能机器在物理世界、虚拟信息世界并存，具有协同开放、多维共生、智能增强的特点，表现出以下的优势。

1.解放教学生产力。让教师从枯燥乏味的重复性劳动中解放出来，更加专注于教学创新，如批改作业、考试阅卷、答疑等工作量大的教学工作可被人工智能取代，优秀教师资源的稀缺与不平衡问题或将得到缓解。

2.引起学习中心的转移。个性化学习将逐步成为主旋律，真正实现以学生为中心的教学，如可提供全面个性化学习方案。

3.形成人机共生的学习环境。教与学两者间的交互耦合变得前所未有地紧密，形成人机共生的学习系统，可时时刻刻学习，如智能交互技术可推动人与机更加融洽地互动。

四、学习 2.0 掀起学习革命

学习 2.0 将重塑教与学的关系，通过智能辅助教学，如 VR/AR 、虚拟交互等，打造教与学从信息感知到信息反馈的信息回路，形成两者不断交互、迭代、互进的过程，达到教与学增强的功效，在环境、主体、方式、阶段等方面掀起新一轮的学习革命。

1.人机协作将成为常态。人类智能与机器智能将进一步协同发展，信息网络将放大学习成效，认知技术将增强教育效果，推动形成人机共生的学习系统。

2.师生交互将成为必然。师生可成为学习共同体，教师更专注于教学创新，学生更喜欢探究基础上的自主学习，以"学生"为主的教学将迅速发展。

3.终身学习将成为主流。学习将不再限于某一人生阶段，而是放眼世界、追求一生的全面发展，终身学习机会更加普适，人人有望通过深度学习实现个人的卓越。

4.泛在学习将成为普遍。新的教学思想和技术手段将深度改造传统的教育教学方式，开放式、泛在式、个性化在线学习得到持续偏爱，多次数、多地点、多时段的共同学习得到广泛认可。

第三节　智慧教育新思路新格局

胡钦太等在《工业革命 4.0 背景下的智慧教育新格局》一文中认为，在大数据、人工智能、虚拟现实、区块链等智能信息技术推动下，智慧教育快速发展，智慧教育新格局正逐渐形成。格局是对事物的认知程度和认知范围，"格"是对事物认知程度，格要精、细；"局"是对事物认知范围，局要大。智慧教育的"局"是通过智能信息技术明确教育系统整体进化革新的方向和范围，"格"是优化和升级教育系统内部各组成要素，人工智能驱动教育发展，由内而外形成智慧教育新格局。

一、智慧教育的"局"：教育系统整体进化革新的方向和范围

1.教育系统宏观上扩展统筹决策能力，微观上具有个性化能力

以数据驱动为核心动力，以人工智能为关键技术，教育系统宏观上扩展科学治理和统筹决策能力，形成对教育管理及决策过程的科学指导、对教育设备与环境的智能管控、对教育危机的有效预防与安全管理等；在微观上具有个性化能力，聚焦精准教学，向学生推荐个性化学习，客观评价教学质量，辅助教师改进教学策略，重构教学流程等。

2.教育系统具有内部因素正反馈和自我进化的能力

通过对教育数据的关联性分析与深度挖掘，为教育系统内部因素的自我进化带来前瞻性引导，使得教育教学流程、教与学方式、教育资源服务、教学质量评价等内部各要素形成正反馈和内部进化的能力，促进教育系统整体

的自我演化和动态平衡。互联网应用把教师、学生、家长、教育管理者和社会公众等联系在一起，人人都是教育网络一员，根据知识结构发展、学习者与教学者的评价和信息反馈等，进行智能分析和判断，由教学者和学习者协同在现有教育系统基础上完成进化，确保其具备可持续发展生命力。

二、智慧教育的"格"：教育系统内部各要素的优化和升级

教育是一个复杂、完整的系统，智慧教育的"格"包括如下要素：

1. 教育教学流程的重组

教育教学流程的重组包括：第一，角色重组。老师由知识传授者变为教学活动组织者，学生从教学资源和知识的消费者变为消费者、创造者双重身份，企业从工具提供者变为资源提供者和学习活动参与者。第二，教学结构重组。"互联网+教育"发展推动在线教学与课堂教学的有机融合，最大限度满足不同学生学习需求，减轻教师教学压力。第三，课程模式重组。打破固定化、流程化课程学习模式，学习由"先教后学"转变为"先学后教"。

2. 教与学方式的变革

在教学方式方面，从"重传授"转变为"重发展"，促进学生全面发展的自主学习、合作学习、探究性学习等；在教学元素方面，知识、资源、信息、数据等成为重要组成部分；在教学特征方面，通过云端一体化学习环境，学习随时随地、动态适需。

3. 学习空间的重构

学习空间环境包括由物理空间及其内部设备所构成的空间环境（即"教室"），基于网络的线上学习空间环境。教室改造需遵循建筑学原理、心理学原理、人体工学原理、教育学原理。网络学习空间朝一体化、个性化、数据化、智能化方向发展。

4. 教学质量评价方式的优化

在人工智能驱动下，优化教学质量评价方式，主要包括：第一，课堂教学的全录播数据采集与课堂教学质量分析与评价。通过录播的视频、音频，从知识与技能、过程与方法、情感态度与价值观角度分析课堂教学质

量。第二，在线教学平台的教学过程分析与评价。通过在线教学平台的行为日志数据，分析和评价师生在线教学情况。第三，教学管理系统结构化数据的分析与评价。通过教学管理系统的课表、学生选课记录、学生课程成绩等数据，考察课程对学生的吸引力、学生成绩的影响因素、课程安排合理度等指标。

5. 教育治理方式的升级

在各级教育治理过程中利用大数据技术，全面升级教育治理方式，构建教育治理的大数据模型，建立教育治理决策支持系统，支持教育政策制定与调整的科学化。大数据在教育管理中的应用价值主要体现在教育的科学决策、教育设备与环境的智能管控、教育危机预防与安全管理方面。

6. 学习型社会的形成

技术日新月异成为新常态，知识总量空前膨胀，学习常态化和动态化，树立终身教育理念，建立学习型社会。第一，推动构建"互联网＋终身教育"新模式。充分挖掘互联网技术的独特优势，将学习嵌入日常生活。第二，以学分银行为核心打造职后教育，实现职前和职后一体化发展道路。构建起一种支持终身学习的新型教育评估管理机制，提高个体职后继续学习的积极性，有效促进"人人皆学、处处能学、时时可学"学习型社会的构建。

第四节　智能化教育全流程

亿欧智库《2018 人工智能赋能教育产业研究报告》认为，教育流程中主体包括负责运营和管理工作的教育机构、负责教学的教师和负责学习的学生，人工智能对教育流程这三大主体的工作起着替代和辅助作用。

一、教育机构

教育机构包括学校和教育培训机构，其管理工作主要可分为教务工作、人事行政工作、学校管理工作。可实现人工智能替代和辅助的工作主要有分班排课、学生升学和留学咨询指导、考勤、招生管理和咨询、学校安防和图

资料来源：亿欧智库：《2018人工智能赋能教育产业研究报告》。

书馆管理工作。人工智能在教育机构管理工作中已实现的产品形态有智能图书馆、考勤工作、招生和咨询管理、智能升学和职业规划、智能分班排课和智慧校园安防。

二、教师

教师日常工作主要包括教研、教学、测评以及学生管理工作。教师通过总结教学经验，研究适合学生的教学方法；教学的任务是授课答疑，布置作业；测评包括批改和分析学生作业和考试；管理工作包括课堂管理、班级日常管理、学生学情管理等工作。

人工智能对教师教研、教学、测评以及学生管理工作均有一定替代性，释放教师大量时间和精力，实现教师对学生个性化教学及辅导，缓解学生个性化教学需求与教师时间相对有限之间的矛盾，实现学生自适应学习。

产品主要可分五类：智能考试检测系统、智能批改＋习题推荐、分级阅读、教育机器人、智能陪练。此外还有智能学情分析、智能情绪识别等。智能学情分析是在积累学生学习成绩、学习进度、学习习惯等数据后，对其智能分析，给出分析报告，协助教师管理学生学习情况，设计个性化教学方案。很少公司专门做智能学情分析，主要都渗透在以上产品中，对学生学习结果进行分析并反馈。智能情绪识别通过图像识别技术识别学生课堂表情，了解学生学习困难点、兴趣和集中度。

1. 智能考试检测系统

智能考试检测系统可实现中英文作文、翻译、问答等主观题自动评分，有效自动检出空白卷、相似卷、抄袭题干等异常答卷，通过评分系统参与校验，在提高阅卷质量同时，减少阅卷人员投入，促进各类考试更公平、公正。智能阅卷还能对试卷试题进行大数据分析，教育教学诊断，引导教学工作开展。智能评测技术能对学生的中英文口语水平自动评价、反馈和指导，系统内嵌口语评测与语音听写技术，实现自动化英语口语评分，公正的评分系统真实反映英语听说成绩，有效提高听力口语水平；对教师、考评者来说，稳定评分系统可减轻听测负担，有针对性进行教学指导。

2. 智能批改＋习题推荐类产品

此产品完整流程是从教师线上布置作业，到人工智能自动批改、生成学情报告和错题集，然后对教师、家长和学生进行反馈，并根据学生学习情况进行自适应推荐习题。教师在产品系统布置学生课后任务，这些任务同时发送给学生和家长，学生在纸面完成作业后拍照上传至系统，或直接在系统完成作业并提交，系统自动批改学生作业，并生成分析报告。家长可在系统上监督学生作业完成情况；教师通过学生分析报告，可针对不同学生学习情况定制个性化教学方案，同时系统会整理学生错题并智能推荐习题。

智能批改＋习题推荐类的产品替代教师批改作业的任务，智能批改可即时标注错误部分和错误原因，批改速度更快，批改结果更细致、更客观。

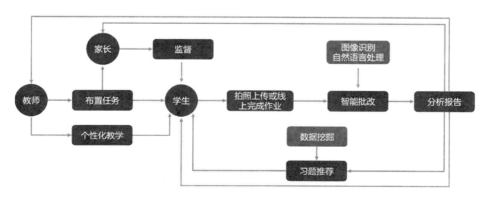

资料来源：亿欧智库：《2018 人工智能赋能教育产业研究报告》。

智能批改＋习题推荐类的产品辅助教师分析学生作业，提供个性化学情分析报告，节约教师与家长沟通时间，让家长更清晰了解学生学习情况，监督学生学习。智能批改已被应用于数学、英语等学科，发展相对较成熟的是智能英语作文批改和智能数学主观题批改。

3. 分级阅读——根据不同学生智力和心理发育程度匹配合适书目

分级阅读按照学生不同年龄段智力和心理发育程度，为不同学生提供不同读物，为学生匹配合适的书。分级阅读类产品通过数据挖掘、语音识别、自然语言处理等技术，先测试学生阅读水平，并将书库的书按分级标准智能分级，根据学生测试结果匹配相应级别书目，实现智能推荐。系统测评学生的阅读情况生成分析报告后，教师和家长可根据分析报告对学生阅读情况进行监督并进行针对性练习。英文分级阅读测评方式包括学生听读、跟读、测试，中文分级阅读测评根据学生阅读时长和阅读试题给出测评结果。

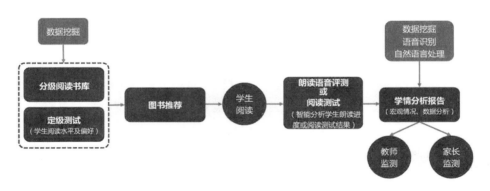

资料来源：亿欧智库：《2018 人工智能赋能教育产业研究报告》。

人工智能赋能的分级阅读优势有：提高阅读兴趣、养成阅读习惯、了解个人阅读水平、了解阅读能力变化，教师和家长全方位监测、分析报告更加快捷精准。

4. 教育机器人——寓教于乐，主要应用于儿童早教和 STEAM 教育

教育机器人主要应用于儿童早教和 STEAM 教育（STEAM 是 Science、Technology、Engineering、Art、Mathematics 缩写，是融合科学、技术、工

程、艺术、数学多学科的综合教育），实现陪伴和教育儿童功能，达到寓教于乐效果。教育机器人在幼儿园和家庭中使用较多，主要实现陪伴娱乐、辅助学习和生活助手等儿童教育和生活看护陪伴功能。在学校，教育机器人辅助教师教学，增加课堂生动和趣味性；在家庭中，教育机器人承担家庭教师责任，可进行简单英语教学、STEAM 教学，帮助家长看护陪伴孩子，解决教师和家长不能长时间陪伴和一对一针对性教育的问题。

5. 智能陪练——针对素质教育

智能陪练类产品针对素质教育，如音乐、美术、书法、围棋等，通过人工智能陪练，分析学生学习程度、智能纠错、生成学情报告。国内主要是音乐陪练。音乐智能陪练产品通过知识图谱、数据挖掘等技术，对练习者演奏练习进行智能纠错，个性化测评演奏者的日常练习，生成测评分析报告；该类产品能根据练习者日常练习和测评报告，为练习者提供个性化练习方案，

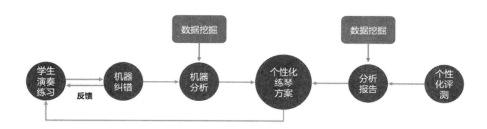

资料来源：亿欧智库：《2018 人工智能赋能教育产业研究报告》。

实现自适应音乐学习。智能陪练替代了教师实时陪练、纠错以及对学生的监督工作，在教学过程中充当助教角色，协助配合教师教学工作。智能陪练类产品具有便捷监督、掌握学生练习状态、了解学生学习水平、提升学习兴趣、实时反馈、精准分析特点。

四、辅助学生学习的整体归纳过程，节省学生大量时间

学生主要任务是课堂听课、笔记整理与错题归纳、完成课后作业与课外习题练习等。人工智能在这些环节中，主要工作为笔记整理与错题归纳、辅助作业及课后练习等。笔记整理与错题归纳产品，包含前面提到的智能批改

与习题推荐类型的产品，也包含智能书写本。后者需硬件支持，通过智能产品录入手写笔记、公式等，智能书写本能实现自动批改、分析功能。智能书写本可用于学生日常学习，也可应用于教师备课、教学等工作。人工智能在学生完成课后作业与课外习题练习中的应用，主要包括题目搜索与推荐，如拍照搜题和题库类产品。

拍照搜题产品是学生对题目拍照后，上传至拍照搜题产品中，系统通过图像识别技术识别与自动搜索，而后将答案反馈给学生。题库类产品为学生提供大量习题，智能分析学生做过的题目以及正确率，智能推荐习题。

第五节　智慧校园

谢幼如等在《教育信息化 2.0 时代智慧校园建设与研究新发展》一文中认为，智慧校园是指将以人工智能、大数据等为典型代表的新兴信息技术综合运用到教学、学习、管理、科研、生活和文化等各个方面，实现教育教学的关键流程再造与系统重构的新型校园生态。智慧校园通过系统化改进教与学形态、改善学校综合管理和服务环境，使教学与管理业务从流程优化到流程再造，实现校园教、考、评、学、管业务的无缝连接与数据贯通，实现校园数字资产的常态化积累与传播共享，构建智能化、一体化、绿色安全的校园生活、学习、工作生态，

一、智慧校园创新应用

智慧校园创新应用主要体现在营造生态环境、重构数字资源、融合创新教学、重塑教师队伍、创新治理服务等方面。

1.营造生态环境

智慧校园生态环境是智慧校园建设所应具备的基本信息化设施条件，是智慧校园建设的外显形式，更是立德树人的关键场所。智慧校园生态环境包括基础设施、应用系统、信息终端等硬件环境，也包括虚实融合学习空间，智能化、个性化育人环境。如广州市天河区体育东路小学秉承"让每个人做

最好的自己"的办学理念，以培养未来大都市杰出人才为目标，创建智慧生态校园，在营造智慧校园生态环境的过程，升级改造本校智慧生态环境，打造智慧教育教学空间，以满足信息化环境下教学教研和学习活动需要，成为广州市首批中小学智慧校园建设样板校。

2. 重构数字资源

在重构数字资源过程中，可通过自建、引进、合作等方式开发具有校本特色德育课程、校园文化课程、综合实践课程以及以科技创新、社团活动等为主题的数字资源，可依托"一师一优课、一课一名师"活动，建设覆盖基础教育所有学段、学科的生成性资源，还可借助新兴智能技术开发校本创客课程、STEM/STEAM 教育课程。

3. 融合创新教学

融合创新教学作为智慧校园新应用关键内容，对培养学生的核心素养与关键能力起着至关重要作用。融合创新教学主要体现在教学模式的变革。教师基于智慧校园环境，借助智能信息技术开展智慧教育探索与实践，推动教育教学理念与模式、教学方法与内容的改革，创生翻转课堂、生成性教学、可视化教学等新型教学模式。如广州市执信中学坚持"立德树人"办学宗旨，以"追求完整的教育生活"为办学理念，全面构建立体化智慧校园，依托信息技术与"教育云"资源平台，积极开展新兴信息技术与学科内容的深度融合与常态应用，形成适合学科特点的信息化教学模式。

4. 重塑教师队伍

作为智慧校园建设与应用的主要力量，教师的角色与定位、技能与素养要求等方面也发生新变化。以人工智能技术为主的新兴信息技术与教育教学的深度融合赋予教师角色新内涵，教师从相对繁重知识传授转向更具创造性的德育与能力培养等方面。教师能在信息技术环境下轻松获取、加工、整理数字化资源优化改进教学设计；能够利用智慧学习环境开展个性化教学、翻转课堂教学、生成性教学实践；能够对教学对象、教学资源、教学活动、教学过程进行全方位管理与评价；也能够树立教学反思与终身学习的意识。

5.创新治理服务

智慧校园建设与应用是与学校各业务深度融合创新，特别是在学校治理这一方面。智慧校园借助人工智能技术、大数据技术，通过教育教学过程的数据采集，构建精准多元评价应用模型，实现教育教学决策与资源供给的科学性与精准化，变革校园治理与服务模式。如广州市开发区中学秉承"开物开慧开创"办学理念，利用"互联网+"思维方式，基于大数据、云计算等新一代信息技术，开展"云、网、端"服务，实现教学与管理精准化，创新了校园治理服务。

二、案例

苏州建设交通高等职业技术学校的智慧校园建设以服务师生为中心，将计算机技术引入到学校教育、教学、科研、管理和校园生活等各个领域。通过加强基础设施、管理信息、数字学习、信息发布"四个平台"建设，积极推进信息化环境下的职业教育教学改革，促进学校内涵建设，提高人才培养质量，营造广泛应用现代信息技术实施教学和管理的良好环境，逐步实现了教学资源数字化、管理工作信息化、网络设施现代化。在智慧校园建设中，注重自身科技成果转化，其中智慧校园自主招生系统最为突出，并服务于苏州职业教育兄弟院校，取得一定成果和辐射影响。

第六节　智慧教室

互动性是智慧教室的核心，利用智慧教室突时空限制，使学生具有更高自由度，鼓励学生与学生之间、学生与老师之间互动交流。孙进康等在《智慧教室建设与应用思考》一文中认为，智慧教室建设支持先进教育理念和多种创新教学模式，紧密结合线下实体课堂教学与线上虚拟课堂教学，实现教与学的多向互动；利用物联网、大数据和人工智能等技术，汇聚分析教学全过程各要素行为和状态数据，为教学评价、个性化学习和管理决策提供支持服务。

一、智慧教室的要求

1. 基本要求

智慧教室是智慧教学的主要支撑环境，其建设应用取决于智慧教学的特征需求。智慧教学以满足学习者的学习需要、激发学习者的创新潜能为目标，依托新一代信息技术所构建的智能化教学手段和环境，运用丰富便捷的教学资源和灵活适用的教学方法开展个性化、交互化、协同化的教与学活动。智慧教学核心是创新变革教与学环境和教与学模式，落实以学生为中心的教育观，建立以"教为主导，学为主体"的教学结构，实施课内与课外有机结合、线上与线下相互融合的混合式教学模式，实现教与学的双向乃至多向互动；基于人工智能技术，聚合学习过程和教学管理数据，开展学情分析和学习诊断，精准评估教学效果，提供个性化学习服务等。

2. 智慧教室的特征要求

（1）支持全过程、全方位智能感知。基于智能传感器，感知教学及其管理活动的全过程行为与状态，采集教学过程数据，为教学过程分析、诊断、评价、管理、决策提供依据。

（2）支持多种网络环境的无缝移动。网络全覆盖，确保课内课外结合、虚实结合，无缝切换，多终端随时随地访问。

（3）支持线下和线上教学高度融合。建立在线互动教学平台和资源系统，拓展教学时空，为多种教学模式创新应用提供支持。

（4）支持人机、人人和多屏多终端间的全向交互，能多方位、多角度、多渠道、多种媒体形式呈现教学内容。实现多屏多终端、师生之间、生生之间随时随地互动交流，促进深层学习。支持多任务驱动。学习环境能理解用户行为和意图，主动提供交流和服务。

（5）支持可视化操作与管理、环境与设备智能管控。直观呈现运行过程、设备状态、数据操作、统计分析等；智能管控各种教学设备、环境设备的使用管理，包括智能控制、诊断、分析、调度等。

（6）支持自适应、个性化服务。按照用户喜好、学习偏好、学习需求，个性化推送学习资源、信息和服务等。

二、智慧教室应用类型

根据实际教学需要建设不同类型智慧教室，即讲授辅导型智慧教室、互动协作型智慧教室和探究研讨型智慧教室，这些类型的智慧教室在功能系统建设配置上有较大差别，对空间规划和桌椅配置有不同需求，应根据应用需求进行设计。

1. 讲授辅导型智慧教室

该类型主要针对基础性大课教学，以讲授辅导为主，适用于理论讲授、演示讲解、专题讲座、集中辅导等模式。该类智慧教室的建设，必须建立相应线上教学环境，教学中要将课堂教学与在线教学融合为一体，增加在线教学比重。可将课内教学向课前和课后延伸，增加翻转课堂的教学环节，课中讲授可根据课前学生学习情况自动反馈，针对性地开展讲解。助教主要进行在线辅导、作业批改等线上教学工作。

2. 互动协作型智慧教室

院校专业课程教学适合在互动协作型智慧教室中开展教学。一般以协作教学模式为主，组织学生协作完成某种既定学习任务，主要方式包括讨论、辩论、竞争、协同、伙伴、角色扮演、小组评价、问题解决等。多屏多终端全向互动，既可讲授演示、总结点评，也可分组协作、讨论交流，满足多种教学模式，特别是翻转课堂、案例教学、基于问题的教学等混合式教学模式的创新应用。该类教室对教师的信息技术素养要求非常高，尤其是教学设计、组织与控制能力等，需建立相应培训和应用管理机制。

3. 探究研讨型智慧教室

探究教学是学生在教师指导下主动发现问题，以一种类似科研的方法分析和研究问题，实现问题解决和知识获取。探究研讨型智慧教室以探究教学为主，适用于高年级和研究生的小班化课程教学，教学方式主要有自主探究、合作探究、主题研讨等。教师主要工作是根据教学内容设计相关问题，参与并对探究学习进行指导、总结点评等。学生需针对问题查阅资料，在自主探究基础上协作讨论，拟制出解决问题方法。

三、智慧教室建设应注意的问题

1.突出智慧教室软硬件建设的交互性和智能性

在智慧教室软硬件建设时，要考虑多屏多终端、人机、人人以及人和环境等之间的全向交互，利用智能感知等技术，提高软硬件系统智能性，通过"物"的智能和"人"的交流，促进教学智慧化。

2.建立教学大数据采集与分析系统

智慧教室建设须基于智能感知技术，采集教学过程及其环境设备和在线学习行为结果数据，建立相应大数据分析系统，为教学决策提供依据。

3.转变教学应用观念，提升师生信息素养

智慧教学需现代教育理念和信息素养的支撑。基于智慧教室的教学要体现以学生为中心的教育思想，教师开展教学设计、教学指导，成为学生帮助者、促进者。智慧教室集信息化技术与设备于一体，需师生具有较高信息素养，应让教师有计划培训与实践。

第七节　教育＋人工智能深度融合探索

徐晔在《从"人工智能＋教育"到"教育＋人工智能"——人工智能与教育深度融合的路径探析》一文中，探索分析了教育＋人工智能的深度融合，提出多元构建"教育＋人工智能"生态系统。

具体如下：将人工智能融合于教育的全过程，横向融合于课前预习、课堂教学、课后辅导、教学评价的全过程；纵向融合于学前教育、义务教育、高中教育、高等教育及终身学习的全过程。企业、学校、政府及科研机构等多元构建"教育＋人工智能"生态系统，包括优化生态环境、创新教学模式、提升教学水平、改革教学评价，确保"教育＋人工智能"生态系统与经济社会系统的动态平衡。（1）多方协同参与：优化"教育＋人工智能"生态环

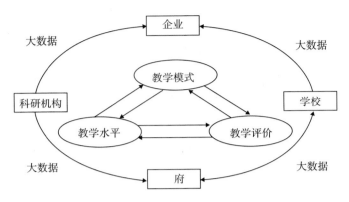

资料来源：徐晔：《从"人工智能 + 教育"到"教育 + 人工智能"——人工智能与教育深度融合的路径探析》。

境。"教育 + 人工智能"生态系统是基于大数据分析，由行业、企业、学校、政府、科研机构等多个机构构成的，致力于实现教育资源共建共享的一个动态、开放系统。（2）创新教学模式：推进浸润式情感教学。促使以教师为中心的工业化教育向以学习者为中心的智能化教育转型，教学模式不断创新。通过人工智能技术中的情感计算，采集学习者各类数据，判断学习者的学习风格。教师根据学生的学习风格，展开情感浸润式教学，使学生主动参与到教学互动。（3）提升教学水平：促进教师智能化教学能力提升。首先，应启动教师信息技术应用能力提升工程，建设创新培训平台，大力提升教师新技术应用能力。其次，推动人工智能技术与教师专业发展有机融合。通过技术引领，促进教师智能化教学水平提升。最后，实行线上与线下相结合的混合式研修教师培训模式。通过线下培训与线上学习相结合形式，建立教师随时、随地进行学习的常态化发展和评价机制。（4）改革教学评价：引入基于大数据的智能测评模式。教育数据可以是师生在教学活动中产生的数据，也可以是教育管理者在教学管理中用到的数据；可以是在线教学系统产生的数据，也可以是线下自主学习积累的数据。通过分析数据，构建基于大数据的智能测评模式，将评价贯穿于教育全过程，确保评价的针对性、准确性、动态性。

第八节　中国人工智能教育

教育部部长陈宝生、副部长钟登华在国际人工智能与教育大会上作了相关报告，对中国的人工智能教育进行了思考和探索。

一、面向智能时代，盘点中国教育"探索的路"

中国制定了《教育信息化十年发展规划（2011—2020 年）》和《教育信息化 2.0 行动计划》，以教育信息化支撑和引领教育现代化。目前，全国中小学互联网接入率达 97.6%，学校多媒体教室普及率达 93.4%，教学点数字教育资源全覆盖项目惠及边远贫困地区 400 多万孩子，国家数字教育资源公共服务体系基本建立，超过 60% 的教师和近 50% 的学生开通网络学习空间，推动逐步实现"校校用平台、班班用资源、人人用空间"。相继发布《新一代人工智能发展规划》《高等学校人工智能创新行动计划》。

1. 为人工智能和智能教育提供多层次的人才培养

尝试在大中小学各学段、普通教育职业教育终身教育各类型融入智能教育的理念、知识和方法。在中小学，设置人工智能相关课程，推进普及教育；在职业院校，完善大数据、人工智能相关专业和课程建设，培养技术技能人才；在高校，布局人工智能相关的学科、专业体系，探索"人工智能 + X"人才培养模式，推进建设 100 个国家级虚拟仿真实验教学中心，加强复合型、应用型人才培养。大力实施全民智能教育，面向社会公众开放开源人工智能研发平台或展馆，鼓励人工智能科普创作，支持社会机构开展人工智能技能培训。

2. 为人工智能在教育教学中的应用提供更多实践空间

支持科研机构、企业、学校加强合作，促进产学研用结合。在北京外国语大学建设一批智能教室，提升智能环境下教师教学诊断和精准教研的能力。在宁夏建立"互联网 + 教育"示范区，并将在 2020 年底前启动建设 10 个以上"智慧教育示范区"，优先开展人工智能与教育融合创新发展的实践探索，积累可推广的先进经验与优秀案例，引领智能时代教育变革。

3. 为人工智能教育发展提供高水平教师队伍支撑

智能化教学情境下，教师们将面临一个全新的工作环境，既要实现人机协同，提供个性化、多样性和适应性的教学，更要关注学生思维方式和核心素养的培养，教学标准更高，育人要求也将更加精细。通过采集和挖掘教师教学、科研、管理等全过程大数据，为教师的智能教学提供支撑。尝试建立教师教育创新基地，组织开展智能教育领导力研修和教学能力研修，努力帮助教师在观念、态度、素养、能力等方面作好准备，迎接智能教育时代的到来。

4. 为人工智能和智能教育提供有力的科研创新支持

理论和技术的创新，是人工智能和智能教育未来发展的重要驱动力和引领力，应当作为关键环节。教育部成立人工智能科技创新专家组，组织研究智能教育的发展战略、基础理论及关键技术，确立战略目标、基本方针与主要任务，谋划创新模式、应用方法和推广途径。积极搭建研究平台，计划到2020年建立50家人工智能学院、研究院或交叉研究中心，培育人工智能创新研究团队和专门高级人才。

二、走进智能时代，思考如何走好"未来的路"

联合国教科文组织发布的《2030年教育行动框架》，提出要确保包容、公平、有质量的教育，使人人可以获得终身学习的机会。2018年，教科文组织召开"全球2030年教育会议"，强调赋能于人，建立开放、灵活和及时应对的教育体系，拓展知识技能。2018年9月，中国召开了全国教育大会，部署加快推进教育现代化、建设教育强国、办好人民满意的教育，提出凝聚人心、完善人格、开发人力、培育人才、造福人民的工作目标。中国政府发布了《中国教育现代化2035》《加快推进教育现代化实施方案（2018—2022年）》，全面谋划人工智能时代教育中长期改革发展蓝图，将指引中国教育朝着更高质量、更加公平、更有效率、更可持续的方向发展。这些目标任务、蓝图规划与《2030年教育行动框架》的精神内涵是一致的，与教科文组织的一贯主张是一致的。

人工智能在教育中的深度广泛应用，将彻底改变教育的时空场景和供给水平，实现信息共享、数据融通、业务协同、智能服务，推动教育整体运作流程改变，使规模化前提下的个性化和多元化教育成为可能，构建新的灵活、开放、终身的个性化教育生态体系。智能技术对教育行业的渗透打破传统教育系统固有生态，使其开始向智能教育新形态迈进。未来智能教育发展可能的几条路：

一是普及之路。将把人工智能知识普及作为前提和基础。及时将人工智能的新技术、新知识、新变化提炼概括为新的话语体系，根据大中小学生的不同认知特点，让人工智能新技术、新知识进学科、进专业、进课程、进教材、进课堂、进教案，进学生头脑，让学生对人工智能有基本的意识、基本的概念、基本的素养、基本的兴趣。需引导老师，在教师职前培养和在职培训中设置相关知识和技能课程，培养教师实施智能教育的能力。还要在非学历继续教育培训中、在全民科普活动中，增设有关人工智能的课程和知识，进一步推进全民智能教育，提升全民人工智能素养。

二是融合之路。要立足人才培养、科学研究和教育管理的实际需求，建立起教育与人工智能产业的对接对话机制，将产业界的创新创造及时地转化为教育技术新产品，稳步推进包括智能教室、智能实验室、智能图书馆等设施的智慧校园建设，提供更多更优的人工智能教育的基础设施。

三是变革之路。发挥好、利用好人工智能技术在推动学校教育教学变革、推动学校治理方式变革、推动终身在线学习中的作用。统筹建设一体化智能教育平台，建立教育教学数据支持体系，以智能技术创新人才培养模式、改革教学方法和教育评价体系，推动深度学习、跨界融合、人机协同、群智开放，助力实现因材施教，构建智能化的终身教育体系。以智能技术推进教育教学决策的科学化、资源配置的最优化和教育管理的精细化，提升教育治理能力。以人工智能推动教师专业发展，全面提升教师运用人工智能教育技术和开发人工智能教育资源的水平。

四是创新之路。将把科技创新作为引领力量，深入开展智能教育应用战略研究，探索智能教育的发展战略、标准规范以及推进路径。积极推动建立长效投入机制，汇聚优质学科资源和高校、企业等方面的研究力量，优化产学研用一体的智能教育技术研发体系，充分挖掘现实发展需求，整体推进新一代人工智能相关学科的发展，积极推动人工智能创新成果在教育领域的转移转化。更多地关注"数字公平"，发挥公共财政主导作用，充分调动各方面特别是企业界、产业界的积极性，努力向农村地区、边远地区、贫困地区加大投入、配置更多资源、提供更优服务，让技术弥合差距、缩小鸿沟。

三、智能时代的教育发展新特征

1. 教育改革创新将注入人机协同、共创分享的新动力

人工智能正有力地带动教育改革创新。智能时代人机协同、共创分享的理念将深入影响到教育行业方方面面，引发对现有课程体系、教学模式、教师角色等系统性变革。智能技术不应单纯被视为一种工具，还是推进教育变革的重要动力。

2. 教育科学研究将进入交叉融合、集智创新的新阶段

智能时代的教育科学研究需加强交叉融合，把自然科学与社会科学的研究方法相结合，把教育科学研究与前沿技术研究相结合，把理论、技术研究与教育教学的实际需求相结合，融入文化特点，集智创新，共建共享，推动实现人的全面、自由、个性化发展。

3. 教育发展目标将聚焦更加公平、更有质量的新标准

智能时代，教育的发展将使知识的创造更加普及。需关注智能教育的普惠性，智能技术应成为解决教育不平衡问题的重要方法，不应使智能教育成为少数人的特权。

4. 教育治理体系将面临社会伦理、数据安全的新挑战

智能时代将伴随着大量数据和算法的产生，人工智能的发展将会进一步模糊人类社会与物理空间和信息空间的界限，衍生一系列伦理、法律及安全问题。要高度重视人工智能技术可能带来的安全风险挑战，注重社会价值引导，加强预防，保障数据安全和算法公平，确保人工智能安全、可靠、可控发展。

第十六章　智能化文化、体育、旅游

国务院印发的《新一代人工智能发展规划》提出，以市场需求为牵引，积极培育人工智能创新产品和服务，促进人工智能技术的产业化，推动智能产品在工业、医疗、交通、农业、金融、物流、教育、文化、旅游等领域的集成应用。

2018 年 3 月，李克强总理在政府工作报告中指出，加强新一代人工智能研发应用，在教育、文化、体育等多领域推进"互联网＋"。发展智能产业，拓展智能生活。

据人民网消息，2019 年 2 月 1 日，习近平总书记在北京考察北京冬奥会、冬残奥会筹办工作时指出，办好北京冬奥会、冬残奥会，是党和国家的一件大事。要全面落实绿色、共享、开放、廉洁的办奥理念，充分考虑场馆的可持续利用问题，高标准、高质量完成各项筹办任务。

据国家旅游局网站消息，2019 年 5 月 15 日，文化和旅游部部长雒树刚在亚洲文明对话大会"文化旅游和人民交往"分论坛上强调，高新技术的运用在文化和旅游发展中日益重要，通过政策优势，加快培育包括大数据、人工智能等在内的新业态新产品，促进"科技＋""文化＋""旅游＋"的彼此跨界赋能的和合相融。

第一节　概　述

智慧旅游是在旅游行业、旅游业务中应用物联网、云计算、大数据、人工智能等新一代信息技术，实现高效经营、优化管理、服务，实现旅游管

255

理、旅游营销、旅游服务的智慧化，涵盖提高旅游信息收集推送质量、促进解说系统智能化、合理预测游客数量、智能规划旅游路线、提高旅游行政管理效能等方面，使游客提升旅游体验的满意度、舒适度和幸福感。

全国政协委员、北京体育大学副校长胡扬，2018年"两会"期间接受媒体采访时提出，我国应加快推动人工智能相关技术在大众健身、竞技体育、体育产业等领域中的研究与应用，推动运动产品装备向信息化、智能化、高端化升级。

人工智能技术改变文化价值观的传播方式，形成"文化＋人工智能"的文化发展新局面，是文化提升科技附加值，转变发展思路的重要环节，延伸了文化产业价值链，也为文化事业可持续推进提供新突破口。

第二节　智能化写作

写作机器人依靠人工智能自然语言处理技术以及大数据分析信息，从大量信息提取所需内容，智能分析目标数据，使用一定算法重新排列和组合数据与内容，套用特定格式输出文档。写作机器人效率方面远超人类，例如机器人一秒钟内可生成数篇简单日常文案。

写作机器人包括基于模板写作、自动分析包含无用信息的长自然语言文本、自我生成等类型。

最受欢迎的机器人写作应用是在新闻媒体报道领域。新闻机器人，或AI机器人，是人工智能在新闻领域的最新应用。机器人可帮助记者或编辑承担部分新闻例如体育赛事得分，运动员信息或财经新闻等，这些都是劳动密集型工作，耗时间和精力。

赵禹桥在《新闻写作机器人的应用及前景展望》一文中认为，机器人写稿优势包括：（1）提升发稿速度，全天候新闻热点监测，提高新闻的时效性；（2）新闻更加全面，互联网端新闻报道的长尾效应突出；（3）使记者从快新闻中解脱出来，着力对深度新闻的打造；（4）面对巨大数据量处理时减少出错量；（5）不带有个人情感，文章更加客观。不足之处包括：（1）对信息的理解深度不够；（2）模式化严重，缺乏亮点、新意；（3）信息提炼和概括能力较低，不能很好地提炼升华；（4）写作领域较为单一，目前主要为财经和体育。

第三节　智能化艺术创作

一、智能化艺术创作

张睿琳在《人工智能技术在艺术创作上的应用》一文中认为，人类艺术创作过包括审美积累阶段、情感表现阶段、理性完成阶段。

人工智能应用的艺术领域包括：

1.绘画作品。美图公司核心研发团队开发了人工智能绘画机器人 Andy，在对海量插画、肖像画作品深度学习后，Andy 能迅速根据用户上传自拍照画出多种效果肖像画。

2.音乐作品。利用深度学习技术，模拟人类艺术创作过程的审美积累阶段，人工智能通过读取贝多芬、柴可夫斯基、莫扎特等著名作曲家的大量曲目进行训练，从中提取音乐特征，形成人工智能音乐创作的数学模型。后面还会详述智能化作曲。

3.文学创作。湛庐文化与微软合作，推出了完全由人工智能创作的诗集《阳光失了玻璃窗》，作者为微软小冰，小冰将喜悦、悲伤、思念等情感展现在诗里，引起人类读者情感共鸣。

4.造型艺术领域。人工神经网络可分离一幅作品的内容和风格，向艺术大师学会艺术风格后，把学到的艺术风格转移到其他作品，用不同艺术家风格渲染同样内容。具有超强运算与通信能力的人工智能照相机，可与云端服务中心交互，在摄影经验丰富的人工智能协助下，制作出一张有着绝佳光线、色彩、构图的风景照。

智能化艺术创作也有局限性，它的局限性包括：（1）人工智能难以复制人类情感，人工智能以一种逻辑性思维理解世界，不具备人类真实情感，机器创作没有灵魂。（2）缺乏积极反思能力。人工智能不具备完整反思能力，人工智能只能在研发者安排和监督下进行有目标的学习活动，在艺术原创性方面远不及人类。

二、智能化音乐

人工智能可被嵌入各种专业音乐软件，人工智能作曲公司通过设定乐曲类型、情绪、乐器、时长等自动生成一段音乐，生成的乐曲还可进一步在线修改和编辑。卢森堡一公司使用人工智能制作古典音乐曲谱，由人演奏录制成专业乐曲，已为卢森堡国庆日开幕式、英伟达 GPU 大会等活动创作了乐曲。

周莉等在《人工智能作曲发展的现状和趋势探究》一文中认为，人工智能作曲由于能将人类创造力、情感表达、审美等智能与计算机的计算能力、机器人机械系统、自动化控制等技术相结合，突破了人类作曲专业技术制约，创造出更具新奇感的音乐效果，节省人力成本，提高音乐创作和音乐表演的效率。

人工智能作曲是运用人工智能算法进行机器作曲的过程，使人（或作曲家）在音乐创作时介入程度达到最小。将人工智能运用到计算机辅助算法作曲系统，可模拟作曲家创作思维，极大提高作曲系统自动化程度。不仅可使作曲家高效工作，提高作曲效率，还可简化作曲繁杂性，提高音乐创作的普遍性。自 1950 年以来，多种基于人工智能的算法被运用到作曲中，其中主要包括马尔科夫链、神经网络、遗传算法，以及多种混合型算法等。

专业歌手歌曲的制作过程中，人工智能也可参与到题材选择、作曲、编曲及人声合成等环节。如索尼研发的 FlowMachine，具备自动作曲、交互作曲、配和声、变奏、渲染等多项功能，能模仿特定名人音乐风格。

人工智能作曲发展趋势：

1.以多算法组合优化为发展方向。各种算法在人工智能作曲中都有其优势和不足，将多算法组合优化，各种算法将扬长避短，作品更好听，体裁更丰富。

2.中国民族音乐的智能作曲系统发展前景广阔。我国民族音乐资源丰富，是人工智能作曲机器深度学习的理想资料库，将国际上的人工智能作曲技术运用到中国民族音乐的分析与创作之中，构建中国民族音乐的智能作曲系统，对发展和传播中国民族音乐有重要意义。

3.情感计算下的音乐机器人智能作曲和协同演奏是未来发展的主要途径。人工智能作曲与机器人紧密结合，实现音乐机器人的智能化和情感化，使之能在感知音乐情感的基础上主动完成智能作曲与协同演奏，消除人与机器人之间的交互障碍。

第四节　智能化影视

按影视作品创作和传播过程划分，影视传媒领域涉及如下细分专业领域：（1）影视作品素材创作：剧本创作、导演、摄影摄像等；（2）影视作品后期制作：配音、剪辑、字幕、特效加工等；（3）影视作品的传播：宣传策划、展映等；（4）影视传媒产业化运行管理：广告营销、影视教育等。根据以上各专业领域活动特性，在以下典型的影视传媒细分专业领域中，人工智能得到深度应用。

一、智能剧本写作

人工智能创作剧本过程：人工智能根据创作主题，从互联网提供的大数据中去抓取关键词，寻找相关情节片段，拼接一个大故事。2017年，纽约大学人工智能研究人员研发了一个具备剧本创作能力神经网络，在学习了《星际穿越》《第五元素》等几十个经典科幻电影剧本后，在伦敦科幻电影节上，创作出了一个时长9分钟的科幻电影剧本"Sunspring"。该剧本是一个完整的仅算及格水平的故事，但经改进，成功为大卫·哈塞尔霍夫（David Hasselhoff）主演的一部科幻短片《It's No Game》创作男主角的全部对白。在人为限定故事场景、环境、人物等条件下，人工智能程序能在有限创作空间中给出令人满意的创作结果。

二、视频的智能生成

人工智能利用剧本自动生成电影。美国杜克大学李一桐（Yitong Li）等人提出一种算法可为一小段文本生成相应短视频，用写好的剧本自动生成电影，研究人员在十种场景中训练了这个人工智能算法，包括"在草地上打高尔夫球"和"在海上玩风筝冲浪"。这个神经网络可为荒唐场景生产视频，比如"在雪上航行"和"在游泳池上打高尔夫"。人工智能通过生成算法基于文字来创建一个新图片，用一幅图片来预测之后的一系列画面，让这些画面按时间先后组合起来、动起来，变成一个实际电影。

三、智能化合成配音

2018年央视推出了世界首部人工智能配音纪录片《创新中国》。人工智能技术用于电影配音只需内容丰富、完善的语音样本库，它能根据任意对白自动合成逼真配音，使众多影视作品都用上高水平名角的"配音"，这对长篇影视、译制片、动画片等作品的创作价值很高，可大幅减小影视作品的后期制作工作量。

第五节　智能化媒体——从融媒体迈向智媒体

新华通讯社社长蔡名照指出，要加强云计算、大数据、物联网、人工智能等网络信息前沿技术在新闻传播实践中的应用，以国内媒体首个人工智能平台"媒体大脑"为基础，积极推进智能化编辑部建设，制作更多基于人工智能技术的可视化产品，大幅提升新闻信息生产传播效率。

中央广播电视总台台长慎海雄认为，以先进技术为引领，深入研究运用人工智能、5G网络、大数据、云计算等新技术，全力推进4K超高清电视技术体系建设，牢牢掌握核心技术研发应用主动权，努力实现跨越式发展。

人工智能技术对于新闻媒体行业发展起促进作用，人工智能技术在新闻媒体行业的应用，正深刻影响新闻媒体的创作模式和商业模式。

一、从融媒体到智媒体是大势所趋

"融媒体"充分利用媒介载体，把广播、电视、报纸等既有共同点，又存在互补性的不同媒体，在人力、内容、宣传等方面进行全面整合，实现"资源通融、内容兼融、宣传互融、利益共融"。从融媒体到智媒体是大势所趋。媒体融合发展经历三个阶段，从全媒体到融媒体再到智媒体。全媒体是媒体融合阶段时追求媒介形式全、种类多，是物理反应，起到简单相加效应；融媒体是正在推进的，是一种化学反应，各种要素、各种资源的重新组合重新嫁接，努力形成合力。从未来发展来看，应是从基因进化角度推进融合，即走向智媒体，让信息传播跟人工智能相融合，最终实现传播蝶变。让媒体人做媒体人擅长的事，机器做机器擅长的事，人机协同是潮流，媒体人的专业优势和 AI 的高效智能生产将更完美结合。

二、智能化媒体应用

人工智能在媒体融合大潮中应用越来越广泛，包括智能媒体生产平台、新闻分发、采蜜、版权监测、人脸核查、用户画像、智能会话、语音合成等功能，覆盖从线索、策划、采访、生产、分发、反馈等全新闻链路。

1.新闻制作的智能化

在撰写新闻稿件时，智能机器人先从采集与存储了海量数据信息的庞大数据库中找出满足新闻主题需要的相关原始数据信息，结构化处理这些原始数据后，再套用已设定好的固定新闻模板呈现写好的新闻稿件。新华社的媒体人工智能平台即"媒体大脑"，为记者采访、新闻生产提供智能化工具，2018 年 3 月 2 日新华社发布一篇消息，新华社媒体大脑从 5 亿网页中梳理出两会舆情热词，生产发布了全球首条关于两会内容的 MGC（机器生产内容）视频新闻，创造新媒体之最。

机器人写新闻的优势包括快速发现新闻线索、高效信息整理、超强的自我学习能力与自我纠错能力。

2.用户体验的优化

在用户体验方面需要完成两方面工作，一是通过收集数据以及挖掘数据以了解受众想要的内容，知道用户喜欢什么；二是能让受众找到符合他们兴趣的内容，提高兴趣匹配精准度。通过数字化处理受众的浏览记录、搜索、评论、评分、地理位置和设备数据等信息，了解受众喜欢什么，进行相应内容推荐，提高受众个性化体验、满意度。如《今日头条》以智能技术为壁垒，以海量数据为依托，通过机器学习感知、理解、判断用户的行为特征，包括用户的滑动、搜索、收藏、评论、分享等动作，综合用户具体环境特征与社交属性判断用户的兴趣爱好，塑造千人千面的阅读场景。

3.产品体验的全场景化

在产品设计上，致力于在各个功能模块加入人工智能体验，为用户提供更多服务，为用户提供"视、听、读、聊全息智媒体验"。"视"是把直播、短视频作为内容重要特色；"听"是为用户提供听新闻场景服务；"读"是兴趣阅读，算法推荐；"聊"是人机交互，在客户端提供智能聊天、智能评论服务。新闻客户端每一篇文章都会自动生成一段语音播报，提取文章要点，借助科大讯飞机器语音转换技术，让用户快速听新闻，了解新闻全貌。

三、智能化媒体的价值模式

1.智媒能实现舆情监测

舆情是社会和时势晴雨表，是公众关于各种现象、事件和问题表达的情感、态度的总和，反映公众期盼，也反映社会思潮、社会热点，使用人工智能技术收集和分析这些舆情信息，可为政府准确掌控形势、科学研判和决策提供参考。

2.辅助投资决策

随着移动互联网的普及，微信、微博、论坛、贴吧等社交平台已成为发表意见、表达情感的重要渠道，这些渠道产生的大量情感信息反映了人们对热点事件、话题的褒贬态度，可利用这些线索提供深度服务，赢取价值。使用人工智能技术提供针对这些社交网络的新闻监测服务，帮助金融客户自动筛选与交易趋势相关新闻，帮助客户投资决策。

第六节　智能化体育

郭远冬在《体育应用人工智能的价值与发展思路研究》一文中认为，人工智能与体育产业的结合必将带来新的消费形态及新的社会现象，这些体育创新产品与服务也会吸引着更多的科研人员参与到产品的开发、维护、服务等工作，加速人工智能向体育产业渗透，为体育产业发展注入新动能，推进体育产业智能化升级。

曹宇等在《人工智能应用于体育的价值、困境与对策》一文中认为，人工智能应用于体育的核心价值在于以人工智能为技术支持，主动对接竞技体育、大众健身、体育产业等领域的发展需要，构建以人民为中心的智慧体育服务体系，为"体育强国"战略的实现提供有力支持。

一、智能化体育的应用价值

1. 提高竞技体育专业化水平和竞技能力

"数据驱动的运动训练和体育决策"在国际上已成为竞技体育的热门发展领域。人工智能技术应用于竞技体育，能精准监控运动员赛前、赛中、赛后身体状态，帮助教练员实时调整技战术，还能为运动员制定更具个性化的训练模式和更高效比赛策略，提升运动员竞技水平，利用智能技术力量促进竞技体育运动"更快、更高、更强"发展。

2. 推进"全民健身"与"全民健康"的深度融合

人民群众作为发展我国体育事业的主体，是实施体育强国战略出发点和落脚点，"人工智能＋体育"是我国全民健身事业赢得可持续发展先机的重要抓手和可行途径。一方面，基于人工智能技术的产品工具，通过智能模式化甄选与匹配，实现自动化分析和可视化呈现大众健康结果，在有效降低运动损伤风险的前提下提升民众对健身活动的体验满意度和健身效果。另一方面，通过收集与整合分析大众运动和健康数据，可客观评估我国国民体质现状，其评估结果制定"健康中国"相关体育政策意义重大。借助人工智能等新兴信息技术，有效解决体育资源分布和发展不平衡的问题，推动体育公共服务均等化发展。

3. 推动体育产业转型升级

体育产业是国民经济不可缺少的组成部分，在加快推进体育强国建设中发挥重要支撑作用。体育产业作为经济和生态效益俱佳的朝阳产业，在"人工智能＋体育"发展战略的支持和相关智能体育产品应用下，可帮助资本市场挖掘市场机遇、变革商业模式、改善客户服务体验、创新管理体制并提高决策能力，实现体育产业高质量发展，推动我国体育产业模式和企业形态的根本性转变，带动传统体育产业"智慧升级"，提升体育产业国际竞争力。

二、智能化体育应用

1. 应用于文体表演

文体表演在运动会开闭幕式中扮演首要角色，随着人工智能、虚拟成像、智能感知等新技术出现，可为文体表演带来新思路。例如，第 23 届平昌冬奥会闭幕式交接仪式上"北京八分钟"表演，在人工智能与虚拟成像技术的映衬下，整场演出在仅由 24 名轮滑演员和 24 个载着"冰屏"的智能机器人参演的情况下，取得了极佳视觉效果。在整个排练过程中，由虚拟视觉团队设计的"OpenGL 表演辅助训练系统"和"北京八分钟文艺表演系统"一直充当导演"左膀右臂"，可根据导演创意方案，将文艺表演过程全部仿真，帮助导演把控决策及完善方案。

2. 服务全民健身

《体育发展"十三五"规划》指出，人民群众日益增长的多元化多层次需求与体育有效供给不足的矛盾依然突出。随着基于运动类 APP 与智能穿戴设备的运动新模式风靡全球，增强了全民健身与人工智能的耦合关系。新兴的智能穿戴设备可记录日常运动数据，相应计算消耗的脂肪、卡路里，反映睡眠质量等，实现数据与互联网的同步，相应地给出科学健身指南及健康状况评价。通过全民健身公共服务互动平台实现了线上与线下的联结，增强全民健身方式的科学性。更多体育资源主动与平台合作，形成全民健身数据资源库，为政府决策提供数据支撑。

3.服务体育产业

体育产业更重视数据的收集，为将来人工智能在体育产业的更多应用打下基础。例如，百度在里约奥运会期间利用人工智能实况解说奥运篮球赛事，打造私人定制化观察体验，为广大球迷及科技发烧友奉献了一场创意十足体育盛宴。人工智能与体育产业的结合将带来新消费形态及新社会现象，加速人工智能向体育产业渗透，推进体育产业智能化升级。

4.服务竞技体育

科学训练方法是影响运动成绩的因素之一，我国运动健儿取得骄人成绩背后离不开体育科研工作者对智能体育奥秘的探索精神。例如，由中国科学院合肥物质科学研究所牵头研发的训练系统，根据训练者下肢机能参数信息，结合历史训练方案和训练记录进行数据分析，对等速训练、等张训练和被动训练方式进行组合，形成最优训练方式；通过设置运动方向和肌肉收缩方向，智能匹配训练参数，生成针对性合理训练方案；通过人工智能对训练、备战和比赛情况等海量数据进行处理和大数据分析，教练员可及时调整策略和排兵布阵，运动员能更好、更有效地训练，提升运动员及球队的技术水平，优化运动员的实时表现和场上状态。人工智能技术在体育赛事中应用也越来越广泛。例如，应用于排球比赛的界外球数字检测系统，当比赛用球在已标定的场地空间运动时，捕捉设备将捕捉到球的图形信息和球心的三维坐标信息，传送到信息处理系统，经过计算、图形处理后判断球是否出界。能捕捉体育赛事的精彩瞬间，确保比赛公平、公正、公开，减少赛事纠纷。

三、经典应用：智能化的运动教练系统

刘昊扬在《基于人工智能的运动教练系统分析与展望》一文中提出，基于人工智能的运动教练员与一名优秀人类教练员一样，可提供以下帮助：（1）了解、评估运动者的身体素质与运动能力；（2）评测运动者的运动技

术；（3）对运动者提供有针对性的训练意见并监督实施；（4）根据运动者实际情况，不断调整优化训练计划与方案。

智能化的运动教练系统借助先进传感器感知技术收集数据，获取与运动相关的尽可能完备的信息；建立数据管理平台，并基于人工智能技术挖掘数据背后的运动规律；通过建立实时反馈系统，帮助运动者进行日常训练。

第七节　智慧旅游

李国忠在《人工智能技术在智慧旅游中的应用》一文中认为，通过人工智能技术，能够有效提高旅游服务过程中相关信息的收集与分析，加强消费者与旅游服务提供商之间的有效联系，促进消费者个性定制化服务水平的提高。

一、人工智能技术在智慧旅游中的应用

为实现智慧旅游相关功能目标，需合理使用相关技术实现智慧旅游的有效创新，人工智能技术以其技术优点，成为智慧旅游产品与服务创新的重要手段，具体应用如下。

1. 利于收集、搜索及推送旅游信息

旅游信息资源是旅游服务提供商提供旅游产品、消费者购买并享受旅游产品以及旅游行业管理者管理旅游市场的重要基础。通过人工智能技术智能感知外界信息，能实现有效收集信息的，并根据智慧旅游主题的不同，将所需要信息传递给特定主体。根据消费者的需要有针对性地提出行程安排，实现消费者旅游过程中的个性化定制。

2. 促进旅游解说系统的智能化

人工智能技术能够有效缓解人工解说的压力，满足游客对于旅游解说的需要。一方面，在境外旅游中，翻译软件已经实现了很高智能化，游客能在人工智能的帮助下对路标、语音、菜单等不容易转化为字典性质的待翻译内容进行有效翻译，为游客境外旅游提供必要翻译服务。另一方面，利用人工

智能技术在智慧旅游中的应用，能够在一定程度上实现对人工导游的替代，利用自助导览软件来实现游客旅游过程中导游引导与讲解工作。

3. 智能化预测游客数量

由于旅游消费者的流动往往具有较强不确定性，旅游景区往往很难预测游客具体数量，利用目前的人工智能技术，已经能够有效实现旅游景区游客数量的合理预测。人工智能技术利用一定算法合理分析数据信息，结合其他相关信息，分析计算区域范围内的游客密度以及分布特征，预测景区游客数量。通过对游客合理预测，景区管理人员能合理安排景区内工作人员、设施开放、表演活动等，提高景区资源的合理配置。

4. 提高旅游行政管理效能

利用人工智能技术能帮助旅游行业管理者实现管理智能的有效实行。利用人工智能技术能有效收集与处理旅游信息，管理部门收集与分析这些信息，提高各项管理活动决策效率。利用人工智能技术，旅游管理部门能实现与游客、旅游服务提供商之间的快速沟通，一方面游客能将旅游过程中遇到的问题及时准确反映给管理部门，提高管理部门对游客问题的处理效率，另一方面管理部门也能将重要信息传递给游客与服务提供商。利用人工智能技术还能帮助管理部门实现智能调。

二、智慧旅游案例

1. 智慧龙虎山

江西鹰潭打造智慧龙虎山，龙虎山景区以游客体验为中心，从"导航、导览、导游、导购"四个方面为游客提供了视听服务，使游客能够在线体验、预先感知。基于微信的移动智慧服务系统正式上线，游客只需扫描景区二维码关注景区公众服务号，就可利用微信享受便捷的"一触式"人性化智能服务，收听语音解说，预订酒店、查找停车场、公交站、公厕或ATM，地图导航引路。龙虎山景区"导航、导览、导游、导购"的智慧服务体系正趋于成熟。龙虎山陆续建成并投入使用了"电子票务系统""智能视频监控系统""LED大屏幕信息发布系统""观光车车辆定位系统""游客归属地分析系统""旅行社报团系统""旅游分销系统"等管理应用系统，景区已经具备了"游客引导、车船管理、生态保护、安防管理、客户管理、财务管理、营销管理和辅助决策"等"智慧管理"能力，基本能使景区管理运筹帷幄。

2. 青海智慧旅游

青海日报讯，自 2016 年起，青海省为实现全省旅游管理信息化、旅游宣传网络化、旅游服务便捷化，整合信息资源、完善智慧旅游体系，开始建设青海省智慧旅游大数据平台。青海省智慧旅游大数据平台一期整合了青海省交通、公安、气象、旅游企业包括景区、旅行社及第三方数据平台的数据，打破信息不通、信息孤岛僵局，形成数据全面、安全可靠的综合性数据管理及分析机制，挖掘剖析游客客源、游客行为、游客偏好、旅行轨迹、景区交通等数据，可视化呈现分析数据，分阶段出具数据报告，做到了全省一个时间段内的旅游行业数据的动态分析，对旅游运行趋势做到了及时、有效的反映。

据介绍，青海省还将继续拓宽旅游数据来源、完善旅游运行监管及应急指挥系统，健全公共旅游服务运行监管体系，围绕游客游前、游中、游后需求，让游客畅享信息查询、预订支付、电子门票等全功能服务，倒逼线下服务质量提升、产品结构优化、旅游秩序改善，努力将数据分析成果有效应用到旅游产业实践，服务政府决策和社会投资，改善旅游消费质量，努力开创旅游业"一优两高"新局面。

第八节　智慧奥运

2016 年，当全世界顶尖运动员在里约奥运赛场用尽"洪荒之力"，挑战人类体能极限时，人工智能也展开了一场激烈角逐，奥运会刚刚开幕，微软就凭借深度神经网络"掐指"算出奥运奖牌榜。未来奥运会中人工智能应用会越来越广泛，渗透到赛场内外的各个环节，将使科技奥运的存在感越来越强。

一、东京：夏奥智能评分系统

据日本通网消息，在 2020 年东京奥运会上，男子鞍马、吊环、跳马；女子跳马、平衡木等竞技体操比赛项目将采用日本富士通集团开发 AI 人工智能评分系统结合裁判进行评分。

体操竞技比赛运动的动作华丽炫目动态感十足且技术难度大，裁判打分也愈发困难，历届奥运会上裁判员打分不公的情况多有发生。国际体操联盟（会长渡边守成）决定 2019 年开始采用日本富士通集团开发的以人工智能技术为基础的"AI 评分系统"。应用此系统时，在选手周围有 200 万处红外线激光随时捕捉选手动作，实时转换成三维图像，以该图像为基础，AI 系统自动分析选手旋转动作幅度，与过去表演数据进行对比，根据导入的评分标准进行判定。

采用人工智能评分系统的好处如下：

1. 提高判分正确性

人工智能评分系统可采集体操项目比赛中选手身体的运动轨迹和动态值，将选手身体扭转圈数和倒立角度等转换成数据，结合 AI 和裁判双方的判断，经过裁判综合判断后，打出最终分数。有效解决像体操运动类的记分竞技中不可避免的"公平公正的裁判"难题。

2. 提高判分效率

体操竞技运动中，要统一裁判员对比赛结果的评分，通常有 200 名选手参赛情况下，光裁判就需配置 100 人以上，还要花费大量时间评分记分。渡边会长表示如采用人工智能评分系统，"原本需要花费 2 个半小时的竞技比赛，可缩短至世界级运动比赛的标准时间 1 个半小时内"。国际体操联盟渡边会长称，国际奥林匹克委员会（IOC）会长托马斯·巴哈也期待"AI 系统能够广泛应用到其他竞技比赛中，这事关全世界的体育运动发展"。

二、北京：智慧冬奥

杜永红在《打造"智慧冬奥"》一文中提出，国际奥委会和北京冬奥组委都提出将北京 2022 年冬奥会、冬残奥会办成一届"智慧冬奥"的目标。

打造一届"智慧冬奥"需要整合各方面资源，把科学的发展理念及先进的技术融入从规划、建设、赛时运营及赛后利用各个环节，将科学思维、科学管理贯穿始终。"智慧冬奥"需紧密结合国内外最新科技成果，将 5G、大数据、云计算、物联网、人工智能等先进技术应用到冬奥赛事中，满足奥运场馆建设、赛事组织、赛事转播、大型活动、交通物流、安全保障、信息服务、环境改善等方面技术需求，为冬奥筹办提供强有力的智力支持和技术保障。通过满足冬奥科技需求，促进自主创新能力的提升，带动相关产业的发展。通过奥林匹克精神与科学技术的高度融合，促进人与自然的和谐发展。

1. 智慧场馆

智慧场馆作为"智慧冬奥"的载体，将场馆信息化、智能化和数字化融为一体，通过网络技术、通用技术和平台应用协同，能极大提升场馆的观众体验、服务水平和运营效率。5G 网络环境能提供安全可靠的网络服务，借助人工智能等技术打造冬奥智慧应用平台，丰富智慧场馆应用场景，为冬奥会注入"智慧"的基因。建议"智慧冬奥"各方共同制定智慧场馆标准，考虑新技术、新应用运用于场馆服务的标准特殊性，充分考虑如何发挥奥运场馆价值，并将智慧奥运场馆作为奥运遗产在赛后充分发挥其价值。

建议以示范智慧场馆为标杆，推动智慧场馆建设。根据智慧场馆标准，可选取典型场馆，形成标杆示范。"智慧冬奥"专项工作责任机构明确落地实施部门职责，形成有效机制，统筹场馆建设方、运营方、服务提供方等相关方在智慧场馆设计、建设、运营全过程中的各项工作，综合考虑观众、赛事参与者和场馆业主的实际需求，促进硬件设施、场馆管理系统、服务应用系统等的建设同步和紧密衔接，推动冬奥场馆智慧化建设高效进行。

2. 中国联通助力打造首都"智慧冬奥"新名片

中国联通在 2018 年举行的北京冬奥会合作伙伴俱乐部成立仪式暨奥运市场开发高峰论坛中表示，将以冬奥会和冬残奥会作为合作窗口，积极发展新一代网络，全力打造覆盖领先、感知领先、应用领先的 5G 未来之都，全方位打造首都"智慧冬奥"新名片。

中国联通将把 5G 创新技术应用到冬奥会场馆管理、赛事体验、媒体转播、日常训练等场景中，全方位、多角度打造冬奥与 5G 智慧融合解决方案，包括：无人驾驶摆渡车、媒体区照片、视频、VR 即拍即传，直达移动终端、场地编辑服务器、通信社云端的秒级应用；为奥运村的智能家居、交通、餐饮、医疗、娱乐、动态图像识别提供有线、无线、互联网、大视频的技术手段；基于大网网络智慧能力，基于物联网、大视频、大数据分析能力，为城市奥运运行、指挥调度提供技术手段，例如奥运专用道无人驾驶，京张、京延沿线 5G 高速覆盖等；在赛场内外周边、提供 5G 大容量覆盖，结合重点场馆的边缘计算，为观众、自媒体社交活动提供技术手段，引入全球观众评分的互动参与模式等。在 5G 创新技术的加持下，中国联通将结合应用场景，全方位打造首都"智慧冬奥"新名片。

3. 河北聚力打造"智慧冬奥"

据河北新闻网讯，为发挥科技创新支撑引领作用，服务冬奥会筹办，推动冰雪产业和区域可持续发展，建设智慧崇礼，河北省第 24 届冬奥会工作领导小组印发了《科技冬奥智慧崇礼行动计划》。

该行动计划确定了支撑冬奥筹办、支撑冰雪产业、引领可持续发展、打造智慧崇礼四大行动目标。具体包括：到 2022 年，在赛事保障、观赛、训练等方面集成应用一批先进技术，有效提升气象、医疗、交通、观众体验、转播等领域的冬奥综合服务保障能力，提升办赛技术水平；依托张家口高新区等冰雪产业重点园区，汇聚、打造一批国际一流冰雪企业，形成一批高端产品和国际品牌；围绕冬奥会可持续性要求，在生态环境、建筑场馆、可再生能源、新能源等技术领域示范一批先进成果，加强赛后可持续利用相关研究；形成崇礼智慧小镇建设整体技术方案，先期在智慧运动、智慧旅游、智慧交通等重点领域形成应用示范等。

第九节　智能化厕所——厕所革命

据人民网报道，2017 年 11 月 21 日，习近平总书记就我国"厕所革命"

作出重要指示，两年多来，旅游系统坚持不懈推进"厕所革命"，体现了真抓实干、努力解决实际问题的工作态度和作风。旅游业是新兴产业，方兴未艾，要像抓"厕所革命"一样，不断加强各类软硬件建设，推动旅游业大发展。厕所问题不是小事情，是城乡文明建设的重要方面，不但景区、城市要抓，农村也要抓，要把它作为乡村振兴战略的一项具体工作来推进，努力补齐这块影响群众生活品质的短板。

一、重庆运行首座智能无水生态公厕

据重庆九龙坡区委宣传部消息，2019年，重庆运行首座智能无水生态公厕，该公厕打破传统水冲式厕所处理粪便的机理，采用源分离技术将粪尿完全分离，利用经过筛选、复壮、驯养后的无害微生物菌种对排泄物进行生物降解，便后无须用水冲洗，可节约大量水资源。

智能无水生态厕所可作为一座"有机肥料收集器"，经生物发酵后的粪便可制成优质有机肥或营养土，用于种植各类树木花草及农作物，能起到改善土壤板结、增加肥效的功能；收集的尿液经尿液生产处理厂加工后制成液态复合微生物肥料，实现资源循环再利用。

该公厕还投用了利用物联网技术实现公厕智能管理及运用的互联网云平台，该系统可让如厕者通过手机一键寻厕、扫码开门、提供尿液检测及健康咨询服务等，随时监控公厕运营，实时掌握城市公厕布点情况、如厕人数、卫生情况等。

在进行厕所革命时，可考虑科技创新，凸显示范引领，探索商业管理合作模式，实现系统集成生态化、设计研发数字化、建造方式工业化、控制管理智能化、运营维护市场化、示范推广标准化。

二、江西南昌县大力推进智慧公厕

据央视网消息，2019年南昌县大力推进智慧公厕建设，对城区内13座公厕分别安装红外感知设备、环境监测传感器、人流量统计终端、物联网关、智能水电系统、室外摄像头等智能终端设备，实现公厕智慧化管理。南昌县将公厕相关信息导入"智慧公厕云""高德地图""百度地图"APP中，群众可以通过"智慧公厕云"微信小程序，在手机上就能了解城区内公厕的地理位置、繁忙程度等信息。

南昌县新建"智慧公厕"采用装配式钢结构，内墙板采用环保生态防腐材料，节能环保，大大降低了对环境的污染。公厕内部男女卫生间墙面上还安装有硫化氢、氨气以及二氧化铁感应探头，实时对卫生间内气体浓度进行监测，以便相关数据实时传输到后台管理中心，适时自动开启除臭功能。

智慧公厕主要是结合物联网、大数据、云计算等技术，解决了传统厕所服务过程中有关异味控制、节水节能、人性化服务等方面的问题，实现了对公厕的精细化管理，提升公厕日常管理维护效率。

第十七章　智能化医疗健康

国务院印发的《新一代人工智能发展规划》提出，建设安全便捷的智能社会，发展智能医疗。推广应用人工智能治疗新模式新手段，建立快速精准的智能医疗体系。探索智慧医院建设，开发人机协同的手术机器人、智能诊疗助手，研发柔性可穿戴、生物兼容的生理监测系统，研发人机协同临床智能诊疗方案，实现智能影像识别、病理分型和智能多学科会诊。基于人工智能开展大规模基因组识别、蛋白组学、代谢组学等研究和新药研发，推进医药监管智能化。加强流行病智能监测和防控。

据一点资讯报道，2019 年 3 月 8 日，卫生健康委员会主任马晓伟在全国"两会"第三场"部长通道"上表示，发展"互联网＋医疗健康"，推进远程医疗，为人民群众提供更加便利的医疗服务。互联网进入医疗领域方兴未艾，主要在四个方面发挥着作用：一个是远程医疗，二是互联网医院，三是便民惠民的服务措施，四是人工智能。

第一节　概　述

全国政协委员、中科院院士葛均波认为，人工智能不仅属于科学家或 IT 领域，它在医学领域的应用也具有广阔的前景；人工智能可以极大地提高诊疗效率，对于我国医学资源稀缺的情况而言，具有战略价值。

在 2018 年精准医学与人工智能大会上，北京大学副校长、医学部主任詹启敏院士分析称，精准是医学发展的目标和需求，也是目前医学发展的制高点。而精准医学的发展离不开大数据。人工智能将在其中发挥显著作用。

要用开放的心态迎接和推动人工智能在医学方面的发展。

在 2018 年精准医学与人工智能大会上，北京大学第三医院院长、中国工程院院士乔杰指出，精准医学的核心就是一定要有人工智能。人工智能将广泛运用于临床诊治、医院管理、疾病预测、机制研究、新药研发等方面。人工智能能够让医学工作者们在医学领域中更快更准地诊断、治疗、预测，同时也对未来如何做好预防提供无限可能。

清华大学长庚医院院长、中国工程院院士董家鸿认为，临床技术的提升和飞跃离不开科学技术的创新和引领，人工智能技术的创新应用使精准外科范式的发展进入新时代。

中国工程院院士韩德民认为，人工智能将"放大"专家智能。

互联网医疗健康产业联盟编制的《医疗人工智能技术与应用白皮书（2018）》认为，医疗行业长期存在优质医生资源分配不均，诊断误诊漏诊率较高，医疗费用成本过高，放射科、病理科等科室医生培养周期长，医生资源供需缺口大等问题。在医疗健康行业，人工智能的应用场景越发丰富，人工智能技术也逐渐成为影响医疗行业发展，提升医疗服务水平的重要因素。通过人工智能在医疗领域的应用，可提高医疗诊断准确率与效率；提高患者自诊比例，降低患者对医生的需求量；辅助医生进行病变检测，实现疾病早期筛查；大幅提高新药研发效率，降低制药时间与成本。

一、辅助医生诊断，缓解漏诊误诊问题

医疗数据中超过 90% 数据来自医学影像，但对医学影像的诊断依赖于人工主观分析，易误判。据中国医学会数据资料显示，中国临床医疗每年误诊人数约为 5700 万人，总误诊率为 27.8%，器官异位误诊率为 60%。利用人工智能图像识别技术，通过大量学习医学影像，人工智能辅助诊断产品可辅助医生进行病灶区域定位，有效缓解漏诊误诊问题。

二、提高诊断效率，弥补资源供需缺口

据统计，我国每千人平均医生拥有量仅为 2.1 人，医生资源缺口问题较

严重，该问题在影像科、病理科尤为严重。放射科医师数量的增长远不及影像数据增长，放射科医师在处理影像数据的压力会越来越大，甚至远超负荷。供需不对称的问题在病理方面表现尤甚。面对严重的稀缺资源缺口问题，人工智能技术或将带来解决该难题的答案。人工智能辅助诊断技术应用在某些特定病种领域，甚至可代替医生完成疾病筛查任务，将大幅提高医疗机构、医生的工作效率，减少不合理医疗支出。

三、疾病风险预警，提供健康顾问服务

多数疾病都可预防，但由于疾病通常在发病前期表征并不明显，到病况加重之际才被发现。虽然医生可借助工具辅助预测，但人体复杂性、疾病多样性会影响预测准确程度。人工智能技术与医疗健康可穿戴设备的结合可实现疾病的风险预测和实际干预。风险预测包括对个人健康状况的预警，以及对公共卫生事件的监控。

四、支持药物研发，提升制药效率

传统手段研发药物需大量模拟测试，周期长、成本高。利用人工智能开发虚拟筛选技术，发现靶点、筛选药物，以取代或增强传统的高通量筛选过程，提高潜在药物的筛选速度和成功率。通过深度学习和自然语言处理技术可理解和分析医学文献、论文、专利、基因组数据的信息，从中找出相应候选药物，并筛选出针对特定疾病有效的化合物，大幅缩减研发时间与成本。

五、智能手术机器人，提升外科手术精准度

智能手术机器人是一种计算机辅助的新型人机外科手术平台，主要利用空间导航控制技术，将医学影像处理辅助诊断系统、机器人以及外科医师进行有效结合。外科医生可远离手术台操纵机器进行手术，目前达芬奇机器人是世界上最为先进的微创外科手术系统之一，集成了三维高清视野、可转腕手术器械和直觉式动作控制三大特性，使医生将微创技术更广泛地应用于复杂的外科手术。机器人做手术出血很少，可保证精准定位，对于一些对精确

切口要求非常高的手术实用性很高。

第二节　智慧医院

随着人工智能的发展，医疗需求的日益增长，传统医院已难以适应当前医疗需求，智慧医院成为必然趋势。

一、应用范围

2019 年 3 月 21 日，国家卫健委医政医管局副局长焦雅辉在国家卫健委举行的新闻发布会上表示，我国医疗服务发展正处在从"信息化"向"智慧化"过渡的关键阶段，在提升医疗质量和效率、优化区域间医疗资源配置、改善人民群众看病就医感受等方面具有积极意义。智慧医院的范围主要包括面向医务人员的"智慧医疗"、面向患者的"智慧服务"、面向医院的"智慧管理"三大领域。

智慧医院范围主要包括：

1. 面向医务人员的"智慧医疗"

比如，以电子病历为核心的信息化建设，医生录入的电子病历和影像、检验等与其他系统实现互联互通；一站式的门诊医生工作站、护士工作站、住院医生工作站的系统优化改造；医务人员使用移动查房设备下达医嘱，使用移动护理设备和智能化系统以及动态无线监控设备，减少了医疗服务的空间限制。这些能大幅提升医务人员的工作效率。

2. 面向患者的"智慧服务"

解决患者挂号排队时间长、看病等候时间长、取药排队时间长、医生问诊时间短等问题，患者可随时随地预约，随时随地缴费，多种方式预存就诊费用，实现诊间结算和实名制，确保资金安全和便捷。为患者提供预约诊疗、候诊提醒、院内导航、检查检验结果查询、划价缴费、在线支付、在线问诊、转诊、会诊、处方流转、药物配送、家庭医生签约、慢病管理、健康教育、院内其他服务信息推送等便捷服务，提升医院管理效率，改善就医环境，提高患者满意度。

3. 面向医院的"智慧管理"

医院精细化管理重要一条是精细化成本核算，用于医院内部后勤的管理，管理者方便看到全院运转状态。这一领域用于医院精细化管理。

二、智慧医院的实践案例——天坛医院

据央广网消息，天坛医院引入人工智能、大数据、云计算、物联网等先进技术，以患者为中心，建设一家智慧医院。

在医院建立了超算中心，搭建了基于云技术的数据分析平台、医联体信息平台。利用覆盖全院的无线网络，把物联网技术与医疗流程紧密结合，并可根据实际需求随时扩展。医院服务器采用存储虚拟化技术，确保信息的安全和稳定。患者从走进医院大门，遇见各种"黑科技"，包括门诊全流程自助服务，从购买病历本到挂号、取号，到就诊、检查、打印报告，再到取药、打印发票，患者全程只需在各种机具上扫码，系统就会自动为患者预约时间。智能导航系统能自动规划合适路线，精确度以米计算。病房每位患者床头配一个 Pad，这套智慧病房床旁交互系统能为住院患者提供数字电视等娱乐功能，还可实时查询本人的病历、预约检查、营养膳食订餐等信息。应用物联网技术实时监测患者生命体征，患者的医嘱、输液的进展、服药提醒等信息实时显示在护士站大屏上，患者一旦离开病床时间过长，护士站会马上报警，防止出现摔倒、晕倒无人发现等意外。

第三节　智能化医疗典型应用

智能化医疗典型应用主要有以下方面：

一、语音电子病历

语音电子病历让医生能一边看病，一边书写病历。当放射科医生、外科医生、口腔科医生工作时双手无法空闲出来去书写病历智能语音录入可以解

放医生的双手，帮助医生通过语音输入完成查阅资料、文献精准推送等工作，并将医生口述的医嘱按照患者基本信息、检查史、病史、检查指标、检查结果等形式形成结构化的电子病历，大幅提升了医生的工作效率。科大讯飞的智能语音产品"云医声"为了应对医院科室内嘈杂的环境，达到更好的语音处理效果，开发了医生专用麦克风，可以过滤掉噪音及干扰信息，将医生口述的内容转换成文字。目前，讯飞医疗的语音转录准确率已超过97%，同时推出了22种方言版本，并已在北大口腔、瑞金医院等超过20家医院落地使用。科大讯飞的另一款产品"晓医"导诊机器人利用科大讯飞的智能语音和人工智能技术，能够通过与患者进行对话理解患者的需求，实现智能地院内导诊，告诉患者科室位置、应就诊的科室，并解答患者就诊过程中遇到的其他问题，实现导医导诊，进一步助力分诊。"晓医"机器人目前已在安徽省立医院、北京301医院等多家医院投入使用。

二、医疗机器人

医疗机器人是用于医院、诊所的医疗或辅助医疗以及健康服务等方面机器人，集数据系统、信号传输系统、传感系统、导航系统等于一身，主要用于患者的救援、医疗、康复或健康信息服务，是一种智能型服务机器人，是人工智能在医疗方面应用典型。随着老龄化社会的到来，医疗、护理和康复需求不断增加，医疗机器人具有更大发展潜力。医疗用机器人种类繁多，主要包括手术机器人、康复机器人、医疗服务机器人、健康服务机器人等。康复机器人占比最大，用于辅助人体完成肢体动作，实现助残行走、康复治疗、负重行走、减轻劳动强度等功能。

三、智能基因测序

基因测序是一种新型基因检测技术，通过分析测定基因序列，用于临床的遗传病诊断、产前筛查、罹患肿瘤预测与治疗等领域。单个人类基因组拥有30亿个碱基对，编码约23000个含有功能性的基因，基因检测是通过解码从海量数据挖掘有效信息。人工智能技术应用与基因测序过程为：通过建立初始数学模型，将健康人的全基因组序列和 RNA 序列导入模型进行训练，让模型学习到健康人的 RNA 剪切模式，然后通过其他分子生物学方法修正训练后的模型，最后对照病例数据检验模型准确性。目前，IBM 沃森、博奥生物、金域检验等企业已开始人工智能布局。例如，金域检验的基因组检测中心拥有全基因组扫描、荧光原位杂交、细胞遗传学、传统 PCR 信息平台，并利用基因测序领域中最具变革性的新技术之高通量测序技术为临床提供高通量、大规模、自动化及全方位基因检测服务。

四、智能配镜

健康有益提出了一种 AI 智能配镜解决方案，该智能配镜方案结合人脸关键点检测、面部三维重建等技术，将 AI 技术运用到传统眼镜行业。这套方案搭载了头部关键点检测、头部姿态估计、3D 结构光距离测量、AR 虚拟显示、虚拟镜面特效、仿 3D 效果等核心技术，将配镜测量时间提高到 2—3 秒内，精度极高。可解决店面样品摆放过多、库存基数大、店员培训时间长、专业能力参差不齐等行业难题，可用于各配镜品牌旗舰店、连锁门店、二三级门店等，而且操作简洁，普通新员工培训 1 天即可上岗。

这项创新性尝试或将颠覆未来配镜模式，为商家和用户带来极大便利与全新体验的同时，也让眼部健康管理更科学、高效，更为眼镜行业带来全新商业模式，以及市场增量空间。

第四节　智能化疾病预测

随着人工智能算法的改进、计算能力的提升，充分利用多源、复杂、全面的疾病相关数据已成疾病预测的趋势。丰富的特征数据源增加了疾病监控和筛查的维度，为人工智能技术应用于疾病预测提供了充足"燃料"。人工智能在进行疾病筛查和预测过程中，除了通过生化、影像检查结果中去发现疾病的端倪，语言、文字也会成为精神健康和身体健康状况的可测指标。语言和文字形成的规律会被认知系统进行分析，分析得出的数据能帮助医生和患者更有效预测并追踪早期发展障碍、精神疾病和退化性神经疾病等。

智能化疾病预测近年来取得较大突破。徐亮等在《人工智能在疾病预测中的应用》一文中认为，公共卫生事件的预测预警主要是预测未来时间点某一个城市或地区居民传染病如流感的患病率，而针对个体的疾病风险预测是预测个体在未来设定的时间窗口内是否会患某种疾病或患病的概率。在人工智能领域，这些预测场景则会转换成回归预测或分类建模问题，利用人工智能技术进行疾病预测建模的主要技术点包括：（1）数据预处理，对输入数据进行去噪、缺失值填充等预处理；（2）特征选择，选择有意义的相关特征作为模型输入。（3）模型选择，选择合适的模型。

一、在公共卫生防控方面的应用

2017年12月，平安集团与重庆市疾病预防控制中心的联合研发课题组，利用"互联网＋医疗健康"大数据前沿技术，提出"宏观＋微观"的深度智能疾病预测方法，实现了提前一周预测某一地区流感和手足口病的患病率。该模型整合上万维度数据因子，结合本地疾病防控实际业务经验和专家知识，采用多种人工智能算法的组合，使疾病预测能达到时效性更强、精度更高、范围更广、输出更稳定、可扩展性更强的要求，充分体现多维数据来源的业务应用优势和实践价值。该流感预测模型在宏观层面，通过整合全国上百个城市的环境气象因子（环境／天气／季节）、人口信息（人口／流动／结构）、地区生活行为、医疗习惯、就诊行为等一系列宏观因子，挖掘历史数据，分析时间序列；在微观层面，整合全方位、多维度预测因子和信息预测疾病发生风险，这些信息包括信息高度相关、频度较低、分布较稀疏的医疗健康因子（体检／就诊／告知），信息间接相关、信息频度和深度较高的个人行为因子（财务／职业／生活）、互联网数据因子（舆情／行为／LBS）等。

基于人工智能技术的传染病预测将帮助政府部门及时监控疫情和合理分配医学资源，指导民众进行疾病预防，提升疾病事前预防成功率，有效降低国家疾病预测与防控工作成本。

二、在慢性病筛查方面的应用

2017 年 12 月，平安集团与重庆市卫生计生委联合开展大数据在慢阻肺筛查与防控方面的应用研究。应用慢阻肺危险因素筛查模型，可减少城市医疗管理部门的筛查成本，提高筛查效率；利用早期筛查和早期干预，可减少患者的经济负担。

人工智能技术在个人疾病筛查和健康管理中的应用，能实现患病高危人群的高效筛选，及早发现疾病发展趋势，提高疾病防控意识，通过患病因素分析获得定制化的健康信息服务。

第五节　智能化医学影像

医疗影像数据是医疗数据的重要组成部分，从数量上看超过 90% 以上的医疗数据都是影像数据，从产生数据的设备来看包括 CT、X 光、MRI、PET 等医疗影像数据。医学影像诊断是医生通过非侵入方式取得内部组织影像数据，再以定量和定性形式进行疾病诊断。医学影像与常规疾病检查方法相结合，逐渐成为医生做出医学诊断的重要依据。

江西省兴国县人民医院副院长杨军根据自身从业经验认为，人工智能技术应用于医疗影像方面的主要作用是对医疗影像进行快速读片和智能诊断。人工智能在医学影像中应用主要分为两部分：一是感知数据，即通过图像识别技术分析医学影像，获取有效信息；二是数据学习、训练环节，通过深度学习海量的影像数据和临床诊断数据，不断训练模型，促使快速掌握诊断要素及提高准确率。

人工智能技术对医学图像的处理能力主要包括图像分割、图像特征提取、分类和目标检测。应用场景有人体结构、病灶区的分割，疾病的早期诊断，解剖结构、病灶区的检测；从人体结构来看，应用人工智能技术的医学影像诊断研究涉及脑部疾病（如脑血管疾病、精神类疾病）、胸部疾病（如心脏病、肺结节）、颈部疾病（如颈动脉检测、甲状腺癌）和眼部疾病（如糖尿病性视网膜病）等，其中脑部疾病和癌症病理是最为关注的方向。

人工智能在医学影像应用最成熟领域为肿瘤影像，包括肺癌检查、糖网眼底检查、食管癌检查以及部分疾病的核医学检查和病理检查等。

一、乳腺癌筛查

金征宇在《人工智能在肿瘤影像中的应用研究》一文中认为，乳腺癌影像筛查是人工智能机器学习较早应用领域，基于人工智能的 CAD 筛查乳腺结节、诊断乳腺癌的准确性均较高。乳腺 CAD 目前被广泛应用在 X 线摄影筛查乳腺癌上，主要集中在提高钙化灶和肿块检出的准确性方面，其中 X 线摄影对微钙化灶的检出率较高，对肿块检出率受到腺体密度的影响。最新软件算法可准确获得乳腺癌患者乳腺 X 线摄影的关键特征，并关联乳腺癌亚型。CAD 系统可辅助乳腺 MRI 的视觉评估并提供有用附加信息。

二、肺部结节和肺癌筛查

肺部结节和肺癌筛查的人工智能软件可帮助放射科医生准确检出早期小肿瘤，降低医生工作强度和人为错误的发生率。

利用人工智能技术进行肺部肿瘤良性恶性的判断步骤主要包括：数据收集、数据预处理、图像分割、肺结节标记、模型训练、分类预测。首先要获取放射性设备如 CT 扫描的序列影像，并对图像进行预处理以消除原 CT 图像中的边界噪声，然后利用分割算法生成肺部区域图像，并对肺结节区域进行标记。数据获取后，对 3D 卷积神经网络的模型进行训练，以实现在肺部影像中寻找结节位置并对结节性质进行分类判断。

三、食道癌影像筛查

食管癌是常见恶性肿瘤之一，据统计，我国 2015 年新发食管癌人数为 47.7 万，占全球患病人数的 50%。食管癌早发现早期治疗是关键，食管癌早期五年内治疗的生存率超过 90%，而进展期／晚期五年生存率则小于 15%。利用人工智能技术辅助医生筛查食管癌，可有效提高筛查准确度与检测效率。腾讯公司研发的觅影 AI 对食管癌的早期筛查准确率可超过 90%，且完成一次内镜检查时间可控制在数秒之内。

四、老年痴呆病筛查

老年痴呆症，医学上称为阿尔茨海默病，是一种发病进程缓慢、随时间不断恶化的持续性神经功能障碍，病因至今仍不明确，没有可阻止或逆转病程的治疗。在我国，对该病症重视程度不高，现已造成就诊率低、诊断率低、治疗率低的"三低"局面。阿尔茨海默病在患病早期可干预，但检测相对困难，越早检测出这种病症，患者就越有机会提早寻求治疗，减缓病情影响。通过输入核磁、脑电图和量表不同类型数据，综合运用机器训练、统计分析和深度学习的方法，找出多种信息源之间的联系，并基于这些数据训练多模态神经网络训练模型，可提前两至三年预测老年痴呆发病的可能性以及病情发展阶段。

五、糖网病筛查

糖网病是糖尿病引起的视网膜病变。据统计，我国约 5 亿人处于糖尿病前期，糖尿病患者约有 1.1 亿人，糖网病患者约有 3000 万。因糖网病患者通常早期难以发觉患有疾病，症状表现不明显，只有经过眼底早期筛查，及时发现糖网病，及早干预，才能有效抵制疾病发生。人工智能在糖网眼底领域的检查具有更高可操作性。针对渗出或出血等病变，人工智能可实现较高准确率。中国移动研究院面向基层医院、社区服务站、乡村诊所等基层筛查场景，将专业眼科影像设备采集的眼底图像上传至云端，利用人工智能技术进行分析，实现眼底致盲疾病的自动筛查、糖尿病视网膜病变（如有）严重程度分级以及病灶位置检测和跟踪，其结果可供临床医生参考，使广泛、低成本、快速响应的规模化筛查成为可能。

六、病理诊断

病理是医学界的金标准，也是许多疾病诊断的最终确定指标。因病理医生需在上亿级像素病理图片中识别微小癌细胞，病理医生常须花费大量时间检查病理切片。对于同一种疾病的病理诊断，不同医生常会得出不同判断结论，容易出现误诊问题。人工智能技术为数字病理诊断带来技术革新，帮助病理医生提高效率避免遗漏。相较于 CT、X 光等影像的人工智能辅助诊断，病理的人工智能辅助诊断难度更大，因病理诊断既要观察整体，还要观察局部；既要学习细胞特征，还要学习其生物行为。

七、其他方面应用

随着人工智能在医学影像领域应用的进一步拓展，智能化医疗影像技术的作用越来越重要，不断取得新的突破。例如，人工智能技术辅助冠脉 CT 血管成像对冠心病的诊断效能可达到高年资放射科医生水平。

第六节　智能问诊

虚拟助理通过语音识别、自然语言处理等技术，将患者病症描述与标准医学指南做比对，为用户提供医疗咨询、自诊、导诊等服务。智能问诊是虚拟助理广泛应用的场景之一。

问诊过程为医生询问病人及其家属，了解病人疾病的发生、发展、治疗经过、现在症状和其他相关情况。智能问诊利用互联网、人工智能等技术，在一定程度上模拟医生问诊过程，听懂用户对症状的描述，根据医疗信息数据库进行对比和深度学习，对患者提供诊疗建议。

智能问诊在医生端和用户端均发挥较大作用。在医生端，智能问诊可辅助医生诊断，尤其是受限于基层医疗机构全科医生数量、质量的不足，医疗设备条件的欠缺，基层医疗成为分级诊疗发展瓶颈。人工智能虚拟助手可帮助基层医生进行一些常见病的筛查，以及重大疾病的预警与监控，帮助基层医生更好完成转诊工作。在用户端，人工智能虚拟助手能够帮助普通用户完成健康咨询、导诊等服务。大多数情况下，用户只是身体稍感不适，并不需入院就诊。人工智能虚拟助手可根据用户描述定位用户健康问题，提供轻问诊服务和用药指导。

一、导诊

导诊是在患者就诊时初步了解其就医需求，向患者提供就诊科室、医生的建议。许多医院设置导诊岗位，在患者挂号就诊前为患者提供就医指导，但是医院导诊岗位大都安排缺乏临床知识的人，给出的就诊建议易不够准确，往往造成患者重复挂号、排队。

为此，智能导诊工具应运而生。据浙江日报讯，在中国医院质量管理大会上，腾讯发布腾讯睿知。该产品基于大数据打造的知识图谱，结合 AI 算法模型，可实现对疾病及病程的预判，可将医院导诊功能落到用户终端，用户不用到医院就能掌握应到哪个科室就诊，找哪位医生就医。

据负责人陈志刚介绍，腾讯睿知的医学知识图谱包括近万本医学教科书籍，上千万篇论文及科普文章，以及各种症状体征、检验检查指标，用药治疗的疾病知识库；还有实时更新的数据，包括脱敏患者的健康数据和医疗数据。海量数据通过人工智能技术处理后抽取其中的实体、属性和关系，构建和完善医学知识图谱。除了强大的大数据处理能力外，腾讯睿知以自然语言处理技术为核心，结合医学图像文字识别能力、深度学习等 AI 算法模型，构建 AI 核心引擎。腾讯睿知疾病预判大致可分三个阶段：首先，从海量文献中抽取医学知识，这一过程相当于学习和记忆医学知识；其次，加工所抽取知识，包括将医学专业术语与患者语言对应，推理症状与疾病间的对应关系和问答对话逻辑；最后，结合场景进行应用，为患者匹配合适医疗资源。智能导诊主要应用于三种场景，包括"知症不知病""知病不知科""直接找医生"。腾讯睿知还能识别初诊和复诊患者，为复诊患者推荐同一医生，提高就医效率和体验。

二、预问诊

预问诊系统是基于自然语言理解、医疗知识图谱及自然语言等技术实现的问诊系统。患者在就诊前使用预问诊系统填写病情相关信息，系统生成规范、详细的门诊电子病历发送给医生。预问诊系统基于自然语言技术自动生成规范、详细的问诊报告，主要包括患者基本信息、主诉、现病史、既往史和过敏史。在预问诊过程中，系统会全程根据患者的主诉症状，模拟医生展开相关询问，既能询问基本信息、疾病、症状、治疗情况、既往史等信息，又可围绕任一症状、病史等进行细节特征的问诊。帮助医生提前了解患者病情，节省医生写病历的时间；可提前进行一定的病症判断，获取更全面、专业信息，与患者交互性更强。

三、智能用药

朱善邦等在《人工智能诊疗平台在医学领域中的应用》一文中认为，基于药品药理的智能医嘱系统以当代药物和疾病系统知识和理论为基础，安全、有效、经济、适当地使用药物，包括药物剂量、频度、药物过敏史、特殊人群、禁忌证、不良反应等项目监测功能。智能用药系统负责合理用药规则的维护和医嘱处方是否合理的审查、提醒等功能。这个过程涉及三类信息：患者病情信息；指导医生和药剂师的医药学理论知识以及工作经验等医药学息；药品信息，包括药品的药学信息和经济信息（价格、供应情况等）。

知识库是智能用药系统核心，知识是药品合理使用方式。药品说明书包含相关药品安全性、有效性等基本信息，是指导临床正确使用药品的技术性资料，是合理药疗系统的重要知识来源。不同数据库来源的知识会有所出入，例如一个处方在某项审查上有多条匹配规则，此时要用到冲突消解策略。可从综合数据库获得事实数据，协调不同知识源对每项审查进行规则匹配和推理，采取最新知识优先，即一定时间间隔内的两条知识以最新知识为先；按推理结果严重性排序。因临床用药复杂，新药更新迅速，知识库需及时更新。

四、智能问诊面临的问题

智能问诊也面临一些问题：（1）技术问题。智能问诊不能像人一样用情感和理性结合的思维方式思考解决问题，患者医疗专业知识有限，在交互过程中将很多俗语、方言，需系统将其转换为医学术语时，转换准确度较低，导致问答不够流畅。（2）推广问题。智能问诊系统需进行本地化开发，采集大量病人和医生的相关数据进行模型训练，成本较高。患者对智能问诊的态度不尽相同，有些患者甚至排斥和不信任，文化程度较低的患者还有操作难度。

第七节　智能化护理

《新一代人工智能发展规划》指出，要不断推行和运用人工智能模式下的治疗护理新手段、新模式，并且搭建精准快速的智能医疗体系。

随着社会老龄化日益加剧，就医群体数量不断增加，护理资源变得捉襟见肘，人工智能应用于护理领域可提升护理服务水平，越来越多业内人士重视人工智能在护理方面的研究和应用。张菁等在《人工智能技术在护理领域的应用现状与发展趋势》一文中认为，护理人工智能技术的发展机遇，包括帮助护理人员进行患者就诊前健康状况初步分析评估、缓解护理人力资源紧张局面、重构护理服务模式。杜妍莹等在《人工智能在护理领域的应用进展》一文中认为，使传统的接触式和体力式护理模式逐步迈向智能化和一体化，还提升患者体验，对护理人员、患者和整体护理质量都有积极影响。虽然目前仍面临技术、资金和伦理等方面的制约，但其在临床护理和居家护理的应用前景和潜力巨大，值得积极探索和完善。

智能化护理应用体现在以下几方面：

一、静脉治疗过程优化

利用人工智能深度学习研发的自动流体管理系统，可通过机器学习了解患者对液体流量的持续反应，随时调整滴速以稳定病情。静脉化疗药物一般由护理人员配置，存在难以避免的职业暴露，智能静脉配药机器人在封闭独立环境下可完成整个操作，护理人员无须和药品接触即可完成配制，可追溯性强，精准高效。

二、巡视导诊革新

人工智能导诊机器人基于语音识别和机器学习技术，与患者对话后收集问题，形成更深层次的有效决策，给予患者帮助。智能机器人可将护理人员从繁重、重复性的简单技术操作中解脱出来，提高工作效率和准确度。

三、病情变化预测

1.重症监护室病人使用机械通气治疗非常普遍，在机械通气治疗中出现人机对抗是常见并发症。使用人工智能技术，基于患者使用呼吸机的数据辨识出不同类型的人机对抗，并将信号发送给护理人员，及时调整减轻患者痛苦和焦虑。

2.人工智能用于远程监测系统，可有效预测居家慢性病患者的病情变化。人工智能预测系统能及早识别病情变化征象，在病情恶化前提醒护理人员紧急转移到更高级别护理。

四、护理决策辅助

护理决策是护理人员基于自身知识积累、经验和本能，对一个护理病例从生理社会等多方面分析后确定护理问题和护理实践，是护理工作最复杂部分。基于人工智能技术的护理决策系统，提出的护理诊断与资深护理人员审阅后得出的诊断结果吻合度很高，护理诊断工作满意度明显提高，决策时间明显缩短。系统能有效导出相似症状护理诊断的判别准则，辅助护理人员进行护理诊断，提高护理人员决策准确度。

五、慢性疾病管理

随着生活水平的提高，慢性疾病成为国内常见疾病中最主要死亡原因之一。结合人工智能技术、传感器与医疗设备等最新技术，可创造和提供更好慢性疾病护理服务。例如基于神经网络和图像处理技术的依据表情进行操控的智能轮椅，可从不同角度实时识别患者面部表情，使行动不便的慢性病患者更加便捷安全。适合临床日常实践和慢性疾病自我管理的人工智能技术正在逐步建立，将为患者提高生活质量提供强有力工具。

六、生活护理援助

饮食护理机器人通过语音识别和视觉识别与患者沟通并完成喂食。智能病房可与患者互动对话，患者可询问自己护理问题，发出口令来完善病房环境。基于人工智能的机器人和综合系统将帮助患者生活护理的诸多方面，提升患者体验。

人工智能系统的远程监测和信息传输功能，使护理问题的解决空间更广泛、时间更精确、形式更多样。综合监测、预警、决策等功能的人工智能系统将使护理工作逐步实现自动化和智能化，护理模式转变为脑力式，工作重点转变为"决策实施一体化"。人工智能系统通过更深层次的个性化、灵活性和反应性护理来减轻患者痛苦，满足患者护理需求，提高护理工作效率和决策准确度。

第八节　智能化药物研究

2018 年徐峥主演的火爆电影《我不是药神》发人深省，为什么一款救命药之所以如此昂贵？因为传统药物研发领域存在研发周期长、研发成本高、成功率低三大痛点。传统药物研发需投入大量时间与金钱，制药公司平均成功研发一款新药需 10 亿美元及 10 年左右时间。

人工智能药物研究主要是通过提取和分析大量生物科学信息专利、基因组数据和生物医学期刊数据库的数据信息，找出关联并提出相应候选药物，筛选对某些特定疾病有效的分子结构。将人工智能技术应用于抗肿瘤药物和常见传染病治疗药物，能快速、准确地挖掘和筛选合适的化合物或生物，达到缩短新药研发周期、降低新药研发成本、提高新药研发成功率的目的。"用药难，用药贵"的艰难处境也将随之改善，更多病患将迎来希望之光。此外，人工智能还可借助计算机模拟，预测药物活性、安全性和副作用。

药物研发需经历靶点筛选、药物挖掘、临床试验、药物优化等阶段。

人工智能技术与药物研发的结合

	药物研发	人工智能结合点
药物发现阶段	靶点筛选	文本分析
	药物筛选	商能量筛选、计算机视觉
临床试验阶段	病人招募	病例分析
	晶型预测	虚拟筛选

资料来源：互联网医疗健康产业联盟：《医疗人工智能技术与应用白皮书（2018）》。

一、靶点筛选

靶点是指药物与机体生物大分子的结合部位，通常涉及受体、酶、离子通道、转运体、免疫系统、基因等。现代新药研究与开发的关键是寻找、确定和制备药物筛选靶——分子药靶。传统寻找靶点的方式是将市面上已有药物与人体身上的一万多个靶点进行交叉匹配以发现新的有效结合点。人工智能技术可从海量医学文献、论文、专利、临床试验信息等非结构化数据中寻找可用信息，并提取生物学知识进行生物化学预测。

二、药物挖掘

药物挖掘也称先导化合物筛选，将制药行业积累的数以百万计的小分子化合物进行组合实验，寻找具有某种生物活性和化学结构的化合物，用于进一步的结构改造和修饰。人工智能技术在该过程的应用有两种方案：一是开发虚拟筛选技术取代高通量筛选，二是利用图像识别技术优化高通量筛选过程。利用图像识别技术，可评估不同疾病的细胞模型在给药后的特征与效果，预测有效候选药物。

三、病人招募

据统计，大量临床试验未能及时招募到足够数量和质量的患者。利用人工智能技术对患者病历进行分析，可更精准找到目标患者，提高招募患者效率。

四、药物晶型预测

药物晶型对于制药企业十分重要，熔点、溶解度等因素决定了药物临床效果，同时具有巨大专利价值。利用人工智能可高效动态配置药物晶型，防止漏掉重要晶型，缩短晶型开发周期，减少成本。

第九节　人工智能与中医

中国工程院院士、中国中医科学院院长黄璐琦表示，通过技术升级，实现中药材生产、产地加工和流通设施现代化，充分运用互联网、物联网、区块链和人工智能等新技术，建立质量可追溯系统，打造现代化中药材电子交易市场，有助于确保中药材质量全程可控。

北京中医药大学校长徐安龙表示，中医药学是一个伟大的宝库，凝聚着深邃的智慧。我们要把这个宝挖出来，把这个智慧阐释出来、揭示出来。这既需要严谨的学术研究，需要传承好中医的思想，不走偏，同时要借助现代科技、生命医学、人工智能、大数据等，来揭示中医的奥秘。

作为中草药发源地，中国大陆拿到的草药份额只是世界草药销量 2%；国内很多中医秘方疗效非常好，因中医诊疗高度个性化，还伴有利益考量，这些秘方被局限在很小受众范围；传统中医的望、闻、问、切等诊断方法很难被一般从医者所掌握。这些都极大制约了中医传承和发展。

人工智能在人脸识别、语音识别、自动驾驶等领域取得的成就，如被应用在中医的手诊、舌诊、面诊和虹膜诊等领域，同样能达到人类中医的同等水平甚至更高水平。毕珊榕等在《人工智能在舌诊与脉诊中的应用探讨》一文中认为，人工智能给中医药领域带来新声，人工智能技术的不断发展将为中医药研究提供更多的思路与方向，而人工智能引领多学科合作下的中医药现代化研究将推动中医向整体精准医学迈进。

崔骥等在《人工智能背景下中医诊疗技术的应用与展望》一文中认为，医学诊疗过程是一典型智能处理过程，其包括信息获取—分析—处理—反馈—评价—综合的思维全过程，而中医诊疗过程是以中医辨证思维为指导的智能化处理过程，也是一典型人工智能技术应用领域。下面介绍人工智能在中医方面两个应用。

一、基于文献数据的中医诊疗决策智能化

中医文献和临床医案是中医学术思想、临证经验的重要载体，归纳和整理其海量信息是近年来中医临床经验传承的重要方法。基于海量案例数据建立的中医临床病症诊疗决策支持系统，通过学习文献和案例来深化、拓展临床思维，采用智能算法进行自我学习，为中医诊疗提供智能信息支持。中医文献、医案中研究常利用聚类、关联规则、决策树、粗糙集理论等数据挖掘技术从复杂症状提取、归纳中医证型，分析症状与症状、症状与方药、症状与证型、证型与方药、方药与方药等之间潜在关联规则。从数量庞大方药中发现药物配伍规律、潜在药物、核心药物、核心处方等，为临床医师提供诊疗策略。例如，在中医文献、医案中挖掘"病—证—药"之间规律，采用中医处方智能分析系统研究《伤寒论》中 112 张方剂的知识点，分析各方剂的君、臣、佐、使，总结各方剂的气、味、归经规律及辨证处方规律，探讨主症与方证之间关系；采用人工智能算法提取哮喘主症状，建立病案数据库，获得中药配伍规律、用药与症状的关联关系，寻找症—证间的匹配规律。

二、人工智能的舌诊应用

舌诊是一种便捷非侵入性的诊察手段，可作为某些疾病预测指标，曾有报道，通过对舌苔分析预测代谢综合征、对舌苔微生物群 DNA 分析预测癌症等。因不同的舌诊环境，不同医生的经验与资历，影响着舌诊辨识结果，通过人眼对舌象辨识有相当大局限性，客观舌象分析尤为重要。人工智能应用在舌象分析仪器中不断提升舌象分析的精确度，这些仪器所展示舌象的每一个部分的颜色变化都有细微差别。这些细微差别与机体内在疾病存在对应

关系。微观舌象分析不仅是"辨证"，还结合"辨病"提前预判人体的患病倾向，提早预知疾病发展方向，改良生活习惯以及适当采用中药干预，真正达到"治未病"的效果。舌象微观辨识还有助于指导用药，如乳腺癌患者舌下结节与复发转移风险的关系，计算该指标的敏感度与特异度，为中医处方用药向精准医学发展提供思路。

第十节　智能化医疗发展的制约因素及未来应用领域

在智能化医疗发展过程中存在一些制约要素，未来应用领域会越来越广。

一、制约因素

医学智能技术水平依然是制约医学智能发展突出因素。一方面是医疗数据质量问题。数据是医学领域里极其核心要素，是机器学习源头，必须有大量标注好的高质量数据才能制造出精确度较高的医学智能系统或设备。每年产生规模巨大的医疗健康数据，绝大部分是非结构化数据，标准化、统一化、智能化程度非常低，难以进行综合利用，这些问题既降低医疗资源利用效率又阻碍大数据价值变现，拖缓医学智能发展。另一方面是医学影像设备与 AI 系统的兼容性不好。除技术方面的因素外，还有其他原因制约智能医疗产业的进一步发展。

1. 社会方面

患者和部分医疗行业从业者对新技术有所排斥。医学智能的数据收集涉及患者隐私往往遭受排斥和面临阻力，也有部分医生群体认为智能医疗可能会取代他们而持有抵触心理。

2. 政治方面

人工智能高效、精准，但并不表示人工智能绝对不会出错，一旦出现医疗事故时，难以确定人工智能产品的厂商负责还是医院和医生负责，需从政策、法律层面进一步完善。

3. 人才方面

医疗和人工智能都是专业要求极高的领域，缺乏懂医疗和人工智能的复合型人才致使技术水平提升缓慢。

二、未来应用领域

国家卫生健康委员会医院管理研究所、社会科学文献出版社共同发布的《人工智能蓝皮书：中国医疗人工智能发展报告（2019）》指出，随着医疗健康信息化的快速发展，医疗机构及各类医疗健康服务型企业会产生大量的医疗健康数据，包括医疗图像、电子病历、健康档案等，人工智能技术能够对这些医疗大数据进行语义分析和数据挖掘，并实现对部分疾病的早期预警或自动诊断。未来这些应用主要体现在以下细分领域：

1. 疾病筛查和预测

利用人工智能技术，依据历史就医数据以及行为、医学影像、生化检测等多种结果进行综合分析和判断，或依据某个长期形成的单一数据进行疾病预测。譬如，通过收集大量人群软骨 MRI 影像数据，利用人工智能技术进行图像数据学习，发现正常人软骨中异常，可预测其未来患有骨关节炎的概率。基于各类医疗健康大数据的采集和汇聚，类似疾病预测会越来越普遍，预测精度会越来越高。

2. 医院管理

人工智能在医院管理的应用主要包括优化医疗资源配置、弥补医院管理漏洞和提升患者就医体验，人工智能可部分甚至完全代替人工在医院管理和服务的某些角色和工作。

3. 健康管理

随着各种检测技术（如可穿戴设备、基因检测等）发展，个人健康数据越来越丰富，包括生物数据（如基因等）、生理数据（如血压、脉搏）、环境数据（如每天呼吸的空气）、心理状态数据、社交数据以及就诊数据（即个人的就医、用药数据等）等。汇聚这些数据，利用人工智能技术进行分析，可提示潜在健康风险，并给出相应改善策略，最终实现对健康的前瞻性管理。

4. 医学影像

目前人工智能在医学影像领域应用较为广泛和深入。由于各种成像技术（包括直接成像或间接成像）在医疗健康领域的广泛应用，医疗诊断对影像依赖程度越来越高。医学影像已成为医疗诊断重要依据，庞大的影像数据量为深度学习系统提供数据基础。利用人工智能可帮助医生对医学影像完成各种定量分析、历史图像比较或可疑病灶发现等，高效、准确完成诊断。

5. 电子病历 / 文献分析

人工智能自动抓取病历的临床变量，智能化融汇多源异构的医疗数据、结构化病历、文献生成标准化的数据库，将积压病历自动批量转化为结构化数据库。电子病历 / 文献分析的应用场景主要有：病历结构化处理、多源异构数据挖掘、临床决策支持。

6. 虚拟助手

虚拟助手是人工智能技术在医疗健康领域最先尝试应用领域之一，利用人工智能技术，通过对医疗健康大数据的学习或挖掘，在"理解"用户需求前提下，按照要求输出相关医学知识和信息，辅助健康管理或就医问药。虚拟助手较多地应用于个人问诊、用药咨询、导诊机器人、分诊和慢性病管理、电子病历语音录入等。

7. 智能化医疗器械

智能化医疗器械是现代通信与信息技术、网络技术、行业技术、智能控制技术、人工智能技术在医疗器械上的应用。但智能化医疗器械不只是拥有智能功能的普通医疗器械，可摆脱对医生操作的依赖，通过机器学习等底层技术实现自我更新迭代。智能化医疗器械帮助医生节省工作量，提高器械使用精准度，提升医疗效率。

8. 新药发现

新药的开发流程可分为药物发现、临床前开发和临床开发三个部分。现代药物发现在技术上又可分为三个阶段：靶点的发现和确证、先导物的发现、先导物的优化。人工智能在新药研发上应用主要有两个阶段：一个是新药发现阶段，另一个是临床试验阶段。

9. 基因分析和解读

基因检测技术不断发展和完善，检测价格不断下降，基因检测趋向大众化发展。随着数据不断积累，分析能力和大数据库是遗传解读和咨询关键，信息解读与整合成为基因相关企业的核心竞争力。基因检测由专业检测机构完成，结果分析交给人工智能，临床医师得到最终结论后去指导治疗并进行精准健康管理。

第十八章　智慧养老

国务院印发的《新一代人工智能发展规划》指出，发展智能健康和养老。加强群体智能健康管理，突破健康大数据分析、物联网等关键技术，研发健康管理可穿戴设备和家庭智能健康检测监测设备，推动健康管理实现从点状监测向连续监测、从短流程管理向长流程管理转变。建设智能养老社区和机构，构建安全便捷的智能化养老基础设施体系。加强老年人产品智能化和智能产品适老化，开发视听辅助设备、物理辅助设备等智能家居养老设备，拓展老年人活动空间。开发面向老年人的移动社交和服务平台、情感陪护助手，提升老年人生活质量。

养老产业方兴未艾，是产业发展的朝阳产业。赛迪顾问近日发布《2018中国智慧健康养老产业演进及投资价值研究》白皮书指出，预计到2020年，全球智慧健康养老产业市场规模将达到37万亿元，国内将达到5万亿元。

据新华网报道，2018年3月9日，民政部部长黄树贤做客新华网、中国政府网《部长之声》时表示，下一步民政部将制定"互联网＋养老"政策措施，推进智慧养老、医养结合试点工作。

第一节　概　述

中国已进入老龄化社会，在深度老龄化的发展趋势下，由于老年人口基数大、增速快、高龄化、失能化、空巢化趋势明显，传统养老方式难以为继，智慧养老是解决目前中国式养老问题的一个切实可行的途径。智慧养老是运用物联网、互联网、大数据、人工智能等新一代信息技术，搭建高效便捷的养老产品与服务输送体系，将健康、养生、享老送至床头，实现社区居家养老模式下的"康居养老"，为老年人提供精准、及时、便捷、有效养老服务的新型养老模式，满足老年人对晚年美好生活的向往。智慧养老包括智慧助老、智慧用老和智慧孝老。

工业和信息化部副部长罗文认为，智慧健康养老关键在"智慧"，要在智能产品上下功夫。开发满足不同人群、不同需求的智能产品，突破核心关键技术，提高实用性、经济性和适老化水平，推动智能产品在老年人中的普及应用。探索政府引导、多元共建、市场运作的有效模式，形成可持续运营能力，探索建立良性商业运转机制。与此同时，要推动线上线下融合，进一步加强跨行业合作，避免"重硬件投入、轻服务保障""重概念推广、轻有效落地"现象，让用户实实在在地感受到信息技术带来的健康养老服务的提升与改善。

面对严峻的老龄化问题，国家高度重视养老问题，制定了一系列政策。刘浏等在《2013—2018年中国养老政策与产业引导分析》一文中认为，通过解读及分析2013至2018年中国养老政策，近年来国家层面将养老服务业的发展重点主要聚焦于医养结合、智慧养老、机构建设、居家养老等方面，其中机构建设和居家养老又更偏向于闲置资源改造、居家适老化改造等内容。

2013年全国老龄办成立全国智能化养老专家委员会，将在全国开展智能化养老实验试点，委员会的主要任务之一是为我国智能化养老服务事业和产业发展提供政策建议和科学方案。

2013年8月16日，国务院总理李克强主持召开国务院常务会议，研究确定深化改革加快发展养老服务业的任务措施。根据国务院常务会议精神，国务院印发《国务院关于加快发展养老服务业的若干意见》，提出加快发展养老服务业的总体要求、主要任务和政策措施，标志着将养老服务体系建设纳入国家战略，也标志着2013年成为我国养老服务业快速发展元年。

2015年底，国务院转发原卫计委等9部委联合发布的《关于推进医疗卫生与养老服务相结合的指导意见》通知，该文从合作机制、服务类型、服务范围、投融资模式等方面提出总体建议，标志着医养结合被作为养老服务领域发展的重要方向。"医养结合"模式是将养老资源与医疗资源相结合的一种服务模式，是传统养老模式的延伸和拓展。

2016 年 4 月，民政部与原卫计委联合发布的《关于做好医养结合服务机构许可工作的通知》明确提出支持医养结合发展的 2 种机构形态，即"医疗机构设立养老机构"与"养老机构设立医疗机构"，同时要求地方相关部门"打造'无障碍'审批环境"。

2016 年 10 月，民政部等多部门联合印发《关于支持整合改造闲置社会资源发展养老服务的通知》，文中指出"充分挖掘闲置社会资源，引导社会力量参与，经过一定的程序，整合改造成养老机构、社区居家养老设施用房等养老服务设施"。

2017 年 2 月，国务院印发《"十三五"国家老龄事业发展和养老体系建设规划》，指出到 2020 年养老床位数量要求，并且"鼓励整合改造企业厂房、商业设施、存量商品房等用于养老服务"。

2017 年 2 月，工信部、民政部、原卫计委联合印发《智慧健康养老产业发展行动计划（2017—2020 年）》，提出建设和推广智慧健康养老服务计划，特别强调技术产品、服务平台、标准体系、网络安全等方面的发展规划。

2019 年 4 月，国务院办公厅印发《关于推进养老服务发展的意见》，提出 28 条具体举措，直指为养老服务打通"堵点"消除"痛点"，让老年人及其子女获得感、幸福感、安全感显著提高。

第二节 智慧养老发展现状

《"十三五"国家老龄事业发展和养老体系建设规划》统计数据显示，预计到 2020 年，全国 60 岁以上老年人口将增加到 2.55 亿人左右，占总人口比重将提升到 17.8% 左右，高龄老年人口将增加到 2900 万人左右，独居和空巢老年人将增加到 1.18 亿人左右，庞大老龄人口数字导致老年抚养比逐年增高。

业内普遍认为，我国健康养老领域目前主要存在问题为：一是健康养老资源供给明显不足，供需矛盾紧张；二是健康养老服务质量参差不齐，市场发展不规范；三是健康养老信息化应用水平较低。

据经济日报消息，赛迪顾问发布的《2018 中国智慧健康养老产业演进及投资价值研究》白皮书指出，2017 年全球智慧健康养老产业市场规模高达 19 万亿元，国内市场为 2.2 万亿元。预计到 2020 年，全球智慧健康养老产业市场规模将达到 37 万亿元，国内将达到 5 万亿元。

一、市场结构

智慧健康养老产业布局将与我国"十二五"规划"9073"养老产业规划结构趋同，养老地产将会在智慧健康养老产业推进过程中发挥巨大作用。

二、产业方面

1. 产业上游。上游智慧健康养老产品供给是智慧健康养老产业核心环节，智能传感技术、大数据技术、物联网技术等新一代信息技术在养老领域持续渗透，使低功耗的智能健康养老终端、人性化交互的康养平台以及高效的健康信息架构变成现实。上游企业产品层次呈现严重两极分化，大部分企业聚集在低端产品领域，竞争激烈，而附加值较高的高端产品领域企业却相对较少。

2. 产业中游。中游智慧健康养老服务模式持续创新，对产品和服务种类的整合能力不断增强，逐渐形成了基于互联网平台的智慧健康养老综合服务模式、智能居家养老模式、社区街道医养护一体化模式等多种较为成熟的模式。健康管理及医疗保健、生活起居及精神慰藉将是未来各类服务模式重点布局的领域。

三、投融资方面

健康养老智能硬件、医疗数据和服务平台是资本最热衷的领域，在资本支持下，我国在智慧健康养老领域自主知识产权技术方面将会取得突破性发展。国内康养机构和新一代信息技术企业两股力量正积极推进智慧健康养老产业的部署。随着市场日趋成熟，产业热点将从聚焦单一产品技术或服务向综合性解决方案进行转移。

当前我国智慧健康养老产业仍处在市场开拓阶段，大多数项目尚未形成清晰商业模式，但随着政策支持、技术革新以及消费观念的转变，未来5—10年智慧健康养老市场将迎来全面爆发。新一代信息技术与健康养老产业的深度融合将成为智慧健康养老产业发展的基本保障，"医养结合"将成为智慧健康养老产业发展主导理念，商业模式创新将成为智慧健康养老产业精深发展的持续动力。

第三节　养老服务智能化思路

李金娟在《养老公共服务智能化建设思考》一文中认为，随着新一代信息技术的深入推进，它们进入养老服务各个环节的条件也逐渐成熟。人工智能形形色色的智能养老服务和产品一定程度上完善和延伸了养老服务的社区公共服务功能。为提高智慧养老的"智能化"水平，可从以下几方面着手。

一、优化智慧养老智能化服务供给模式

一方面充分利用传感器、智能穿戴设备、智能家居、智能拐杖、智能服务机器人等智能设备，做好老年人健康跟踪、管理工作，完善和延伸养老服务的公共服务功能；另一方面针对不同群体老年人提供个性化服务，研发接地气的文化智能产品，满足老年人的"私人定制"需求。开发互联网平台的社交功能，以老年人喜闻乐见的形式构建信任渠道作为其流量入口，探索带动老年人由自娱自乐向互益类乃至公益类的线上社群发展，增强老人公共生活参与感。

二、构建养老服务网络平台，建立健全养老智能服务动态治理机制

1. 以政府为主导，加大智能化管理控制系统开发力度，通过区块链经济影响更多数据挖掘、三方服务机构、金融保险机构以及大数据服务结构等，

充分调动社会力量为老人提供多样化服务。政府扮演好监管角色，引入第三方评估机制，考量智能设备系统、智能服务平台的实践应用价值、运营盈利方式以及可持续发展模式等。

2. 提升智慧养老企业公信力，从智慧养老企业硬件设施、软件配置、文化理念等方面打造老年人信得过的服务品牌，建立供需双方间信任机制。

3. 借力媒体融合趋势及新媒体传播优势，利用微信、微博、短视频、网络直播等新媒体阵地宣传普及相关智能养老产品的正确使用方式，构建舆论引导新风尚，提升智能养老产品的公众认知度。

三、基于老年受众需求，完善创新"互联网 + 养老"公共服务工作机制

1. 由于不同年龄阶段的老人对于智慧社区养老服务平台功能的不同需求程度，需在平台运营之前基于老年用户进行需求调研，如从养老智能设备待机时间、操作界面等角度调研老年技术使用意愿，以便做好后续配套方案。具体由养老服务企业搜集老年用户网络社会参与情况及其他反馈信息，根据老人不同阶段需要适时调整清单内容。

2. 基于社区场域促进智能养老服务的落地生根。观念层面，关注并重视人机交互发展过程中社区工作者的引导性，使智慧养老真正成为人性化的、有温度的软服务而非局限于冰冷生硬的技术外壳；街道层面，运用互联网思维更新迭代养老服务系统，优化配置社区内的养老服务资源；社区工作层面，充分调动社区内外各种组织力量，以社区项目化的形式推动养老服务智能化建设。

第四节　智慧养老产业运作方式

姜媛媛等在《我国智慧健康养老产业运营模式探究》一文中认为，智慧健康养老产业主体包括居家养老信息化平台、政府机构、企业（养老服务企业、智能终端制造企业与第三方投资企业）和社区养老服务站。依据参与主

体的不同将智慧康养划分为以下产业运作方式：

一、政府机构 + 第三方企业 + 居家养老信息化平台

这种运作方式参与主体主要有政府、第三方企业和居家养老信息化平台。政府主要负责提供政策和场地支持；第三方企业负责投入资金为社区养老服务站提供基础设施、工作人员及运营经费；居家养老信息化平台负责公开项目和资讯的发布。这种运作模式参考 PPP 投资模式，主张公私合营发展。投资企业可提高企业口碑，随着智慧健康养老产业的不断发展，自身资本也能得到良性循环。

二、老人 / 子女 + 居家养老信息化平台 + 养老服务企业 + 社区养老服务站

这种运作方式主要依托居家养老服务模式，由老人或子女提出养老需求与养老服务信息平台对接。养老服务企业通过居家养老信息化平台的业务受理子系统与平台进行信息对接，根据需求为老人提供相应上门服务。根据对应服务需求，养老平台对接对口养老服务企业。这类企业主要提供专业医疗护理、心理护理、康复护理和普通的家政服务。社区养老服务站通过回访老人和子女，监督服务质量，形成良好竞争淘汰机制。

三、老人 + 居家养老信息化平台 + 医疗机构 + 保险公司

居家养老信息化平台通过对老人身体健康状况的实时监测，建立并管理老人的健康档案。首先，平台与当地医疗机构建立健康档案共享机制，当老人就诊时，医护人员可根据其健康档案对老人的病情有一定了解，及时开展急救措施。医疗机构提供的电子病历也应在平台上共享，确保档案的实时更新。其次，平台应与保险公司建立有限度的信息共享机制，保险公司可利用大数据对老人的健康状况进行科学评估，设计出适合的保险产品，降低出险率。再次，医疗机构与保险公司也需建立有限的信息共享机制，医疗机构向保险公司提供参险老人的电子病历，保险公司报销医疗费用。平台、医疗机

构、保险公司三者之间建立的信息共享机制，不仅让老人／子女不必东奔西走，还简化偿保手续，保证偿保的及时性。

四、老人／子女＋居家养老信息化平台＋智能终端制造商。

基于老人／子女提出的服务需求，平台向智能终端制造企业提出功能需求，企业据此设计出智能终端产品提供给老人，让老人享受智能化和多元化服务。平台管理人员进行公开招标，中标企业制造相关产品满足老人需求。随着服务需求的不断提出，老人由养老产业服务的被动接收方变为主动提出方。

第五节　智慧养老发展驱动力

工业和信息化部副部长罗文认为，发展智慧健康养老产业为应对人口老龄化提供了有力的科技支撑，为扩大国内市场提供了重要的消费引擎，更为电子信息产业转型升级提供了难得的发展契机。智慧养老迅速发展驱动力包括政策鼓励、技术支持、资本加码、加剧的老龄化问题。

一、政策鼓励

2017年2月，工信部、民政部和国家计生委三部委联合印发了《智慧健康养老产业发展行动计划（2017—2020年）》，计划要求到2020年，基本形成覆盖全生命周期的智慧健康养老产业体系。

2019年4月，国务院办公厅印发的《关于推进养老服务发展的意见》指出，大力推动养老服务供给结构不断优化、社会有效投资明显扩大、养老服务质量持续改善、养老服务消费潜力充分释放。

二、技术支持

信息网络技术发展为智慧养老奠定基础。智慧城市提供了网络基础，智能化养老产品技术不断革新。根据工信部发布的信息，2019年下半年中国将实现 5G 商用，5G 将是物联网的重要赋能者，依托物联网和 5G 的结合落地，借助 5G 网络的高连接速率、大容量高密度和低时延特征，为老人提供健康管理、一键呼叫、睡眠监测、亲情关怀等全方位专业服务，大幅提升智慧养老服务的效率与覆盖范围。

三、资本加码

2018 年，银行、保险、基金等金融机构在养老方面动作频频。农行推出首个养老服务信贷政策，从信贷方面给养老服务企业打开一条通道。2018 年 4 月，中国太平保险集团和中国保利集团合作成立太平保利投资管理有限公司，共同布局健康养老产业；2018 年 10 月，北京同仁堂健康养老全国战略正式落地实施；2018 年 12 月，首个由央企和京企联手组建的"首厚康健"城市中心连锁养老社区项目正式启动。此外，建投控股、建信养老、中信信托等都在产业端或者金融端加大对养老产业的布局。

四、加剧的人口老龄化问题

老年人口是养老服务需求的主体，中国人口老龄化和老龄人口高龄化都呈现逐步加深态势。近年来中国 60 岁以上老年人口数量不断增长，2017 年达到 24090 万人，占比突破 17%。持续增加的庞大老年人口群体是老龄产业发展的人口学基础，预计到 2050 年老年人口规模将达近 5 亿。

第六节　智慧养老发展策略

陈春柳等在《"五化"策略助推智慧养老服务发展——以浙江省温州市为例》一文中介绍温州智慧养老特点：（1）成为全国首批居家和社区养老信息惠民工程试点。早在 2015 年 9 月，温州龙湾区被列为全国首批居家和社区养老信息惠民工程试点。联手北航温州研究院，利用大数据技术打造"互联网＋养老"模式。建立以信息网络为载体、以社区为依托的信息化居家养老服务网络。（2）启动智慧养老信息平台建设。"光网温州"和"无线温州"

项目的推进，给温州智慧养老打下坚实的物理基础和网络技术基础。整合全市养老服务资源，运用互联网技术、大数据分析和管理，为老人提供便捷、高质、高效的综合养老服务。（3）建立以信息网络为载体、以社区为依托的信息化居家养老服务网络。（4）养老服务领域涌现信息化智能化新模式新业态，如通过可穿戴智能产品掀起全面量化健康生活新方式，随时随地监控老年人健康状态。实施"五化"策略，着力推动智慧养老服务健康发展。针对现存的养老服务问题和多层次养老需求，可借助"五化"策略助推智慧养老服务发展。

一、政府主导，促进智慧养老服务"持续化"发展

1. 提供政策，规范标准。政府应重视智慧养老制度建设，从顶层设计着手，推进"智慧养老"行业标准、法律保障机制、服务监督和评估机制等的制定，便于整体范围内的资源优化配置和共享，统一评估及管理。出台财政、税收等方面专项扶持政策，逐步扩大多方共赢、健康发展的产业化规模。要加大补贴力度，提供无偿或低价服务，降低智慧化养老服务门槛。要制订基础设施建设的指导性意见，落实各级部门建设任务，避免因条块不清、重复投入而导致资源浪费。要出台安全使用智慧养老产品的法律法规，以保护老人个人隐私。

2. 强化宣传，加大老人信息教育力度。政府要加强老龄化社会智慧化养老服务的推广宣传，通过老年大学、社区老年教育等途径逐步了解各种智慧养老服务产品的功能，提高老年人对智慧养老服务产品的接受度，培养老人购买智慧养老服务的观念与习惯。例如充分发挥老年电视大学的网点优势，集聚老年教育各类优质数字化资源，增加信息技术教学内容，使老人逐步掌握最基本的智能产品操作技能，逐步增强智慧化养老服务意识。

二、建立"多维化"部门联动，实现各行业无缝对接

1. 实现分级管理部门联动。智慧化养老服务是一个综合类的服务项目，它的持续性发展涉及民政、发展改革、工业和信息化、卫计、劳动部门以及

文化等部门。要打破各部门条块化管理弊端，构建分级管理、部门协调机制，推进"多维化"部门联动。

2. 推进部门数据互联互通。智慧养老产业由多个不同部门管理，每个部门掌握各自领域数据。要在保证个人信息安全的基础上，建立统一设备接口、数据格式、传输协议、检测计量等标准，共建共享智慧养老数据平台，实现行业信息线上线下互联互通，推进各行业之间无缝衔接。

三、完善老年信息服务平台，推动智慧养老服务"全域化"覆盖

1. 完善老年信息数据库。利用现代信息技术和现有网络资源，建立养老服务信息资料库，建立健全"智慧养老"系统、平台和服务门户网站，建立健全老年人管理数据库、居民健康档案数据库、认知症老年人数据库等。价值如下：第一，实现个人信息管理、长期健康跟踪、个性化健康预测预警、健康养老数据智能分析、智能判读、养老需求评估等；第二，为老年人、养老服务企业提供交互载体，沟通服务提供商与老年人之间的服务供需信息，拓展提供商的服务领域，实现规模经济，拓宽老年人选择服务商空间，提高老年人对养老服务的满意度；第三，实现老年人的医疗保健、文娱教育等服务的多样化、智能化。

2. 推动智慧养老服务"全域化"覆盖。健全居家、社区养老信息化服务平台，应用热线电话、电子服务器、呼叫系统等技术手段，在生活照料、医疗康复、紧急救助等领域提供服务；鼓励老年健康服务机构利用云计算、大数据搭建公共信息平台，提供长期健康跟踪、预测预警的个性化健康管理服务；鼓励养老服务机构应用便携式体检、紧急呼叫等设备，提高健康管理水平。

四、"多元化"参与主体，提升智慧养老服务供给水平

1. 投入主体多元化。在互联网作用下共同推进公共服务创新，提升和改善社会公共服务状况不再单纯依赖政府。养老产业福利性与市场性并存，要整合政府和社会资源，实现政社联动、政企联动。在制定政策、保障、托

底、资源供给、资金扶持等方面，发挥政府职责。在技术性工作，比如智能管理、物联网平台和智能设备等软件开发方面，发挥社会力量的作用。

2.服务主体多元化。智慧养老服务要整合民政、信息、公安、卫生、街道、社区等主体力量，合理调配，资源共享，推进"智慧养老"协同管理服务。通过建立养老服务组织孵化基地，培育一批能承接政府转移服务的专业化、集团化、品牌化、标准化的养老服务社会组织，建立"老人—社区—服务人员"互动模式，提供规范化、个性化、多元化、立体化、全方位智慧养老服务。

五、丰富智慧养老服务产品，提高智慧养老服务"专业化"水准

1.按需逐步丰富智慧养老服务产品。在调研基础上，在数据平台上统计、记录老年人多样化、多层次智慧养老服务需求并定时更新。以需求为导向，针对居家、社区、机构等不同应用环境，支持老年智能健康产品的创新和应用，推广智能健康管理生活新方式；逐步突破智慧养老关键技术，研发可穿戴、便携式健康监测、自助式健康检测、智能养老监护设备和家庭服务机器人等，多领域丰富智能健康养老服务产品供给。在为多数老年人提供基础养老服务的同时，重点研发特殊产品，以满足高龄、失能、半失能等老年人养老服务需求。设立"养老管家"，承担老年人与智慧化养老产品之间的沟通工作，对接服务诉求与产品供给，增加老人智慧化养老服务的信任感、归属感。

2.提高服务人员专业化水准。专职人员专业服务水平对智慧养老服务行业举足轻重。第一，人力资源与社会保障部门要在薪资福利、社会认可度、职业发展前景等方面推进改革，以科学工作机制和合理薪酬待遇吸引人才。养老产业要通过市场化手段，积极吸引优秀专业人才投身于智慧养老服务。第二，注重人才的持续性培养。要依托高等教育资源，开设智慧养老相关专业，开展系统性的智慧养老服务人才教育。第三，要完善职业教育培训体系。定期开展已就业的养老服务人员的专业培训，以应对智慧养老相关技术和项目的不断发展，满足新时代老龄化社会的养老新需求。

第七节　智慧养老产品

根据工业和信息化部、民政部和国家卫生健康委员会的定义，智能健康养老产品是紧密结合信息技术，具备显著智能化、网络化特征和健康养老服务功能的新型智能终端产品，主要包括健康管理类可穿戴设备、便携式健康监测设备、自助式健康检测设备、智能养老监护设备、家庭服务机器人等五大类。

一、可穿戴设备

通过运用大数据、云计算、物联网等技术，可穿戴设备可实时采集用户健康数据和行为习惯，准确记录身体状况；可在移动端随时查看锻炼、睡眠、位置等数据，部分产品还会有健康提醒功能，便于老人及其子女随时了解身体状态和活动轨迹。

二、便携式健康监测设备

老年人各个脏器生理功能减退，代谢功能紊乱，免疫力低下，易患高血压、糖尿病、冠心病及肿瘤等各种慢性疾病。这些疾病致残率及病死率极高，但早期不易发现，等老人真正感觉到不舒服时，疾病可能已发展到比较严重阶段，必须长期监测脉搏、呼吸、心跳、血压、血糖、血氧、血脂等基础数据，一旦发现异常要及时进行药物干预或住院治疗。

三、自助式健康检测设备

老年人生理特点决定其极易受到疾病攻击，需关注身体亚健康状态，客观准确分析老年人健康状况，在发现健康风险后及时预警，并提出合理改善建议，对提高老年人的生活质量至关重要。

智能筛查机器人对老年人健康检测效果很好。通过中医数字化技术、脉搏波检测技术、生物电阻抗检测技术采集人体相关生物数据，通过云端大数据运算及智能分析，做出阶段性健康状态评估，并提供个性化健康建议，帮助老年人全面掌握自己健康趋势，养成良好生活习惯，提高身体健康水平。监测数据、发现问题，提供饮食、运动、作息等方面个性化建议，实现完善健康管理流程，健康观念从"以疾病为中心"转变为"以健康为中心"。

四、智能养老监护设备

智能养老监护设备以床垫为载体，可帮助老人以正确体位躺在床垫上，监测老人生命体征状态，当发生呼吸骤停等意外情况时，立刻发出报警信号，让看护人员抓住最宝贵抢救时间。对于中度、重度失能老人来说，翻身检测功能可提示看护人员按时为老人翻身，避免褥疮等情况发生。

智能养老监护设备实现老人、子女、护理人员三方互通互联，满足健康老人、失能老人在白天、夜晚、运动、休息等场景需要。

五、家庭服务机器人

家庭服务机器人是一种移动型或桌面型机器人，带有摄像头、触摸屏、麦克风，安装多种环境传感器，可连接第三方健康监测设备，适合在室内环境使用，能进行语音识别和语义理解，可陪伴居家老人、健康监测及连接医疗平台，还具备移动辅助、卫生保洁、聊天提醒、安防保护、睡眠辅助、健康体检等众多功能，可家用，也可在养老院使用。

有专家把智慧养老产品形象概括为"三张床"，可供参考。第一张床是集中养老的养老机构的床位，是"周边"的概念；第二张床是临时托养的床位，是"身边"的概念；第三张床是家庭养老的床位，是"床边"的概念。家庭养老床位是社会化养老服务体系在家中的一个综合集成。

第八节　医养结合打通智慧养老"最后一公里"

随着人口老龄化的不断加剧，现有养老模式难以满足老人对健康、养老日益增长的需求。国家层面提出医养结合的养老创新服务模式，并不断发文鼓励医养结合，业内人士也加大力量去探索和实践医养结合。唐飞泉等在《我国医养结合模式探索和创新》一文中认为，"医养结合"有机结合医疗资源和养老资源，有效融合生活照料、护理与康复医治，用以解决养老难题。医养结合内涵是医疗与养老在服务功能、服务能力、专业人才、管理理念等重要方面深度融合，实现医疗与养老共融发展，在养老过程中有效满足老人对医疗的需求。医养结合是化解养老需求与医疗资源之间矛盾的重要途径。养老产业涵盖食品生产、医药制造、医疗护理、信息产业等产业链条，随着我国老龄人口增加、消费升级，养老产业将成为促进经济发展的重要动力和新增长点。

熊长英在《湖北日报》发表的一文认为，积极探索医养结合新模式，做到病有所医、老有所养，有助于打通健康养老的最后一公里。

一、医养结合方式

1. 完善居家养老服务

以家庭为核心、以社区为载体、以专业化服务为依托，建立以居家养老为基础、社区为依托、机构为补充、医养相结合的多元化、适度普惠型养老服务体系，培训一支业务精、素质好、热情为老年人服务的居家养老服务队伍，定期提供上门护理服务、日间护理和短期护托服务。

2. 推进住区式养老服务

住区式养老是一种新型的养老模式，在一些发达国家已经广泛采用，目前在我国上海也在探索"快乐养老"住区模式。住区式养老主要以养老居家服务监护式公寓为主。老年人离开原来住所，入住最新建设的居家服务监护式公寓中，公寓设计上以方便老人生活为原则，附加各种老年人生活必需的硬件设施，并且配备专门医护人员上门服务。

3. 完善机构养老服务

"看病的地方不养老，养老的地方看病难"，是目前我国医疗和养老的现状，推行医养融合养老是现行社会发展的趋势和必由之路。一要坚持走符合国情的医养融合发展之路，通过社会组织和养老机构为特殊困难老人，尤其是居家养老的老人，提供"医养结合"养老服务。二要开展智能化"医养结合"工作，通过智能化养老服务信息平台，把专业化、个性化的健康养老服务送进社区和家庭，推动医养结合从"概念"到"落地"。三要不断打造"医养结合"专业团队。四要建立长期照护保险制度。

4. 加快实施乡村田园养老新模式

乡村田园养老度假正在成为一种新的养老模式。乡村田园养老以农业休闲为主体，利用乡村特殊的自然养生条件及富有乡韵、利于康复身心的人文环境，与生态休闲、农业旅游、森林度假等相结合，开创出集田园生态休闲、乡村健康饮食养生、农耕劳作体验、乡村社区生活于一体的新型养老模式。

二、医养结合模式创新建议

1. 创新医养结合新模式

积极探索医养结合新模式，例如鼓励养老机构与医院合作开展远程医疗服务、在大中城市尝试建立家庭医生制、建立医疗机构和养老机构之间预约就诊特殊绿色通道、鼓励养老机构创办临终关怀机构等。养老机构无论是与周边医院合作，还是选择自建医院，很难吸引到足够的、经验丰富的医生。可通过医生集团、护士集团等组织，让养老机构或社区借助医护人员的多点执业，提高人才利用效率，提升医养结合服务水平。我国正在大力推动分级诊疗的发展和医联体的建设，基层医疗服务机构和三级医院地位日益重要，而二级医院的定位相对模糊。为避免被市场淘汰，二级医院应积极探索转型升级新路径，充分利用现有资源，积极向养老康复定位转型；继续增强慢性疾病、老年疾病管理和术后康复等方面的服务能力；创新性增设对老人的健康照料等相关增值服务。

2. 整合物联网大数据应用和供应链，构建医养结合生态圈

以家庭为单位，依靠社区、医院、养老机构，加快卫生部门、民政局、社保部门、医院、养老机构等医养结合有关部门形成数据共享机制，建立涵盖健康、医疗和护理数据的大数据平台，对接部门数据端口与医养结合服务

机构、社区养老平台的数据，全面掌握老年人健康和养老数据，为建立老年人医养结合就医标准和入养标准创造良好基础。利用移动互联网、物联网和大数据等高新技术，借助城乡公共卫生服务信息系统与应急救援服务平台，重点针对高龄失能和低收入老人，开发机构养老、社区和居家养老服务一体化的信息服务系统。构建医养结合生态圈，有效衔接老人医养结合需求与养老服务业，提高医养结合服务的效率。由于养老服务带有公益性质，盈利能力不高。因此，医养结合服务机构应根据自身资源和优势开展供应链整合，降低经营成本，提升服务能力。

第十九章　智慧人大、政协

据新华网报道，2014 年 9 月 21 日，习近平总书记在庆祝中国人民政治协商会议成立 65 周年大会上指出，人民政协要探索网络议政、远程协商等新形式，提高协商实效。2018 年 10 月，全国政协第一次举办网络议政、远程协商活动，通过动态实时切换，现场的委员们以及相关部委负责人与各地分会场的委员们进行远程协商。在十三届政协开局之年，全国政协召开了两次网络议政远程协商会，这是贯彻落实习近平总书记关于加强和改进人民政协工作重要思想的生动实践。中共中央政治局常委、全国政协主席汪洋多次指示，要贯彻落实习近平总书记重要讲话精神，加快推进网络议政、远程协商。

据人民网报道，中央政治局常委、全国人大常委会委员长栗战书于 2019 年 18 日至 21 日对奥地利进行正式友好访问，会见总理库尔茨时，栗战书指出，共建"一带一路"已成为中奥合作新的增长点。双方应秉持共商共建共享原则，不断挖掘和释放合作潜能，深化在高端制造、节能环保、生态农业、旅游、金融等领域合作，积极探索互联网、大数据、人工智能、5G 技术等创新合作。

智慧人大是创新人大履职方式、充分发挥人大职能作用的客观需要。做好新时代人大工作，必须注重发挥网络技术信息量大、速度快、范围广、互动性强等特点和优势，搭建好信息化网络平台，促进人大工作更加快捷、透明、高效。智慧人大可进一步提高立法质量，推动人大监督与社会监督、舆论监督的有机结合，提升讨论决定重大事项和人事任免工作水平，密切常委会同代表、代表同人民群众的联系，增强依法履职能力，为人大及其常委会科学民主决策提供信息支撑。

作为社会主义协商民主的重要渠道和专门协商机构，人民政协要履行好新时代新使命新任务，积极探索网络议政、远程协商等新形式，不断提高协商实效，加强思想政治引领，广泛凝聚共识。全国政协敏锐抓住互联网信息化发展机遇，主动拥抱互联网，充分发挥互联网信息传播优势，为委员们搭建了履职新平台，为参政议政创造了不受时间空间制约的新形式，是拓展政协民主协商形式一次重要探索。

第一节　智慧人大

智慧人大是提高人大服务保障水平、促进机关高效运转的有效举措，智慧人大进一步提高信息资源开发利用和共享水平，打破人大机关与政府、监察、司法机关之间的信息壁垒，为规范和优化各项工作流程、提高人大机关工作质量和效率提供有力信息化支撑。

智慧人大运用过程中，一方面深化系统运用。树立大数据思维，融入数字时代，充分发挥智慧人大系统对于人大工作的联动效应，推动人大工作方式方法的变革，要以立法管理系统、联网监督平台、代表履职服务平台、机关综合业务系统等为重点，积极推进人大信息数据中心建设，最大限度实现信息资源共享。要通过立法管理平台，拓宽公众有序参与立法渠道，为科学立法、民主立法提供辅助支持。另一方面加强互联互通。要加强上下级人大之间、人大与党政机关之间的协调，推进资源整合，统一技术标准，协同工作步调，形成整体合力。要打破"信息孤岛"，加强人大与政府、监察、司法机关的互联互通、资源共享，让人大监督"有数据可用""有数据能用"。

近年来全国涌现一批经典的智慧人大建设案例。

一、浙江平湖市智慧人大

浙江平湖市的智慧人大是一个接地气的经典案例，据嘉兴人大网消息，该系统依托"三个平台"推进无纸化办公，加快"智慧人大"建设。

一是启用"无纸化文件阅览"系统。经过前期人大常委会主任会议的试用、调适，人大无纸化文件阅览系统在平湖市人大常委会第 16 次会议上首次启用。会议材料通过平板电脑上的"文件阅览器"APP 提前将材料送至常委会组成人员，提高了工作效率和审议质量，提升了会议服务保障水平。该项目是 2018 年度"我为人大工作献一计"的金点子《关于加快推进智慧人大建设的建议》的具体落实。

二是启用"浙政钉"平台。"浙政钉"即政务钉钉移动办公平台，是浙江省推进政府数字化转型"掌上办公"之省的统一平台、统一品牌。平湖市人大常委会自 2018 年 10 月底启用以来，逐步将 QQ、微信上的工作群转移到钉钉，逐步摸索使用钉钉平台上的办公、会务、签到等功能，实现人大机关会议通知高效、文件共享共用、工作交流紧密、互动沟通即时。

三是完善机关"共享云"平台。自 2017 年依托 360 安全云盘技术，建设人大机关内部信息共享"云"平台以来，注册统一账户，提供日常通知、综合文稿、机关制度、法律法规等查询服务。2018 年进一步完成"共享云"平台的文件"云"架构，搭建了日常安排、人大"三会"、各类文件、信息宣传、调查研究、行政后勤、党务纪检、各个委室等文件夹，各委室、各科室即时更新最近工作材料，进一步加强信息资源快速、高效地共享互通，提高工作效率。

二、重庆市秀山土家族苗族自治县智慧人大

重庆市秀山土家族苗族自治县人大推进"智慧人大"建设，是一个很经典的案例。

据重庆公民报消息，为顺应"互联网 +"发展趋势，进一步发挥互联网和信息网络技术在人大及其常委会行使职权、信息公开、服务代表、工作动态宣传等方面的作用，人大常委会近年来以信息技术应用为主导，积极创新载体，构建办公自动化系统、无纸化会议系统、重点项目系统、电子表决系统、人大网站和微信公众号等 6 个信息化平台，全力推进"智慧人大"建设。

优化升级人大网站，让网页内容"活"起来。按照"综合性、亲民性、

互动性"要求，优化页面栏目布局。从主题、导航、内容等方面入手，优化网站页面布局，使页面信息量更加丰富，信息查阅更加便捷，人大特色更加鲜明。做活代表工作栏目。以代表这个用户为中心，做活代表风采、代表之家栏目，增加亲和力，提高履职的有效性。安排专人负责网站日常维护和管理，保障网站安全、有序、高效运行，及时发送新闻报道、调研报告、代表风采、大事记等内容。

办好微信公众号，让沟通渠道"畅"起来。充分发挥新媒体的作用，开通"秀山人大"微信公众号，通过最新动态、代表之家、一周小结、走进人大等专题，及时发布人大工作动态，宣传人大制度，传播人大知识，讲好人大故事。微信公众号的开通，进一步提高了人大工作的透明度，拓展了县人大常委会与乡镇人大、人民群众、人大代表之间沟通联系的渠道，让人大工作更接地气、更有活力。

普及办公自动化系统，让工作效率"快"起来。在县人大常委会机关普及运用秀山人大政务协同办公平台，实现县人大常委会与外单位之间信息报送、会议管理以及各专工委室之间文稿制作、文件传阅的无纸化传输办理。充分利用平板电脑的移动便捷功能，县人大常委会领导随时随地打开平板电脑，就能够快速签阅文件，解决了以往领导不在办公室就无法签阅文件的难题。同时，利用平板电脑的原笔迹签字功能，收发文实现原笔迹审签，每一步签发流程随时可看，签发结果可以留档备查，有效提高了工作效率。

推广无纸化会议系统，让服务质量"高"起来。开发"秀山人大"阅文系统 APP，设立常委会会议、主任会议、机关党员会议、职工会议等多个模块，借助平板电脑，将上述会议材料提前上传至阅文系统，与会人员可以提前阅读会议文件。上述会议不再印发纸质材料，减轻了机关工作人员的工作量，减少了纸张的浪费，既节省了人力物力又生态环保。

用好重点项目系统，让监督工作"实"起来。建设全县重点项目在线监督系统，设置综合统计、图表分析、动态监控、预警提醒等模块，将年初政府确定的重点项目全部录入在线监督系统，实时监督全县重点项目的开工进展情况，充分利用图表分析功能，综合统计分析全年重点项目的进度、资金状况、存在的问题等。充分利用预警提醒功能，对达到预警级别的项目进行重点监督，提升监督实效。

建好电子表决系统，让委员履职"真"起来。对县人大常委会会议室和预算联网监督室进行升级改造，更新会议系统。新系统软硬件功能更加丰富、实用，提供电子签到、电子表决、多媒体会务信息显示和报告席发言提示等电子会务服务，方便会议审议和表决。尊重县人大常委会组成人员和人大代表自主选择的权利，采用电子表决器进行表决，避免了表决的被动跟风，减少了资源浪费，提高了人大工作的透明度和工作效率，保证了人大表决活动的公平、公正和民主。

第二节 智慧政协

全国政协委员、青岛市政协主席杨军认为，坚持建言资政和凝聚共识双向发力，是新时代人民政协履职尽责的新使命新担当。在数字化、信息化、网络化加速发展的时代背景下，人民政协在做实"线下"双向发力的同时，还要重视做好"线上"双向发力的工作，通过线上线下相结合的方式，广织创新之网、开放之网、互通之网、智能之网，最大限度统一思想、凝聚共识、汇聚力量。在双向发力中充分运用智慧化新技术新载体，有利于广聚共识，用全时空、全方位的信息系统在各民主党派、人民团体和社会各界及时传达党和国家的方针政策、重大决策部署；有利于广开言路，敞开政协大门吸纳社会建言；有利于广交朋友，扩大政协工作半径和"朋友圈"；有利于广纳群贤，增强政协聚集人才的向心力和凝聚力；有利于广集众智，努力为改革发展稳定贡献更多智慧。与时俱进打造"智慧政协"平台系统，将为实时在线落实双向发力制度机制提供重要的保障支撑。

近年来全国各地也涌现一批智慧政协经典案例。

一、上海市智慧政协

十三届上海市政协提出，要加快建设委员履职和服务管理一体化的移动网络平台"上海政协通"和学习宣传一体化的新媒体平台"政协头条",着力打造互联互通、集约高效的"智慧政协",不断提高政协履职水平和宣传实效。"上海政协通"和"政协头条"作为新时代人民政协的网络平台,必须把准性质定位、聚集主责主业、彰显政协特色、打响政协品牌。

据新民晚报消息,2019年1月,上海政协通、政协头条正式上线。上海政协通、政协头条是市政协建设"智慧政协"的两个重要载体。其中,上海政协通是委员履职和服务管理一体化的移动网络平台,设有5大板块,28个栏目,具有接收通知、查阅资料、参与提案酝酿讨论、开展专题协商讨论等功能,还将定期向委员推送履职统计数据。政协头条立足上海、面向全国,立足政协、面向社会,致力于宣传政协制度、讲好政协故事、展现委员风采、服务委员履职,是学习宣传一体化的新媒体平台,设有新闻资讯、走进政协、互动交流、政协号等频道。

上海市政协主席董云虎指出,人民政协要立足新时代、把握新方位、担当新使命,必须紧跟新时代步伐、适应信息化要求、强化互联网思维,充分用好用足移动互联网这一有效平台。本届市政协开局伊始就明确提出,要着力打造互联互通、集约高效的"智慧政协"。上海政协通、政协头条正式开通,这是上海政协工作与时俱进、创新发展的重大举措,标志着"智慧政协"建设迈出坚实步伐。

上海市政协主席董云虎强调,作为新时代人民政协的网络平台,上海政协通、政协头条必须把准性质定位、聚焦主责主业、彰显政协特色、打响政协品牌。上海政协通要充分发挥信息共享、移动履职、联络交流、履职管理等平台作用,为委员开展网络议政、远程协商提供一站式移动化服务,为委员服务管理提供数字化网络化支撑。政协头条要把加强思想政治引领和广泛凝聚共识作为中心环节,着力打造委员学习的新园地、思想引领的新载体、新闻宣传的新窗口、联系各界的新桥梁。要坚持正确导向,强化用户思维,创新理念思路,建强工作队伍,确保运营好发展好这两个新平台,齐心协力推动"智慧政协"建设创新发展。

二、青岛市智慧政协

青岛市政协建立了面向广大委员、人民群众、专家学者、社会各界的"智慧政协 1+10"平台系统，组建了统一的数据管理平台，初步形成了双向发力网络。通过探索"智慧党建"新模式，延伸"三会一课"等党的组织生活网络空间，运用智慧化手段走群众路线，做好宣传政策、解疑释惑、理顺情绪、化解矛盾的工作；运用线上互动和线下沟通有机结合的形式，在一些敏感点、风险点、关切点问题上强化思想政治引领，同经常性思想政治工作结合起来；全面开启"互联网＋协商"的新模式，积极开展"网络议政""远程协商"，在协商民主实践中增进共识；坚持以网聚才、以才汇智、以智资政，加强政协智库群建设，形成委员、专家、机构、媒体、民间"五智汇"服务决策的新格局，汇聚服务大局、促进发展的强大动能。下一步，青岛市政协将持续深入推进"智慧政协"建设，打造 24 小时在线永不关门的建言资政、凝聚共识信息平台，让委员思想在线、智慧在线、联系在线、履职在线，最大限度凝聚各方共识与力量。

第二十章　智慧党建、团建

据人民网报道，2017 年 10 月 17 日，《"互联网＋"党建以信息化助推机关党建工作科学化》一文中指出，习近平总书记明确要求"要高度重视信息化发展对党的建设的影响，做到网络发展到哪里党的工作就覆盖到哪里，充分运用信息技术改进党员教育管理"。

据人民网报道，2013 年 6 月 20 日，习近平总书记在同团中央新一届领导班子成员集体谈话时强调，要提高团的吸引力和凝聚力，扩大团的工作有效覆盖面。据共青团中央办公厅情况通报，共青团中央书记处第一书记贺军科同志在共青团十七届七中全会上的工作报告中指出，无论是互联网、大数据、人工智能等前沿科技，还是共享经济、数字经济、循环经济等新型业态，只要是有利于做青年工作的，团干部就要虚心去学、积极地用。

智慧党建是运用互联网思维，依托大数据、云计算、物联网、移动互联、VR 等新兴技术，构建实时感知、互联互通、资源共享、扁平管理、智能分析的格局，以各种应用管理系统为载体，实现党的思想建设、组织建设、作风建设、制度建设和反腐倡廉建设等的智慧化应用、智慧化服务和智慧化管理。智慧党建使党建手段从传统走向现代，切实提高党建科学化水平，实现党的组织建设科学化、党员管理规范化、组织生活制度化、作用发挥常态化，是党建工作的新理念、新方法和新模式。

智慧团建是团中央在新形势下，针对团的工作新情况、新特点提出的加强和改进共青团工作的一项创新举措，是团中央贯彻落实中央党的群团工作会议精神，推动共青团自身建设互联网转型、创新青年群众工作运行机制、落实从严治团要求的重要举措。各地团组织高度重视智慧团建工作，要以信息化手段拓展和丰富抓团组织建设的方式方法，提升抓团组织建设质量效率，提高引领、组织和服务青年的能力水平，扎实推进共青团改革各项任务落实落地。

第一节　智慧党建

伴随互联网、大数据、人工智能等新一代信息技术在党建方面的创新应用，智慧党建在党建工作改革创新、提升基层党组织组织力、推进组织建设规范化等方面日益发挥重要作用。

一、智慧党建的三个注重

珞佳在《智慧党建推进中的"三个注重"》一文中认为，在智慧党建实践过程中，要更加注重顶层设计，注重产品思维，注重服务提升，通过技术应用切实提高党建工作的科学化水平，夯实基层党组织战斗堡垒作用。

1.注重顶层设计，打造集约高效的平台载体

智慧党建平台开发和建设已进入普遍推行、综合运用阶段，各地都在探索适合自身需要的党建平台，但也出现了重复建设、"数据孤岛"等问题。避免这样问题再出现，就要加强顶层设计，推动各层级信息资源融合共享。顶层设计须有全局性。智慧党建是一个具有复杂性的系统工程，各地要根据国家战略安排和党的建设的实际，开展自上而下的总体规划和统一建设，在充分调研和论证的基础上提出方案，构建上下联动、运行有效的工作格局，形成清晰、有效的建设标准和评价体系，指导各地智慧党建建设。顶层设计要有前瞻性。在平台的整体框架和技术性能上，要充分考虑未来的拓展空间，尽可能降低升级成本。顶层设计要有安全性。党建系统里有庞大的个人信息和党组织信息，要始终强化信息安全意识，从设计阶段就要保障信息网络安全性，做好各方面安全体系设计，确保平台安全运行。

2.注重线上线下，调动党员和党组织的积极性

在智慧党建的实践中，可制定积分规则，激发基层党组织和党员的积极

性。智慧党建是推进党的建设的重要手段，但并非全部手段，要把传统党建优势与新的信息技术手段融合起来，用好线上线下两个阵地，实现统筹推进、良性互动。比如，由于地域、年龄、受教育程度等差异，党员通过互联网获取信息的能力也各不相同，参与智慧党建的程度也不尽相同。在开展谈心谈话、批评与自我批评时，"面对面"的方法仍不可或缺的。要形成完整的制度设计，明确哪些事项可通过智慧党建平台完成，哪些事项必通过线下实际党务工作完成，尽快形成线上与线下相融合的党建工作机制。

3. 注重产品思维，提供全面优质的党建服务

智慧党建推动"三会一课"、组织生活会、主题党日等党内活动标准化规范化开展，实现党员动态管理、党费收缴、组织关系结转等基础工作的网络化，加强对基层党组织建设情况的全面把握，有效提升各级党组织的管理能力和范围。在未来实践中，树立党建服务产品思维，更加注重广大党员和党组织的体验、反馈和需求，及时回应党员群众关心的热点话题，及时解决实际困难，为广大党员提供精准化服务。各级领导干部要学会运用互联网思维思考和分析党建问题，加快形成新的党建工作理念。还应发挥互联网开放性、交互性优势，实现平台互联、资源共享，将党务、政务、服务功能融合在一起，方便各级党组织和党员参与组织活动、办理各项业务、加强交流互动。

二、各级政府着力打造智慧党建一体化平台

据铜仁网消息，铜仁市推广智慧党建时着力构建覆盖广泛的基层网络体系、服务为主的动态管理体系、高效快捷的智能办公体系、多维立体的党建宣传体系和成果共享的一体化服务体系，不断推进基层党建高质量发展。铜仁市智慧党建经验对于各级政府部门构建智慧党建具有参考意义。

1. 着力构建基层网络体系和动态管理体系

建立健全覆盖广泛的基层网络体系，搭建党组织网络管理体系，将党建工作触角延伸到每一个角落。建立党员管控体系，推行"线上 + 线下"管理模式，实行全天候、全方位远程动态监管，逐步破解党员教育管理无载

体、民主评议无依据、评先选优凭印象、监督处置缺手段的难题。畅通基层民主渠道，利用在线建议、在线讨论和在线反馈等途径，推动基层党建工作从单向交流向多向交流转变。建立严肃党内政治生活的质量评估办法，采取"组织评价＋党员评价＋督导评价"的"双线三评"评估办法，建立一套基于大数据分析、人工智能测评的严肃党内政治生活评估体系，加强多维度管理，分层分级立体化展现。

2. 强化构建智能办公体系和党建宣传体系

构建高效快捷的智能办公体系。打造 OA 办公网络，加大全系统网络纵向和横向互联互通力度，建立组织系统主要业务数据填报集成系统，增强工作效率，提高工作质量。开通办公直通车，纵向实现各部门直接对话交流；横向实现党组织、党员之间直接交流；实现党建领域业务数据在不同层级业务系统间的数据交换；实现行业内各种资源重组和整合、业务系统互联互通、信息跨部门跨层级共享共用。实现组织工作考核智能化，依据组织工作评价和绩效考核指标，对每一项目标任务进行督评，确保组织工作考核客观、公正、科学。积极抓好自媒体宣传，依托门户网站、手机客户端、电视、广播等平台，引导党员通过自媒体，运用网言网语、图文动漫、视频新闻，将自己参加学习、活动情况通过"随手拍"上传至平台，使党建工作由"看似务虚"转变为"看得见、摸得着的实在工作"。

3. 加快构建成果共享的一体化服务体系

着力推进信息资源共享，分级分类整合干部、人才、民生部门等信息资源库，形成一套跨层级、跨地域、跨行业、跨部门、跨业务的数据共享开放机制；注重加强服务供需匹配，围绕群众对公共服务的差异化需求，将公共服务逐步从"供给导向"向"需求导向"转变，同时为党员提供个性化的推送和服务；聚焦推动经济社会发展，实现一键咨询、一网办理，赋予党建工作更丰富的内容。

三、国企"智慧党建"抓好实践性创新

许一鸣在《加强国有企业"智慧党建"工作》一文中认为，国有企业已

走向市场化运营，党员和群众将会有更加多元、细化的需求，要用新思维、新理念、新技术推动党建的组织结构从传统层级制向扁平化网络化转变，使其更具柔性化的组织管理色彩。在这种组织管理体制的更新变化之下，党建工作的工作方式、价值理念也要随之发生相应的变动，通过理念认识和组织功能"再适应"。

1. 牢固树立领导、协调的组织理念

"智慧党建"必须始终坚持党的领导核心地位。习近平总书记指出："坚持党的领导、加强党的建设，是我国国有企业的光荣传统，是国有企业的'根'和'魂'，是我国国有企业的独特优势，要坚持党对国有企业的领导不动摇，发挥企业党组织的领导核心和政治核心作用，保证党和国家方针政策、重大部署在国有企业贯彻执行。"要增强新时代企业党组织做好党建工作的责任感和使命感，在规范化的基础上，创新发展党建工作的思维方式、工作内容、表现形式，在任何时候任何形式下都要坚持有严肃的组织生活、严明的组织纪律、严密的组织体系，杜绝庸俗化、娱乐化、商品化和不受任何约束。坚持党对企业政治领导、思想领导、组织领导的主体领导地位的同时，要充分发挥国有企业其他类型组织在平台构建中的作用，加强与企业其他组织的治理协调，形成齐抓共管的大格局。要明确党组织在决策、执行、监督各环节的权责和工作方式，发挥其组织化、制度化、具体化的作用，同时要处理好党组织和其他治理主体的关系，明确权责边界，做到无缝衔接，形成各司其职、各负其责、协调运转、有效制衡。

2. 不断提升服务、沟通的组织功能

基层党组织发挥战斗堡垒作用，必须坚持"凝聚党心、汇聚民气"的价值定位，在加强党的宣传工作时增强服务员工能力，提高解决实际问题的能力。"智慧党建"要通过新技术让党建工作更加"接地气"，积极探索新方法、新渠道，让"智慧党建"平台与企业相关职能部门紧密配合，通过开展"组团式服务"，让党组织成为团结员工的旗帜。"智慧党建"必须增强媒介交流能力，要创造出一种喜闻乐见，适应网络生存环境，为广大员工所接受的语言形式。语言要"精"，言简意赅，直指本意；语言要"实"，说话言之有物；

语言要"平"，大众化的"土气"，不要官僚化的"官气"；语言要"快"，针对公司舆情形势变化要快捷，不要丧失时机。

3. 创新打造开放、灵活的组织平台

"智慧党建"在以大数据、互联网、人工智能为代表的新一代信息技术下，切忌采用传统自上而下的层级灌输、"海报张贴式"方式，要积极适应新的社会发展条件，借力新技术新理念，不断优化党组织的固有结构，使之朝着更加灵活、包容、有效的方向发展，增强党建工作效率性、服务性。借力大数据技术，构建数字化党建。要注重基础建设，投入必要的硬件和软件管理，将"智慧党建"平台融入企业系统平台整体。建设动态分析系统，通过跟踪分析数据的动态变化，抓取关注的党员和党组织的相应数据，构建数字化分析评价模型，涵盖反映党员素质与合格程度及党的基层组织建设规范性的基本维度和核心要素，对党员及基层组织进行全角度、全方位立体化评价，实现数字管理、科学评价。建设决策支持系统，对党建数据库信息进行指标化分析。借力互联网技术，构建移动化党建。"智慧党建"可利用先进信息技术，让党务信息、组织活动实现移动管理。借力人工智能技术，打造智能化党建。建设教育资源供给平台，连接和整合内外部的教育资源，智能抓取，一点发送，多端发布，根据党员和党组织的需求分析，进行内容主动筛选和推送，实时分析学习效果。建设党务协同平台，发挥网络传播的散点交流特性，纪检、组织、宣传、统战等党务部门间协同工作，根据议题的设定，形成通过探讨达成共识的工作效果。建设互动沟通平台，有力促进党内决策的科学化和民主化，构建党员积极主动地关心和参与党内事务的网络互动模式。建设电子监察平台，自动关联企业的经营网络，构建网络党务信息自动化公开机制和廉洁风险智能预警系统。

四、案例

1. 大数据助推贵州智慧党建

贵州依托大数据战略发展优势，充分发掘大数据手段在党建工作中的潜力，扎实推进党建信息化向智慧化转型，着力加强智慧党建的阵地建设、设施建设和内容建设，扩大了党建工作覆盖面，重视智慧党建平台建设，着力提升党的建设管理水平。各级党委政府将智慧党建工作摆在重要位置，各市州积极探索如何以新理念、新技术、新平台激发党建活力，将大数据、云计算技术与党建相结合，开发了形式多样、功能不一的党建云平台和手机APP，利用网络技术开展党建工作，助推党建工作智慧化。省级层面，开发了"贵州党建云平台"，大数据、人工智能和党建业务深度融合，在党建模式、教育渠道、联系群众、信息送达等方面都呈现出数字化的新特点。市州层面，贵阳市依托互联网和大数据，积极探索并打造从云到端的"党建红云"，实现对党组织和党员干部横到边纵到底的管理服务；黔西南州构建以大数据为引领、大党建为支撑的"智慧党建云"等。省级层面的"贵州党建云平台"，各地主动打造的"智慧党建"平台，都实现了党建工作智慧化、权力制约无缝化、管理决策科学化、基层服务精准化、互动模式多元化。

贵州省各级打造的"智慧党建"都呈现出"党建+N"的特点，以党建和组织工作为核心，涵盖精准扶贫、公共服务、电子商务、农业技术、社区管理、社会治理等多功能。贵州党建云涵盖了一云两库五平台，即云基础平台，党员、党组织数据库和行为数据库，宣传平台、教育平台、管理平台、服务平台、资源平台，实现省、市、县、乡、村、党员六级互联互通，集宣传展示、学习教育、互动交流、综合服务、办公管理五大功能于一体，具有党建新模式、教育新渠道、联系群众新平台、扶贫新手段、信息送达新通道"五新"特点，实现党组织和党员的全覆盖。

2."学习强国"学习平台

"学习强国"学习平台是由中宣部主管，以习近平新时代中国特色社会主义思想和党的十九大精神为主要内容，立足全体党员、面向全社会的优质学习平台。"学习强国"学习平台由 PC 端、手机客户端两大终端组成。

"学习强国"学习平台上线仪式于 2019 年 1 月 1 日在京举行，中央政治局常委、中央书记处书记王沪宁出席仪式并宣布平台正式上线。中央政治局委员、中宣部部长黄坤明在出席上线仪式并讲话。他指出，建设"学习强国"学习平台，是贯彻落实习近平总书记关于加强学习、建设学习大国重要指示精神、推动全党大学习的有力抓手，是新形势下强化理论武装和思想教育的创新探索，是推动习近平新时代中国特色社会主义思想学习宣传贯彻不断深入的重要举措。建好用好学习平台，必须突出思想性、新闻性、综合性、服务性。要坚持鲜明主题、突出重点，全面呈现习近平总书记关于改革发展稳定、内政外交国防、治党治国治军的重要思想，打造学习宣传习近平新时代中国特色社会主义思想全面、丰富的信息库。要坚持立足全党、面向全社会，围绕党中央关于理论武装的工作部署，着眼于提高广大干部群众思想觉悟、文明素质、科学素养，丰富学习内容和资源，创新学习方式和组织形式，为建设马克思主义学习型政党、推动建设学习大国作出贡献。要坚持开门办、大家办，发挥各方面积极性，齐心协力打造内容权威、特色鲜明、技术先进、广受欢迎的思想文化聚合平台。

学习强国平台由"学习""视听学习"两大板块组成。"学习"板块包括推荐、要闻、新思想、时政综合、发布、实践、订阅、经济、人物、科技、文化、图片、党史、人事、法纪、国际、十九大时间、纪实、用典、时评、思考、军事等频道。"视听学习"板块包括第一视频、短视频、联播频道、理论、党史、慕课、人物、文化、文艺、科学、自然、电视剧、电影、法治、军事等频道。其中"第一视频"主要是有关习近平总书记相关活动的视频报道。平台采用积分制管理，有一套完整的积分规则，并且能查看学习者积分在所在小组或全国的排名，很好地督促和激励学习者认真学习、使用平台。

3. 深圳智慧党建

深圳"智慧党建"系统有机联结市—区—社区三级党群服务中心阵地网络，全市 1050 个党群服务中心都建立了自己的服务主页，整合资源在线发布。党建系统依托党群阵地开展活动、深化服务，党群阵地依靠党建系统强化管理、指挥调度，形成了线上线下的服务平台体系，促进各级党群服务中心资源共享、互联互动，为居民群众提供精准化、精细化的服务。

"智慧党建"系统还通过大数据、云计算技术，对全市党组织和党员数量结构和工作开展情况等海量数据进行实时监测、动态分析，对党组织设置不合理、没有按时换届、组织生活落实不到位等智能"亮灯"预警，辅助科学决策和指挥；实行党员积分和党支部评星定级，通过科学设计积分管理规则，将党组织和党员所有线上行为纳入监测管理，操作全部留痕，量化评分，实现线下活动、线上积分，实时管理、动态考核，实现对党员的精细化管理。

深圳市委组织部有关负责人说，下一步，深圳将充分运用大数据、云计算技术，对全市党组织、党员数量结构和工作开展情况进行实时监测、动态分析。强化智能预警，比如党组织如果没有按时换届，或者没有落实好组织生活的要求，就会亮灯提醒，还会扣分降级，通过精细化的管理真正落实全面从严治党的总要求，把基层党组织锻造得更加坚强有力。

4.铜仁市"智慧党建一体化平台"

铜仁市创新运用大数据手段，依托"互联网+"模式，探索开发了"智慧党建一体化平台"，推进基层党建与信息技术深入融合，方便基层党组织更高效、有序、便捷地开展基层党建工作。"智慧党建一体化平台"实现对铜仁市14万多名党员、1.5万多名入党申请人、1.2万多名入党积极分子、8千多个基层党组织、300多个基层党委、300多个党总支、7千多个基层党支部的积分制管理。全市党员通过平台发布党员风采9万多条，单条最高点击量达1.5万余次；各基层党组织通过平台开展"三会一课"3.2万多次、"党员活动日"1.2万多次、组织生活会3千多次。

铜仁市正以"民心党建"为统揽，以"智慧党建一体化平台"、组工微信平台、"三量管理"平台、智慧党建展示中心、党建直播间、组织部网站"三平台一中心一直播间一网站"为抓手，着力构建覆盖广泛的基层网络体系、服务为主的动态管理体系、高效快捷的智能办公体系、多维立体的党建宣传体系和成果共享的一体化服务体系，不断推进基层党建高质量发展。

5.德兴市智慧党建

德兴智慧党建实现了党的教育、管理、宣传、服务、督查、考核"六大功能"，提升了基层党建工作规范化、制度化和常态化。

一是促进了支部建设。按照"上级查看下级"的原则，通过一部手机，上级党组织即可实时查看各党支部和党员基本情况，以及"三会一课"、组织生活、基层党建标准化建设等工作开展情况，便于对基层党组织各项工作进行督查、指导、推动，有效弥补了实地督查难以全覆盖的局限性。二是激发了党员热情。搭建起网上"党员之家"，实现了党员全覆盖，通过向党员发放政治生日电子贺卡等方式，增强了党员的归属感和荣誉感。特别是依托平台建立积分考核制度，考核排名实时更新，充分激发了广大党支部和党员争当优秀的内生动力，增强了党内组织生活的常态性。三是提高了工作效率。平台实现了党建工作线上督查、党员线上学习、党费线上缴纳、党组织关系线上转移、文件通知线上收发等功能，突破了传统以资讯为主导的模式，将各项党务工作电子化、信息化、网络化，为基层党组织和党员提供了更加方便快捷的服务，使党务工作"无界限""全天候"。四是推动了网络运用。"德兴智慧党建"是继O2O服务型党组织创建活动以来的又一创新，平台将互联网、大数据、云计算等新技术应用到党的建设中，实现了党建与现代信息技术的融合。通过广泛宣传引导，进一步引领各级党组织树立了互联网思维，推动了广大党员学网用网，丰富了新时代党建工作的内涵。

6. 农发行广东省分行智慧党建

农发行广东省分行充分利用互联网、云计算、大数据等现代信息技术手段，创新打造出"智慧党建1+3"管理系统，对全系统党建工作实现穿透式管理，"智慧党建1+3"，"1"是指一个党建信息管理平台，"3"是指三个信息化党建抓手，即数字党建活动室、移动党建APP、智能党建竞绩台。党建信息管理平台位于云端，为系统提供信息服务与数据支撑。党建信息化抓手位于各类数字终端设备，为党建各项管理工作提供应用程序。

"智慧党建1+3"管理系统具有几大优点：一是建立全方位全覆盖全过程的党建数据库，即党建信息管理平台。二是建立多功能线上线下同步的数字党建活动室。数字党建活动室，是支部"三会一课"、党员组织生活及其他党组织活动的数字化场所。三是建立为党员通过网络随时随地参加学习考试和组织生活提供便利的移动党建APP。移动党建APP是加载在每个党员移动终端设备上的党员行为管理系统，与党建信息管理平台实现在线同步更新。四是建立各级党组织、全体党员抓党建工作的信息化展示、评比与宣传平台，即智能党建竞绩台。全行所有党组织、党员都可以在该平台上展示、宣传党建活动开展情况，介绍党建先进经验，展示优秀支部与党员风采。利用党建信息管理平台积累的大数据，可对分支行党建情况与经营绩效情况进行相关性分析，推动党建与业务相融互促。

7. 随州试点推广应用"智慧党建"平台

据随州日报消息，随州市充分利用信息化技术，将手机客户端（微信公众号）、PC后台端、智能电视端进行了深度融合，成功开发了"随州智慧党建"综合平台。自2018年8月上线试运行以来，已有来自农村、社区、机关、企业等近70个党支部、1000多名党员参与试点应用。湖北省委书记蒋超良同志在听取随州市委向省委党建述职时，对随州市推进智慧党建，提升支部组织力的探索给予肯定。

随州智慧党建平台实现"三端合一"，为社区党员参加组织生活提供便利，推进了党员管理工作信息化智慧化，有力增强了基层党组织的凝聚力。

随州智慧党建平台实现党建资源新整合。新平台集宣传、教育、管理、督查、服务、办公、数据汇总分析于一体。平台为"三会一课"、主题党日、支部换届等工作，设置规范流程，到期自动提醒支部书记，保证规定动作不出错；将"任务管理"模块打造成为支部办公工具，支部书记可将会议通知、工作安排等一键推送到每一名党员；通过"一事一记"，将支部工作由繁杂的纸质记录转为自动生成的记录。平台通过大数据分析，实时指导支部各项工作，推进支部各项工作规范化。新平台的运用激发了党建工作新活力，提升了支部工作效率。

第二节　智慧团建

智慧团建是新一代信息技术条件下开展团的建设和工作的必然选择，通过对青少年信息的自动感知、互联互通、整合共享及应用协同，促进共青团在管理模式、运作模式、发展模式和服务模式等方面的改革与创新，推进团的工作网络化、智能化转型，贴近时代，实现直接联系、直接服务、直接引导广大青年，助推共青团事业再上新台阶。

原共青团广州市委书记魏国华在《智慧团建：互联网思维下共青团转型发展》一文中认为，"智慧团建"的核心是以互联网思维完善、改进和构建新形势下的青少年工作体系，从单纯的行政管理体系向管理和服务相结合转变，用互联网等时尚手段便捷方式去吸引青年，用服务去凝聚青年，用组织去覆盖青年，并将价值引导贯穿于服务的全过程中，强化对青少年的社会主义核心价值观教育和理想信念教育。通过加强服务取得青年的信任，巩固青年对党团的感情，使青年坚定道路自信、制度自信和理论自信，逐渐形成对党团的信赖。使青年在思想上、行动上、组织上入党入团、信党信团，高举团旗跟党走，坚定走对中国特色社会主义道路的信念和共产主义的理想信仰，从而搭建一条青少年对党从信任到信赖、到信念、再到信仰的有效路径，进一步巩固和扩大党执政的青年群众基础。

一、如何开展智慧团建

共青团广东省委书记池志雄在《广东"智慧团建"：互联网与大数据时代青少年服务的供给侧改革探索》一文中介绍，广东共青团承担并启动团中央"智慧团建"试点工作，积累的经验值得学习，着重从网络载体构建、青年服务提供、运作体系改革等三方面，大力推进"智慧团建"试点工作，实现"网络连支部、服务聚青年、团就在身边"。

1. 构建契合青少年网络应用场景的技术系统，实现网络连支部

一是建设团务管理系统。线上再造共青团组织体系，推动团组织及社会组织、公益志愿组织和青少年服务机构的精细化管理，推动团的组织管理模式由金字塔型向扁平化转变，并在线上实现办理团员注册、团籍流转、团费收缴和组织生活等基础团务，逐步实现线上申请入团、推优入党和组织流动管理等工作。二是建设青年服务系统。聚焦"青少年活动组织和参与"这个核心关注点，建设完善公益志愿、就业实习、婚恋交友、社会教育等青少年服务系统，团组织及各类青少年组织通过系统进行活动的宣传、发布、报名、审核、录用等工作，促使青少年便捷参与活动、交友互动、获取服务，

让青少年通过活动找到、加入共青团。三是建设资源撮合系统。整合志愿驿站、青少年宫、青年地带、希望家园、团校和青年报社等服务阵地，凝聚专家学者、青年团干、志愿者队伍和爱心人士等人才队伍，借助线上服务平台对线下资源进行信息共享和调配对接，破解资源供需信息不对称问题，形成青少年服务"有钱出钱、有人出人、有力出力"的工作合力。

2. 构建紧扣青少年需求的综合服务平台，实现服务聚青年

一是多元化服务。站在青年的角度、思维、视野，依托"智慧团建"各类应用平台，为青年特别是草根青年和困难青年提供身心健康、教育培训、就业创业、婚恋交友、法律维权、志愿服务、文体活动、青年优惠等多元化服务。二是优选服务。深度整合团属和社会资源，构建青少年服务资源支撑网络，发挥人才聚集优势和"朋辈导师"作用，通过"优选"机制为青少年提供本土、靠谱、优惠的分类服务。三是菜单式服务。以青少年的实际需求为导向，按照领域、时间、地域、年龄等要素设置活动项目目录，不断调整优化形成"分类合理、搜索便捷、筛选高效、直达需求"的活动菜单，打造青少年服务的"淘宝网"，让青少年根据自身的条件、喜好、习惯等实际情况"点菜下单"。

3. 构建相适应的运营机制和组织体系，实现团在你身边

一是服务内容供给方面。探索条块结合的矩阵式运营体系，既保留传统的以战线划分、以服务群体划分的部门运作模式，又创新重点领域事业部式的运作架构，按照每个项目必经的"决策—执行—传播"流程，整合专委会、合作联盟和基金会等组织机构工作力量，建设闭环的项目运营流程和相应的支持保障体系，确保青少年服务内容的有效供给。二是思想舆论引导方面。紧扣中国梦主题开展各类服务活动，弘扬社会主义核心价值观，引导青少年传递青春正能量。建立"众筹众包"队伍，组织网宣员、网宣骨干、网络文明志愿者，设立"市—区—直属单位—街镇"4级"青网盟"微信工作群，形成实时工作圈，注重线上舆论引导和线下面对面思想引领，把握节日热点及社会热点事件，及时传递团内重要信息，打造本土优质原创内容，策划特定粉丝群专题，为网络舆论引导提供机制保障。

二、案例

1.团台州市委:"智慧团建"彰显共青团改革智慧

据共青团台州市委介绍,团台州市委立足互联网,以"智慧团建"推动共青团改革进度,坚持"数字共青团""品牌共青团"的工作理念,积极建设台州青少年"大数据",形成全团分层级共享的"团员、团建、需求、产品、项目"等主题数据,为团组织建设提供数据参照。借力大数据分析解读,提炼获取价值信息,不断提升共青团工作科学化水平。通过加强信息化建设、实体化运作、线上线下互动等举措,全力推进"网上共青团"建设与线下共青团工作的双向互动、优势互补、全面融合,激发共青团工作的新活力。

第一,培育团的"最强大脑",打造团情主机。(1)系统重装扩大共青团服务内存;(2)架设麦克风开通青年之声直播间;(3)体系重建安装共青团主板芯片。

第二,启动团的"活动心脏",输送公益血液。(1)深挖全民公益开启活血功能;(2)做精公益项目培养造血功能;(3)创新志愿体系强化换血功能。

第三,印制团的"专属指纹",树立社会品牌。(1)打好青春治水水印LOGO;(2)打下留守儿童陪伴烙印;(3)产品专员形成共青团专利。

2.无锡地铁团建联盟:"三融三生"工作法

据无锡地铁集团过星介绍,无锡地铁集团团委坚持党建带团建,主动承担国企责任,充分发挥自身纽带优势,积极融入城市团建,打造突破行业限制、串联区域板块、发挥社会效益的地铁团建联盟创新模式,运用"三融三生"工作法将分散在全市各区域、各领域的团组织更有效地联合起来,将各团组织中的团员更紧密地联系起来,将团组织的社会功能更好地发挥出来,提升团组织的影响力、凝聚力和吸引力。

对内共融——三融,向外共生——三生。三融:"一融"为融进事业,打牢青年根基;"二融"为融增感情,注重稳心留根;"三融"为融尚文化,凝聚思想共识。三生:"一生"为实现联盟化发展,让组织"生"机勃勃;"二生"为开展组团式服务,让资源"生生"不息;"三生"为培养成长型员工,让青年"生"气盎然。

"地铁团建大联盟"项目实施近两年来,吸引了沿线周边 80 余家单位团组织加入平台,覆盖团员青年超过一万名,得到上级党组织的肯定和团员青年们的认同,社会广泛关注好评不断,产生了较强的品牌影响力,为全市团工作注入了正能量,该项目荣获 2017 年度全省共青团工作"10100"创新创优工程优秀项目一等奖,实现地铁团建联盟的品牌化。共青团工作的作用,不在于敲锣打鼓热闹一阵,而在于团结青年、服务青年,把团工作的实效体现在推动企业发展上,把党团的政治主张宣传到青年人心坎上,架起党与青年群众的"连心桥",履行好共青团的政治责任,凝聚起新时代青年实现"两个一百年"奋斗目标的磅礴力量。

3. 团咸阳市委:运用互联网思维推动共青团转型发展

据团咸阳市委介绍,团咸阳市委通过"智慧团建"构建工作网、联系网、服务网"三网合一"的"网上共青团"项目,打造具有咸阳特色的"互联网＋共青团"工作格局。

构建"互联网＋团(队)建"新模式,实现团(队)组织的精细管理。"智慧团建"着眼于搭建共青团与青年之间密切联系的网络沟通桥梁,"智慧团建"构建契合青少年网络应用场景的技术系统,实现网络连支部,探索建立"一库一平台"的管理模式、服务模式、运作模式、发展模式。

构建"互联网＋服务"新模式,实现青少年服务的精确推送。"智慧团建"可通过大数据精准分析,为青少年服务提供可靠的依据。"智慧团建"后台形成的青年地域、年龄、职业等大数据分析能使团组织更加全面、准确地把握青年脉搏,进而有针对性地调整和设计团的工作,把"青说团听、青说团做"在网络空间里具体化、有形化、有效化。

构建"互联网＋共享"新模式,实现信息资源的精准对接。服务能力建设在"智慧团建"平台建设中居于枢纽性地位,加强服务能力建设需要整合线上线下的资源。共享党政资源,共享团内资源,共享社会资源。

第二十一章　智慧法院、司法、检察、纪检监察

据新华社报道，2019年1月15日至16日，习近平总书记在北京召开的中央政法工作会议上指出，要深化诉讼制度改革，推进案件繁简分流、轻重分离、快慢分道，推动大数据、人工智能等科技创新成果同司法工作深度融合。

据新华社报道，2018年1月22日，习近平总书记就政法工作作出重要指示，对党的十八大以来政法战线取得的成绩给予充分肯定，对新时代政法工作提出明确要求。习近平总书记强调，希望全国政法战线深入学习贯彻党的十九大精神，强化"四个意识"，坚持党对政法工作的绝对领导，坚持以人民为中心的发展思想，增强工作预见性、主动性，深化司法体制改革，推进平安中国、法治中国建设，加强过硬队伍建设，深化智能化建设，严格执法、公正司法，履行好维护国家政治安全、确保社会大局稳定、促进社会公平正义、保障人民安居乐业的主要任务，努力创造安全的政治环境、稳定的社会环境、公正的法治环境、优质的服务环境，增强人民群众获得感、幸福感、安全感。

据公安部网站报道，2018年7月11日，中共中央政治局委员、中央政法委书记郭声琨在中央政法委全体会议上要求，坚持党对政法工作的绝对领导，坚持以人民为中心的发展思想，以全面深化政法改革为根本动力，以智能化建设为重要抓手，以过硬队伍建设为重要保障，努力建设更高水平的平安中国、法治中国，不断增强人民群众获得感、幸福感、安全感。

据新华社报道，2019年3月12日，十三届全国人大二次会议在北京人

民大会堂举行第三次全体会议上，最高人民检察院检察长张军在最高人民检察院工作报告中指出，深化智慧检务建设，统筹研发智能辅助办案和管理系统，促进科技创新成果同检察工作深度融合，助力提高司法质量、效率、公信力。

据中国法院网报道，2018年1月5日，人民法院"智慧法院导航系统"和"类案智能推送系统"正式上线运行，最高人民法院院长周强强调，深入推进新时代智慧法院建设，促进司法为民、公正司法。要把"智慧法院导航系统"建成法院为群众提供智能服务的平台，通过"互联网＋诉讼服务"新形态，使诉讼服务更加精准、便捷。要让"类案智能推送系统"在规范裁判尺度、统一法律适用、提高审判质效方面发挥更加重要作用，促进实现智能审判。

国务院印发的《新一代人工智能发展规划》提出"智慧法庭"。建设集审判、人员、数据应用、司法公开和动态监控于一体的智慧法庭数据平台，促进人工智能在证据收集、案例分析、法律文件阅读与分析中的应用，实现法院审判体系和审判能力智能化。围绕行政管理、司法管理、城市管理、环境保护等社会治理的热点难点问题，促进人工智能技术应用，推动社会治理现代化。

人工智能正在引发超越历史、创造未来的颠覆性变革，给政法、检察、纪检监察工作创新发展带来无限空间和广阔前景。抓住人工智能发展的历史性机遇，通过完善社会治理大数据平台、优化政法、检察、纪检监察系统大数据共享应用服务平台，在更大范围、更广领域推动技术融合、业务融合、数据融合。深化智慧审判、智慧检务、智慧警务、智慧法务及智慧纪检监察，提高智能化建设水平。抓住大机遇，大力加强智能化建设，形成信息动态感知、知识深度学习、数据精准分析、业务智能辅助、网络安全可控的科技应用新格局，把政法、检察、纪检监察工作现代化提高到新水平。积极推进实战应用智能化，进一步提升政法、检察、纪检监察机关核心战斗力。抓住人工智能机会，进一步摸索大数据、人工智能技术在提高政法、检察、纪检监察工作质效上的新的融合点。

第一节　智慧法院

最高人民法院院长周强多次强调，"全面深化司法改革、全面推进信息化建设，是人民法院两场深刻的自我革命，是实现审判体系和审判能力现代化的必由之路，是人民司法事业发展的'车之两轮、鸟之双翼'"。

2016 年 1 月，在最高人民法院信息化建设工作领导小组第一次全体会议上，最高人民法院院长周强首次提出了建设立足于时代发展前沿的"智慧法院"。2016 年 3 月，周强院长在最高人民法院工作报告中，提出继续深化司法公开，加快建设"智慧法院"。2016 年 7 月，中共中央办公厅、国务院办公厅印发的《国家信息化发展战略纲要》将建设"智慧法院"列入国家信息化发展战略，明确提出建设"智慧法院"。2017 年 5 月，最高人民法院院长周强在全国法院第四次信息化工作会议上强调，"智慧法院"是建立在信息化基础上人民法院工作的一种形态，积极促进人民法院工作在"智慧法院"体系内智能运行、健康发展。

加强智能化法院建设有助于提高案件在受理、审判、执行、监督等各环节自动化水平，促进司法公平正义。李鑫在《人工智能在法院工作中应用的路径与前景》一文中认为，人工智能在法院工作中的应用大体上分为法院的信息化建设、司法大数据建设、基于数据挖掘和深度学习的人工智能应用三个基本步骤。按照法院内工作的性质进行分类，人工智能主要应用领域有诉讼服务、审判辅助、审判管理、审判监督、执行、参与地方治理和决策。

一、诉讼服务中的应用

法院系统内推行"互联网＋诉讼服务"，将诉讼服务中心的服务互联网化，提高社会公众对法院工作的满意度。诉讼服务中心的很多工作规范化、程序化程度较高，可用人工智能咨询系统替代简单案件立案审查、诉前辅导、风险咨询等诉前服务，设置符合当事人阅读习惯和思维方式的人工智能咨询引导和应答，完成诉前服务。诉讼之中用人工智能系统替代诉讼文书收取、扫描及传送等服务，重新优化法院人力资源，减少直接交流以避免正面矛盾和冲突。

二、审判辅助中的应用

1.审判知识和案件关联信息支持。人工智能在法院工作的最基础应用模式是描述法律问题，管理和搜索解决问题所涉及的法律知识。人工智能按既定法律法规体系和法律专业知识体系对问题进行形式化描述和结构化分解，并根据已设定专业知识体系的引导找到判定问题性质的方法和路径，沿着法律专业逻辑进行预判和思考，给出解决问题的一些启发性建议。人工智能在搜索方面的应用可更全面、精准地为审判人员找到与审理案件相关的法律法规、司法解释、指导性案例以及类案，并适当标记法律法规、司法解释的适用情况，总结并给出类案的裁判标准，以保证法官更高效找到案件裁判所需依据，智能校正法官明显量刑不当行为。为法官审判工作提供法律知识参考，建立法官知识库，分解现有学术著作、期刊论文和调研报告等，提炼主要观点和方法，为法官审判工作提供必要专业知识支持。人工智能还可向法官提示承办案件的关联案件，及时、正确地关联与案件当事人有关的所有案件，协助法院和法官尽量减少重复起诉、矛盾诉讼等浪费司法资源的情况发生。法官还可在审判中智能验证各类诉讼参与人的身份或资质。

2.庭审录音录像的文字化和数据化。为解决法院司法辅助人员紧缺问题，用录音录像替代庭审笔录，在庭审后、上诉审、审判监督程序中，如有对案卷查阅需求，须全面审查庭审录音录像，略显耗时费事。利用人工智能对庭审录音录像的机器转录，完成庭审录音录像的文字化和数据化，满足审判管理和审判监督工作对于案卷的基本需求，为司法大数据应用打下基础。庭审录音录像的文字化和数据化借助人工智能，逐步提高文字化和数据化的准确性。

3.法律文书的辅助生成。通过对电子案卷和审判过程相关信息的结构化分析，结合针对各类案由设定的标准化文书模板，识别和判断案件信息，自动生成审判工作各阶段所需的各类裁判文书，并完成文书排版和校对工作。

三、审判管理中的应用

人工智能在审判管理工作的应用是实现司法资源更加合理、有效的配置和调度。法院各项工作都受到法院内外许多资源约束，约束法院工作的资源性因素大致两类：一类是人财物等资源，此类资源约束着法院可承受的总体工作量；另一类是时间资源，法院工作必须考虑结案率、审限等效率因素。人工智能整体提升法院工作效能，人工智能管理资源的基础方法是先规划再调配。人工智能在审判管理中应用分两部分：一部分是案件管理，利用人工智能对案件数量与难度的加权值计算工作量，为法官分配工作，在案件分配、案由调整、案卷向诉讼参与人开放、管理与流转等工作中发挥作用；另一部分是法官管理和质效考核，人工智能可提供全面法官审判工作质效报告，综合考量法官审判案件的数量和复杂程度以及审判工作效果，评估法官审判工作，案件审判工作结束后，自动计算法官相应工作量，为员额法官审判质效的实时评鉴和员额法官的动态管理提供科学、专业、全面支撑。破解了原有法官管理模式行政化困境，利于形成更科学、更具说服力的法官管理标准。

四、审判监督中的应用

人工智能可对裁判文书进行智能分析和风险预警，总结裁判文书必备的要素，将其分为必备要素、非必备要素、排斥要素，并用要素标准判别裁判文书的内容，发现人工评查不易查出的逻辑缺陷、遗漏诉讼请求等实体性问题，提醒法官甄别修改。法律适用标准的监督工作中，人工智能在审判监督中通过大数据分析界定"同案"和"同判"具体标准，根据案件事实产生个案化的判决标准。人工智能系统可使审判行为、审判管理行为全程留痕，为审判监督提供便捷渠道，使审判监督权的行使主体可实时监督审判工作，且监督行为也全程留痕，实现有效监督，又不会对审判过程形成不当干预和影响，实现放权于法官和控权于法院的有机统一。通过人工智能，动态获取和监控网络上有关法院和审判工作的新闻动态和公共舆情等，保证获取媒体和公众监督信息的时效性。

五、执行工作中的应用

对法院执行工作的普遍认识和评价是执行周期长、成本高、效果差，这其中有社会公众对执行工作的机理认知不充分的原因，但更主要原因是，执行工作不是法院单靠自身力量就可完成，而需当事人和诸多单位或部门共同配合。人工智能为执行工作带来新契机，改变法院执行局与金融机构、土地和房产管理部门、工商管理部门、公安机关等执行协助部门的沟通机制和效率，规范和理顺整个执行流程，避免协助单位受到多种利益干扰而选择性查询被执行人财产等情况的发生。执行中另外一个难题是执行中被执行人暴力抗法、执行人员人身安全难以得到保障，人工智能可全程监控执行过程，实时将执行遇到的不法干预情况反馈回执行指挥中心，指挥中心通过动态调配和协调相关资源实现有效执行并保障执行人员权益。

六、参与地方治理和决策中的应用

法院处理案件的一部分是某一阶段性社会问题，这些阶段性社会问题都会较集中体现于法院审判中。法院在审判工作中收集这些社会问题，总结社会阶段性主要矛盾，全面总结相关问题的症结，从犯罪预防和纠纷防范角度向党政机关提出相应情况报告和工作建议，参与地方治理活动，与其他治理手段有效对接。法院以法律大数据分析为工具，以人工智能提示或预警为手段，向党政机关提供决策和治理参考的优势主要体现在两方面：一是具有客观性，基于人工智能提取的信息提出的建议是基于法院处理案件的数量、内容等信息产生，较大程度避免主观性因素影响；另一个是将法院与党政机关的沟通和联系机制常态化、规范化，将人工智能应用到与法律相关问题决策优化中，提高了决策的民主性和科学性。将司法实践中遇到的新问题、新趋势、新动态进行必要总结，总结普遍性的规律和特点，形成立法或决策，为法律完善和地方治理决策提供参考，借此实现与地方党政机关互通信息，有效参与地方社会治理。

第二节 智慧司法

全国政协委员、中国人民大学法学院教授汤维建认为，"智慧司法将大数据思维运用到司法工作之中，借助互联网＋、大数据、云计算、人工智能等现代科技技术，对司法过程与结果实行统一管理、控制和运用。智慧司法让司法工作插上了信息化翅膀，使司法办案更精细化，司法管理更科学化，司法服务更人性化，司法程序更透明化，司法过程更高效化。智慧司法是一个完整的体系，要消除共建共享的门户壁垒，在公、检、法、司系统内，构建统一的司法信息资源库，建设司法云平台，创立司法大数据中心，为司法机关智慧办案、智慧决策、智慧服务、智慧办公和智慧保障等环节提供支撑，实现智慧司法的价值最大化和可持续发展。"

伴随中国互联网技术的快速发展及应用，我国司法公开网络平台建设取得了显著成绩。截至 2019 年 6 月 26 日，中国裁判文书网公开裁判文书超过 7072 多万份，访问总量突破 281 亿次，已成为全球最大的裁判文书网络公开平台，中国庭审公开网则累计直播庭审 375 万多次，累计访问量突破 175 亿次。

人工智能的快速发展引起广泛关注，司法机关也在尝试将人工智能引入司法工作中，推动司法智能化，提升办案效率，提高案件办理质量。

高伟等在《智慧司法的研究与实践》一文中提出，建设司法文书电子送达系统、智能辅助办案系统、判后执行系统三大应用系统用于解决司法文书送达难、法官"诉累"、判后执行难三大类问题。

一、司法文书电子送达系统

包括当事人信息查询模块和电子送达模块，基于当事人模糊信息，通过当事人信息查询模块获取联系方式，然后通过司法文书送达模块实现司法文书电子送达当事人。

1.信息查询模块

法院基于当事人姓名、照片、身份证等模糊信息，通过当事人信息查询模块可实现对当事人手机号码、常用电子邮箱、微信号码、互联网平台账号、金融平台账号等个人信息的深度挖掘。

（1）手机号码。基于运营商数据、公安系统数据实现当事人手机号码查询：a）根据当事人的姓名、身份证号码等，结合运营商数据信息，对当事人名下手机号码进行排序，筛选出活跃度较高手机号码，并对号码确认。对于当事人为躲避送达刻意使用他人身份信息办理手机号情况，可使用下面2种方法对当事人手机号码进行深度挖掘。b）活动区域锁定：运用人脸识别技术，结合公安系统视频信息数据，建立活动区域检测模型，通过当事人照片，活动区域检测模型可锁定当事人经常活动区域，确定当事人经常活动区域。关联分析经常活动区域基站数据，锁定当事人有效手机号码。c）交往人群分析：利用知识图谱、关联分析等人工智能技术结合大数据平台各方数据建立社会关系分析模型。根据当事人姓名、身份证信息等基础信息，通过社会关系分析模型可挖掘当事人主要社会关系、经常交往人群以及交往人群的联系方式等信息。通过社会关系分析，获取当事人经常交往人群，结合运营商数据获取经常交往人群手机号码，对经常交往人群的手机号通信记录进行分析获取共同联系人，对共同联系人进行筛选，锁定当事人手机号码。

（2）电子邮箱。基于互联网和运营商数据，对当事人的电子邮箱进行挖掘，过滤掉无效邮箱，挖掘当事人活跃度高的电子邮箱。

资料来源：高伟等：《智慧司法的研究与实践》。

（3）网络平台账号。通过当事人身份证号码、姓名等基础信息，结合互联网、银行数据信息，对当事人在互联网平台上活动轨迹进行深度挖掘，包括但不限于：a）社交媒体账号：微信、QQ、新浪微博、博客等社交网站。b）电商平台账号：淘宝、天猫、京东等电商平台。c）金融支付平台账号：支付宝、各大银行 APP。

2. 电子送达模块

在获取当事人联系方式后，可以通过电子送达模块发送司法文书。

（1）弹屏短信。与运营商签订可发送国内手机短信的协议，由运营商提供短信网关接口并对短信协议进行封装开发，建立统一的短信送达平台。通过当事人信息查询系统获取当事人的有效手机号码，系统自动通过弹屏短信的方式将相关文书发送给当事人。弹屏短信无法被拦截，以对话框的形式出现在当事人的手机页面，当事人须点击"关闭"才能继续使用手机，确保当事人已阅读电子送达内容。当事人阅读之后，自动生成送达回执，返回电子送达确认单。解决部分当事人辩称"忘记看短信"或"以为是诈骗短信"问题。

（3）社交媒体推送。挖掘出当事人微信号码、微博、QQ、博客等社交媒体账号，以系统通知方式向当事人推送司法文书，如微信消息推送、QQ系统通知、微博私信、博客站内信等功能。当事人点开通知，系统即认为当事人已阅读相关司法文书，并自动回复电子送达确认单。

（3）电子邮件送达。向当事人活跃度高的电子邮箱发送司法文书。当事人查看后自动回复电子送达确认单，并打印回复信息进行存档。

（4）页面强制导航：当事人手机在打开社交媒体、电商、金融支付平台的 APP 时进行强制页面导航，弹出司法文书消息。当事人只有点击关闭才可继续使用 APP，如当事人点击关闭，则可认为其已阅读相关司法文书内容，系统自动回复电子送达确认单。

二、智能辅助办案系统

为解决法官"诉累"，设计智能辅助办案系统，通过卷宗电子化、案件大数据库检索、在办案件画像、法规与类案推送、审判辅助与监督、文书自动生成等功能智能辅助法官办案，大大减少法官事务性工作，为司法审判提供智能辅助。

1. 卷宗电子化

电子化处理案件材料中当事人提供的纸质材料、从立案到结案审判辅助人员录入的各类信息、庭审中诉讼参加人的实时语音数据、审判人员撰写的各类法律文书等传统证据。通过 OCR 识别、视频分析、语音识别、自然语言处理等人工智能技术实现对各种证据的印刷体文字、部分手写体文字、签名、手印、签章、表格、图片等智能识别、定位和信息提取，对单一证据实现自动校验，满足电子证据的同步展示、批注、保存等功能。通过卷宗电子化功能，将传统纸质证据转化成电子化证据。

2. 案件大数据资源库

整合办案业务文件库、法律法规司法解释库、案例库、裁判文书库、证据标准库以及其他通过卷宗电子化生成的卷宗库，建立案件大数据资源库。

3. 在办案件画像

基于案件大数据资源库建立知识图谱，运用关联规则、文本分析、语义分析等人工智能算法，实现对在办案件的画像。通过案件画像功能可描绘在办案件的基本案情、时间地点、关键事实等案件要素特征，形象立体展现在办案件，辅助办案法官思考。

4. 法规与类案推送

基于案件大数据资源库和在办案件画像功能，运用推荐算法实现法规与类案推送功能。法官办案时，系统通过案件画像功能，提取案件要素特征，进行关联案件和类案自动检索与推荐，向法官智能化推送符合在办案件特征的法律法规条文、与在办案件特征类似的生效裁判文书、其他法院对此类案件的裁判趋势、与在办案件当事人有关的诉讼和信访情况等。

5. 其他

包括量刑建议推荐，类案不同判决预警，定罪、量刑审查等。

三、判后执行系统

1. 网络财产查控

基于最高人民法院"总对总"网络执行查控系统，整合地方银行、国土、住建、车管、民政、工商、税务等多机构数据，运用关联分析、数据挖掘等技术，建设地方法院"点对点"网络执行查控系统。在线完成被执行人财产查询、冻结、划扣，最大限度避免被执行人转移财产。

2. 网络司法拍卖

整合现有网上司法拍卖平台，开发网络司法拍卖系统，解决财产变现难问题，最大限度地保护当事人的利益。

3. 网络被执行人查找

整合被执行人网络、通信、社交、商业等活动信息数据，运用多维关联分析构建被执行人全息画像，准确查找被执行人，曝光失信被执行人名单，与社会诚信体系全面联动。

第三节　智慧检务

2018 年 1 月，最高人民检察院在充分调研论证基础上，明确提出智慧检务建设重大战略，正式印发《最高人民检察院关于深化智慧检务建设的意见》（以下简称意见），勾勒了未来智慧检务建设的宏伟蓝图。意见指出，深化智慧检务的建设目标是加强智慧检务理论体系、规划体系、应用体系"三大体系"建设，形成"全业务智慧办案、全要素智慧管理、全方位智慧服务、全领域智慧支撑"的智慧检务总体架构。到 2020 年底，充分运用新一代信息技术，推进检察工作由信息化向智能化跃升，研发智慧检务的重点应用；到 2025 年底，全面实现智慧检务的发展目标，以机器换人力，以智能增效能，打造新型检察工作方式和管理方式。

构建人民检察院信息化 4.0 版的智慧检务"四梁八柱"应用生态，全面实现检察工作数字化、网络化、应用化、智能化。要升级完善以统一业务应用系统为基础的司法办案平台，强化办案全过程的智能辅助应用。要探索建立智能检察管理模式，统筹优化检察机关"人、事、财、物、策"各项管理要素，全面提升检察机关现代化管理水平。要探索建立智能检察服务模式，拓宽公开渠道，优化检察公共关系，全面提升检察为民服务质效。要探索建立智能检察支撑模式，以智慧检务工程为载体，以检察机关大数据中心建设和人工智能试点创新为抓手，加强检察科技创新，为检察工作的长远发展提供有力的科技支撑。

智慧检务是一项全局性、战略性、基础性工程，深化智慧检务建设应当遵循"统筹发展、需求导向、以人为本、融合创新、信息共享"原则。各级检察机关要高度重视，加快完成电子检务工程建设，积极推动智慧检务工程项目申报和组织实施，运用科学态度、专业方法和精细标准，抓住机遇，迎难而上。要加强深化智慧检务的组织保障，完善规范化责任落实机制、高效化内部协作机制、科学化管理审核机制、专业化人才支撑机制、常态化支持保障机制和一体化安全管理机制。

谢乐凡在《浅谈"十三五"时期智慧检务保障体系的建立与应用》一文中认为，智慧检务保障体系是通过构建一个具备深入透彻的感知，全面宽泛的互联，丰富准确的数据，智能融合的应用特征的检务保障平台，搭建出完备且全面的检务保障新格局。智慧检务核心任务是通过构建智慧检务理论、规划、应用"三大体系"，打造检察机关智能化应用平台，推进大数据、人工智能等信息技术和检察工作深度融合，推动检察工作科学发展。

一、搭建计财部门与检察机关内部各业务部门间相互对接的检务保障平台

在动态化管理基础上，实现集办公、监管、服务、决策于一体的大数据应用。结合各院自身财务管理制度，设计检务保障运转流程。如办公用品采购申报时，业务部门内勤在线填写申报表，传送至业务部门负责人签批，再至计财部门审核、签批，下达相关人员负责采购，每月结账日再由纪检部门

全面审核当月业务，签批通过方可开启下月业务办理。整个业务流程在线完成，办公、监管、服务、决策形成一条业务链，每一个环节都必不可少，有据可查，权责明晰。

二、建立与税务、审计、纪委部门相联系的检务保障平台

将税务系统的票据查询、审计部门的财经纪律、纪检部门的党纪党规等转变成系统审核模块，费用报销时，由各业务部门经办人上传原始发票详细资料，通过系统审核模块初审，初审通过后再由计财人员审核把关，审核无误后进行费用报销手续。进一步加强财务监管，将腐败及违规现象扼杀在摇篮。

三、搭建信息平台，铺好数据平台"高速路"

打破部门间"信息壁垒"，联通"信息孤岛"，架起"信息桥梁"，增加集财政、发改、机关事务管理、银行等部门于一体的检务保障体系。将网络连接延伸至这些部门，对财政部门的资金使用，发改部门的立项申报，对银行系统的转账汇款，都在系统内完成，让数据跑路，做到去向清晰，环节明朗。

第四节　智慧纪检监察

将互联网技术、人工智能技术、大数据思维等信息化手段运用到纪检监察全流程、各环节工作中，已成主要方向。

湖北省纪委书记、省监委主任王立山指出，"智慧监察"是纪检监察机关依托大数据、人工智能等技术手段，推进纪检监察信息化、科技化的更高形态；是遵循纪检监察工作规律和审查调查权力运行规律，推动案件线索处置和办案流程信息化，提升网上审查调查能力的重大转型；也是从科技保障、科技支撑再到科技引领，为纪检监察工作重整行装再出发开辟新局面的必经阶段。

智慧纪检监察是纪检监察机关依托大数据、人工智能等技术手段，将分散的、独立的信息系统整合成一个互联互通、业务协同、信息共享的"大数据平台"，在大数据平台的基础上采用"数据挖掘""人工智能"等科技手段对数据进行精准分析辅助纪检监察工作，推进纪检监察信息化、科技化的更高形态。

据中国纪检监察报消息，各级纪检监察机关在运用科技手段提高纪检监察工作水平上作了不少探索。如，每逢重要节点，有的运用电子眼、GPS、大数据等提高发现和处置"四风"问题的效率、精准度。再如，有的运用大数据开展扶贫领域监督检查，通过比对受惠人员信息等，精准发现问题线索，让"蝇贪"无处遁形。此外，有的依托信息化系统规范完善日常监督工作流程，实施动态管理，随时随地掌握全面情况；有的加强搜集、查询、研判、比对在逃人员的潜逃轨迹、资金流向等信息，让追逃追赃工作有的放矢……这些探索都值得总结、完善。可以预见，随着技术的更新迭代、成熟完善，大数据、人工智能等在纪检监察工作中将会得到更加广泛的运用，以"道高一丈"的技术优势对腐败分子形成更大震慑。

一、智慧纪检监察助力反腐

姜伟等在《运用人工智能开展反腐工作势在必行》一文中认为，随着信息技术快速发展，腐败行为日益智能化、高科技化，腐败行为和腐败方法运用高科技手段让腐败现象变得更加隐蔽。为更好开展反腐败工作，必须充分运用智慧纪检监察，采用高科技手段打击腐败行为。

1. 智慧纪检监察势在必行

腐败行为具有很强的隐蔽性，特别是一些经济领域的腐败行为，往往运用隐蔽化、科技化的手段，把腐败行为掩盖起来。形势倒逼运用智慧纪检监察，一些地区实践也证明智慧纪检监察预防腐败可行、便于操作。例如，纪检监察部门通过智慧纪检监察，利用电子信息技术、通信技术、网络技术等信息技术手段，把科技手段镶嵌到预防腐败实践中，这些先进手段可延伸监督领域，可实时监测权利实施行为，使权力监督信息化、网络化、数字化，提高预防腐败工作有效性。信息技术发展要求纪检监察部门须主动适应新形势，把人工智能合理嵌入到反腐败工作，智能化处置预防腐败行为，提升工作整体效能。

2.智慧纪检监察方式多样

智慧纪检监察具有多样性。把智慧纪检监察镶嵌到电子政务系统、公共权力运行、公共资金使用、公共资源交易、行政执法、工程招投标、电子采购等网上运行系统，用大数据实现纪检监察部门与其他部门之间的信息共享和互联互通，纪检监察部门可实时获取其他部门工作信息，充分运用现代化技术手段，及时高效收集廉政信息，系统一旦发现腐败行为可自动报警，进行数据筛选、识别、分析。在一些招投标等重点领域，利用智慧纪检监察筛选评标专家，在专家库里随机、自动地抽选符合要求的专家，减少主观影响，最大限度保证招投标的公开公正。智慧纪检监察，还可用于智能预防腐败，发现腐败行为后，及时让人工智能判断是否属于腐败行为，实现预防腐败行为的智能化处理，运用技术的力量开展预防腐败，减少人为干预，有效保证处置腐败行为的客观、公正和效率，提升反腐败工作实效。

各级纪检监察机关要进一步顺应时代潮流，主动适应、积极引领，在实践中总结、提升，为实现纪检监察工作高质量发展提供强有力的科技支撑。广大纪检监察干部要打破固有的思维模式，紧盯科技发展潮流，了解、掌握、驾驭新技术，运用先进高效便捷的平台、工具创造性地开展工作，推动监督执纪问责和监督调查处置更加科学、严密、高效。

智慧纪检监察作为一项全局性、基础性工程，要加大硬件投入、信息贯通、队伍建设和人才培养力度，采取有力措施推进纪检监察信息化科技化建设。要统筹抓好智慧纪检监察设计、整合、提高、优化，拓宽信息技术在问题线索、审查调查、物证提取、现场勘验等领域的运用。

二、案例

1.贵州："智慧数据"实现精准有力监督

贵州省纪委省监委借助信息化手段创新监督方式，开展纪律监督"数据铁笼"试点工程建设。依托大数据技术，在民生资金、"三公"经费、执纪执法审查等重点领域、关键环节建立4个监督系统，实现资金流转、权力运行的全程记录、追溯和预警。借助大数据发展的"东风"，横亘在各地区各部门之间的信息壁垒被破除，监督数据实现融合共享，使得了解和掌握问题线索的大海捞针"人工活"变成精准高效"智能活"。把深入推进大数据战略行动同纪检监察工作有效结合，运用大数据思维提高纪检监察工作科学化水平，做到精准监督、精准执纪。进一步扎紧扎密"数据铁笼"，继续坚持以"一体推进"的理念思路统筹谋划各项工作，以大数据思维和技术，搭建线上线下无处不在的监督网络。

2. 海南：打造"智慧纪检监察"提升管理效能

据中央纪委国家监委网站消息，2019年3月海南省纪委书记、省监委主任蓝佛安主持召开省纪委监委信息化工作专题会议，研究《海南省纪委监委"智慧纪检监察"信息化工作规划（2019—2022年）》，并对海南省纪委监委2019年信息化工作要点进行科学性、方向性和逻辑性研判，明确信息化工作思路和发展方向。

2018年以来，海南省纪委监委结合深化全省纪检监察机关规范化建设实施方案，将信息化建设贯穿规范化建设始终，着力通过五大工程支撑起领导决策规范化、业务运行规范化、执纪执法行为规范化、机关管理规范化和队伍建设规范化，推进纪检监察工作向信息化、数据化、精细化发展，将信息技术与纪检监察业务工作深度融合，不断提升纪检监察机关管理效能和工作质效。海南省纪委监委已初步建成并使用审查调查大数据平台，对接公安、计生、税务等部门，实现对本地存储的工商、税务、人口等相关信息的查询；新建了全省监察对象采集系统，共采集近30万条监察对象数据。大数据平台的使用为各级纪检监察机关提供信息查询和研判，实现了"让数据多跑腿、让人员少跑路"的目标。

第二十二章　智慧统战、工会、妇联

据搜狐 AI 视点报道，2018 年 10 月 26 日，中央统战部部长尤权在福建考察时强调，发展人工智能关键的还是实现核心技术的自主可控，要把创新发展的主动权牢牢掌握在自己手中。希望云知声继续发挥人工智能龙头企业的带动作用，加强自主核心技术研发，努力实现技术产品的自主创新，以创新带动传统产业的转型升级，实现人工智能与实体经济的深度融合。

据中工网报道，2017 年 2 月 8 日，全国总工会以文件形式公布《全国工会网上工作纲要（2017—2020 年）》，要求充分运用移动互联、云计算、大数据和人工智能等网络信息技术，推进互联网在工会的广泛应用和融合发展，构建"互联网＋"工会服务职工体系，打造方便快捷、务实高效的服务职工新通道，不断提升运用网络服务职工的能力水平，推动工会工作创新发展。

据中国共产党新闻网报道，2018 年 4 月，全国总工会党组理论学习中心组围绕《现代信息科技革命与中国工会网上工作改革创新》主题进行专题学习，强调要努力打造"网络工会""智慧工会"，走好网上群众路线，提升网上服务水平，促进工会组织进一步增强政治性、先进性、群众性，切实担负起工会组织的政治责任。中国工会十七大报告明确指出，"积极建设智慧工会"是工会今后五年的一项主要工作任务。据新华社报道，2018 年 10 月 29 日，习近平总书记在同全总新一届领导班子集体谈话时强调，要把网上工作作为工会联系职工、服务职工的重要平台，增强传播力、引导力、影响力。

据中工网报道，2018 年 1 月 12 日，中华全国总工会党组书记李玉赋在全总十六届七次执委会议上的工作报告指出，有效利用国家基础网络设施和信息资源推进"互联网+"工会工作,加快推进全总国家电子政务内网、工会系统综合平台建设,改版重建全国工会干部教育培训网站,积极开展"互联网+"普惠性服务等活动,运用"互联网+"、大数据等技术,推行智能化管理,不断提升运用网络服务职工的能力。建立全国工会帮扶工作智能化系统,引入社会资源为职工提供精细、个性、互动的生活保障服务。积极借助政府、社会和市场的资源,提高运用移动互联网、云计算、大数据、物联网、人工智能等信息化手段开展工作的水平,推动建设智慧工会。

据《中国妇女报》报道,2018年10月30日,全国妇联党组书记黄晓薇在中国妇女第十二次全国代表大会上的报告指出,进一步增强互联网思维,把握网上妇女群众工作特点和规律,建设好"女性之声"和"妇联通"平台,提升网络主题活动、文化产品、服务供给的吸引力和传播力,健全完善网上"妇女之家"与基层"妇女之家"紧密衔接、协同联动的工作机制,积极推进大数据、云计算、人工智能等技术手段在妇联工作中的运用。

智慧统战、工会、妇联要服务好工作对象,就要确保统战、工会、妇联服务切实落地。智慧统战、工会、妇联要整合线上线下,整合社会力量,构筑"资源整合平台""惠民服务平台""统战服务平台""职工维权平台""职工活动平台""妇联服务平台"和"女性居家维权平台",推进统战、工会、妇联服务"社会化运作""项目化推动""信息化管理",与工作对象实际情况高度契合,真正将服务工作抓实,协助基层工会实现信息化、数字化、智慧化转型。

第一节 智慧统战

"智慧统战"旨在将传统统战工作与互联网、人工智能、大数据等新一代信息技术相结合,打通统战工作线上线下流程与数据,建立集宣传、学习、服务、管理、互动等功能为一体的覆盖全面的智慧统战平台,拓展统战工作的空间和渠道,创新统战工作机制和管理模式。

据湖北统战部消息,宜昌市伍家岗区在推动基层统战工作智慧化发展方面开展积极探索实践，伍家岗区基层统战智慧化建设经验可作为智慧统战的参考经验。伍家岗区委统战部以优化对统一战线成员的服务为目标，按照"三化"要（统战工作信息化、便利化、特色化）求，依靠"三多"（多层次联动、多媒体互动、多形式服务），依托四大信息载体（统战信息办公系统、手机客户应用端、统战部服务网站和微信公众服务号），建立了一套较为完备的基础信息系统和快速服务系统，有效提升了基层统战服务能力和工作水平。

一、多媒体互动，搭建基层统战智慧化平台

开发一个适合基层统战工作特色的综合信息服务平台，包括统一战线基础信息库，联动办公平台、在线服务平台、学习交流平台，是集网络办公、网上学习交流、网上在线服务和各类数据录入与查询于一体的综合信息服务系统。

1.便捷学习办公服务。应用综合信息服务系统开设学习交流板块和办公应用板块。学习系统设有"理论园地""统战知识""统战信息""通知公告""统战文件"等模块。办公应用系统设有"工作任务""工作日志""工作计划""工作总结""联动报表""工作考核"模块。

2.高效成员在线服务。在线服务主要依托统战部微信公众号和统战部服务网站，外网同统战系统办公内网互联互通，凡在外网反映问题，自动提交到内网后台，并指定所在地统战干部答复和解决。所反馈信息会公开呈现在微信公众号和服务网站上。

二、多层次联动，推进基层统战智慧化全面普及

1.高位推动。成立统战工作智慧化建设领导小组，由统战部长任组长。将统战工作信息服务系统纳入电子政务系统。

2.上下互动。领导机关带头应用，从安排部署工作、下发督办通报、传阅统战文件、查阅基础数据到督办考核管理，全部实现网上操作。

3.部门联动。开发统战服务网站、微信公众服务号，手机客户运用端，

以及各类统战成员微信群、QQ 群，将统战成员一起拉入统战工作信息化阵营，将考核结果直接计入年底党建工作和全区综合目标考核。

三、多形式服务，突出智慧统战的便民惠民功能

通过微信公众号和统战部服务网站，将统战成员服务有效植入统战综合信息服务系统，与统战部办公内网实现互联互通，实现网上网下服务，为统战成员搭建一座高效便捷信息服务桥梁。

1.拓展服务内容。为统战成员提供企业需求、困难救助、求职登记、政策服务、咨询与建议等服务。

2.增强服务实效。拓展统战服务空间，方便统战成员，提高服务效率，使基础信息更加精准、统战办公更加便捷、统战服务更加高效。

第二节　智慧工会

建设"智慧工会"是贯彻习近平总书记关于工人阶级和工会工作重要论述的根本要求，是加强新时期产业工人队伍建设的现实需要，是主动适应互联网新技术发展进步的迫切需要。李磊在《智慧工会的内涵、战略意义及其建设思路》一文中认为，智慧工会是以移动互联技术、大数据、人工智能等技术为背景，依托工会组织和工会网上平台，以满足职工需求为导向，以履行工会基本职责为使命，对工会系统数据资源进行收集、整合和加工，推进资源共享和业务协同，构建以职工为中心、网上网下深度融合、相互联动的一体化服务体系，竭诚服务广大职工群众，推进工会工作和社会治理。

单真在《新时代建设"智慧工会"普惠性服务新模式研究》一文中认为，"智慧工会"要整合"线上＋线下"的运营思路，整合社会力量，构筑"资源整合平台""惠民服务平台""职工维权平台"和"职工活动平台"，推进工会服务"社会化运作""项目化推动""信息化管理"，与职工实际情况高度契合，真正将服务落实落地，协助基层工会实现信息化、数字化、智慧化转型。

一、建设"智慧工会"的思路和方向

按照中国工会十七大报告提出的"积极建设智慧工会"具体要求,"构建网上工作平台,打造工会工作升级版"是今后工会工作的重要内容之一。建设"智慧工会",关键注重发挥网上优势,坚持以职工为中心,充分挖掘平台,丰富网上服务内容。

1. 积极发挥网上团结引领动员职工的优势

在网上引导动员职工时,一是要在网上积极引导职工践行社会主义核心价值观,不断深化"中国梦·劳动美"主题教育,培育担当中华民族伟大复兴的重要力量。二是要强化网上职工文化建设,多传播思想精深、深入人心的网上文化信息,打造健康文明、昂扬向上、全员参与的职工网络文化。三是建好工会系统互联网内容和舆论阵地建设,弘扬主旋律,凝聚正能量。

2. 始终坚持"以职工为中心"的基本思路

坚持以职工为中心,要一切为职工着想。一是注重内容的积累和挖掘。通过洞察数据,知道职工群体的特点、需求,多开发适合职工的网络服务内容。二是注重互联网传播方式。要充分运用职工喜欢和熟悉的时尚元素,走好群众路线、做好群众工作。三是吸引职工参与和互动。工会的互联网平台要提高一些类似职工联谊交流、参与企业重要事件的讨论点评的活动,调动职工在网络平台的有效互动,积极回复每一个职工关心和关注的问题;主动出击,制造职工感兴趣话题;树立客服意识,与职工网民真心平等地交流。

3. 充分挖掘建设"智慧工会"的多种平台

平台,是以平等和自由为前提,基于共同参与而建立起来的资源共享、互利互惠的开放型网络系统。每个新媒体平台都有优势和不足,要开发和利用多种平台来构建更多职工交流平台。如依托微信(公众号、小程序)、微博,及时发布信息,加强与职工的互动、沟通;加强门户网站的建设,突出政治性、窗口性、服务性、温度感,让职工体验平台的栏目多样化、设计扁平化。

4. 不断丰富工会网上平台服务的内容

"智慧工会"在平台建设中要多融入丰富多彩、有吸引力、原创性的内容，不断丰富工会网上平台服务内容和方式，搭建网络平台，让职工尽情展示自己；搭建学习平台，使职工热爱学习，把学习变成一种习惯；搭建分享平台，以开放为原则，连接一切可以连接的资源，给职工提供更多途径，让工会互联网平台成为一个"索引"，让职工可以通过平台快捷找到需要的信息和服务。

二、案例：湖北智慧工会

据湖北省总工会介绍，湖北省工会研究制定了《湖北省工会信息化建设（2017—2020 年）总体规划》，强力推进集网络、终端、渠道、内容、数据等为一体的"智慧工会"系统。

推进全省工会服务职工"一张网"建设。省总工会从 2013 年始即在宜昌试点建设集基础信息、职工服务、困难帮扶等为一体的全市工会社会管理服务网络平台，2015 年全面推进全省工会"互联网+"服务职工体系建设。2016 年省总工会设计"网上服务大厅"系统，促进市、县工会平台建设。2017 年省总工会建成省级职工服务平台并投入使用。目前全省服务职工"一张网"初步建成。

建设省总工会基础数据库。湖北省总基础信息库项目（一期）于 2017 年底按照等保三级的标准建成并投入使用，建成涵盖工会会员、工会组织、企事业单位的基础信息以及业务信息共 37 张表 434 项指标的湖北省工会会员与工会组织数据指标体系。基础数据库通过与全省各级工会网上服务职工平台的数据对接。

建设新媒体宣传矩阵。省总目前拥有门户网站"湖北工会网"、微信订阅号"湖北省总工会"和服务号"湖北工会""今日头条"新闻客户端等，联动使用"看楚天"APP、斗鱼 TV、长江云、湖北之声微信等媒体平台，形成覆盖电视、电台、网络、手机客户端的全方位、多渠道新媒体宣传矩阵。

建成全省工会协同办公平台。省总工会新 OA 协同办公平台上线运行，实现省总工会电脑和手机端并行的网上公文流转、公文审批和事务管理等功能，同时实现省总工会与各市（州），大企、产业工会的网上办公协同。

第三节　智慧妇联

智慧妇联把互联网、大数据、人工智能等新一代信息技术与妇联工作相结合，保证各项政令和服务无缝对接，提升妇联工作管理效率，为妇女提供创业、就业、学习平台，提升女性社会地位，展示妇女风采。

一、案例：庆阳智慧妇联

据甘肃妇联介绍，庆阳市妇联推动妇联组织、妇女工作与互联网、大数据深度融合，在西峰区东大街社区妇联成功上线"智慧妇联"，使妇联组织离妇女群众更近，引领服务联系妇女更有智慧。

1. 妇联工作更加智能

借助"智慧社区"平台，在四大平台(后台管理平台、微信移动服务平台、手机 APP 应用和社区服务在线网络平台）和六大系统（模块化社会治理、信息化数据管理、智能化便民服务、网格化城市管理、自动化干部办公、民主化居民自治）中，全面嵌入妇联工作，成功打造"智慧妇联"。特别是"模块化社会治理"系统中，设置了包括妇联组织机构、工作制度、辖区妇女儿童基本情况、结对帮扶、巾帼志愿者服务队、学习宣传、各类活动、各类服务及先进典型等 9 大特色内容，使妇联工作从线下走到线上，实现社区妇联信息网上交流、工作隔空对话的新格局，提高妇联组织工作效率。

2. 服务妇女更加便捷

"智慧妇联"开设"智能化便民服务"系统，链接全国、省、市、区 4 级妇联组织微信公众号，定期推送妇联工作动态，发布惠民政策、就业信息等与妇女群众密切相关的信息。"智慧妇联"实行网格化管理，社区妇联执委担任网格小组成员，实时开展网格巡查，可以及时把握妇女群众真实需求和基层妇女工作问题，切实打通了为妇女儿童有效服务的"最后一公里"。

3. 关爱帮扶更加精准

在日常工作中，社区妇联执委可通过"智慧妇联"强大数据和查询功能，全面准确掌握辖区留守儿童、困境儿童、困难妇女等特殊群体翔实信息，有针对性地提供帮助和服务。妇联执委在下基层、访妇情时，还可将妇女群众反映的问题通过"智慧妇联"平台上报，通过"创建任务—下达指令—跟踪进度—落实反馈"等一系列完整工作流程，确保妇女群众关心、关注问题"件件有回音、事事有着落"。

二、案例：常德妇联智慧"妇联云"

据常德市妇联介绍，常德市妇联不断在妇联工作中注入互联网思维，打造以妇联网群、微信公众号、门户网站、微商城四位一体的妇联"智慧云"平台，形成独具特色信息化"妇联网"工作模式。

1. 以"妇联群"众筹女性智慧。全市各级妇联组织建起了家政服务、手工编织、家庭教育、扶贫助学、志愿服务、女性创业、工作联谊交流等上百个微信群或 QQ 群。通过朋友圈、面对面分享、扫描二维码，让妇女群众自主入驻"妇字号"网群，可找到相关专家、妇联干部或者志同道合的"小伙伴"，获得法律政策咨询、成才成长辅导、权益问题诉求、创业就业帮扶、婚姻关系调适、家庭教育指导等服务。

2. 以"公众号"服务女性需求。秉持成为"常德女性的百科全书"的理念，市妇联微信公众号设置了妇联在线、公益课堂、家庭服务等多个栏目，上线了家教微课堂、心理微咨询等在线免费公益学习课程。以软硬件设施一流的妇儿活动中心为支撑，开办了契合女性需求的课程，接受市民通过公众号报名，免费线下集中授课。

3. 以"微商城"助力女性创业。市妇联先后牵头组织成立了家政服务业协会、手工制作协会、农产品女经纪人专业委员会等女性社团组织，通过协会力量组织女性抱团创业。市妇联专门开办了"微商城"，为她们提供线上的产品展示、展洽、展卖平台。月嫂、卫生保洁等家政服务也已经在微信公众号上线。

4.以"门户网"展示妇联形象。妇联网站作为市政府网站的子网站，设置了工作动态、信息公开、维护权益、家庭教育、主席信箱、巾帼风采等栏目，着力于回应社情民意，展示妇联形象。

第二十三章　智能化企业管理

国务院印发的《新一代人工智能发展规划》提出，大规模推动企业智能化升级。支持和引导企业在设计、生产、管理、物流和营销等核心业务环节应用人工智能新技术，构建新型企业组织结构和运营方式，形成制造与服务、金融智能化融合的业态模式，发展个性化定制，扩大智能产品供给。鼓励大型互联网企业建设云制造平台和服务平台，面向制造企业在线提供关键工业软件和模型库，开展制造能力外包服务，推动中小企业智能化发展。

企业管理对企业生产经营活动进行计划、组织、指挥、协调和控制等，最大限度发挥好企业人力、物力、财力、技术、数据等资源价值，旨在取得最佳投入产出比。人工智能技术应用于企业管理的生产、营销、财务、人力资源管理等环节，可有效提高企业效益，提高企业核心竞争力，帮助企业真正做到用数据说话，智能化决策。

第一节　智能化企业管理

人工智能将为企业管理者提供全方位协助，可成为管理者随时待命的助理和顾问。不仅能提升管理者工作效率，还可让管理者通过对话或其他直观方式，与智能机器开展协作互动，可为管理者提供许多帮助。

高山行等在《人工智能对企业管理理论的冲击及应对》一文中认为，需充分认识人工智能时代下有关人、机器以及组织等方面问题，包括人工智能所带来人的"透明化"和机器的"人性化"，动荡的商业环境、个体与组织之间的"联盟"关系使得科层式管理方式难以创造价值。

一、人工智能对企业管理的冲击

人工智能的到来使得世界"液态化",所有内容都在不断流动、改变和升级。人工智能背景下人、机器、管理方式、组织关系都将发生变化。

1.人的"透明化"

随着人工智能与企业管理流程的深度融合,采集、分析、反馈工作过程产生的大量数据,使得员工行为呈现"透明化",对个体有利而损害整体利益行为极易被发现,例如公司利用人工智能监督内部法务合规情况、监控采购欺诈行为,在此背景下,人性"善意"将被更多地激发出来。

2.机器的"员工化"

智能化机器作为一种全新虚拟劳动力,将以"员工"的身份进入企业内部运营,部分取代或者完全取代某种人类工作。体现出人工智能的"人性化"趋势,使其与人类员工的联系更加紧密。

3.科层制管理方式需做调整

科层制是建立在社会分工协作基础上的一种管理方式,科层制的刚性组织以程序化、确定型决策为主,但人工智能技术发展使得非标准化生产和消费模式兴起,面临更多非程序化问题,同时人工智能提供的海量、复杂信息也使得商业环境更加复杂、动荡,组织决策逐渐转变为以风险型决策为主。科层式管理方式下信息需逐层传递,但人工智能带来的组织环境变化将使组织决策量剧增,逐层传递信息会造成信息失真以及信息延迟等情况,不利于企业在动荡市场环境下的快速反应。

4.企业与人关系从"雇佣"转向"联盟"

人工智能为员工以及企业提供精准与完善市场信息,削弱工作稳定性,员工以提升能力为就业目的,不再将企业当作终身供职对象,而作为职业发展平台,这使得企业与个人的雇佣关系从长期雇佣、保证就业转变为"联盟"模式,员工和企业之间建立一种能增加彼此价值的关系。企业的劳资关系将由上下级转变成"投资人"与"创业者"的关系。

二、人工智能背景下的人力资源和企业战略

1. 企业管理绩效更精确，促使企业关注能体现个体价值的能力

人工智能会为企业管理绩效提供更精确评估数据，辅助企业发挥绩效管理价值，促使企业关注能体现个体价值的能力，如何发挥个体价值促进战略成果的达成。

（1）人工智能可为企业绩效评估提供更全面、客观数据，优化人力资源配置。管理绩效首要问题在于能有效衡量绩效，高层领导可根据公司整体表现进行评估，但大多数情况下管理者都通过主观标准评估绩效，办公室政治和无意识偏见将会影响评估结果，导致绩效管理存在偏差。而利用人工智能提供的知识图谱，人力资源管理者能清晰了解关键行动项目的具体过程，实现更精准绩效管理。如百度人才智库，是利用人工智能和大数据优势组建的智能化人才管理的专业复合型工具，包括人才、组织、文化三大管理板块，人才板块功能主要体现为科学识别人才潜力、预判员工离职倾向和离职后影响，为有针对性的人才培养与保留提供了智能支持；组织板块通过分析部门活动、人才结构等数据资料，科学评估组织稳定性、揭示组织间人才流动规律，为组织优化调整人才配置提供支持；文化板块通过呈现组织内外部舆情热点，智能分析外部人才市场，帮助管理者提升企业口碑，进行人才储备。人工智能技术为员工提供科学化、个性化的成长与发展指导，使其更加了解自身需求实现自我发展与提升，消除年轻化团队与经验型管理之间矛盾，提早预测行业动态进而调整知识结构应对多元业务结构。

（2）人工智能促使企业更加关注体现个体价值的能力。人工智能促使企业关注员工创造力、判断力等能体现个体价值的能力，如何发挥个体价值促进战略成果的达成，产生新关键绩效指标。

2. 企业将人工智能纳入总体发展战略，管理目标着重激发创新

人工智能对生产方式、尖端技术以及创业机会的影响，将会促使企业重新思考自己的核心使命和价值主张，探寻新的竞争优势；企业对个体创造性更加关注，使组织的管理目标逐渐转向激发创新，组织文化趋向开放、共享

以及多元化形态。

第二节　智能化人才管理

在 2018 中国绿公司年会上，中化集团董事长宁高宁谈到，在讲求高技术、人工智能的当下，如何进行人力资源管理，依旧是值得企业研究的课题。

在中国当下，很多行业都在从产品制造型经济向知识服务型经济进行转移。在知识服务型经济时代，人力资本成为企业第一要素，使用大数据人工智能技术辅助人才管理成为企业管理的主流趋势已初露端倪。

王亮在《用人工智能技术提升人力资源管理水平》一文中认为，企业通过人工智能，结合大数据算法，能帮助解决人力资源日常管理存在的诸多问题，解决人的判断基础问题，淘汰重复性工作，使人力资源工作者更专注于人才培养、组织多元化、企业文化与时俱进等，给企业带来巨大的增值。

人工智能应用人力资源管理的四个环节：

一、选——人员招聘

在人力资源业务中，招聘工作一直是繁重而复杂的工作，需人工筛选海量简历、发送面试通知、跟踪记录面试各个流程及结果，其中会掺杂很多人为因素，影响招聘实际效果。利用人工智能人力资源技术，通过机器"深度学习"，从大量简历中筛出符合用人需求简历，结合需求单位岗位职能，进行人岗关联匹配推荐；从简历中分析人员特质，挖掘人员潜在发展趋势，形成人员评估表；对面试过程中，面试考官的表现进行评估，推荐优秀面试官，还可通过语音机器人，进行语音面试等。通过人工智能技术，可将人员招聘过程公开化、透明化，并最大限度招聘到最优人才。

二、用——员工关怀、员工体验

随着时代发展，人才争夺战升温，员工关怀、员工体验成为争夺并留住人才的核心。创建敏捷绩效，随时随地与员工进行沟通、随时更新目标；对企业员工进行 360° 洞察、形成内外部人才画像；提供个性化、智能化关怀体验、对员工的潜能进行精确识别，全面提高员工对企业的主动贡献度。

三、育——员工发展

敏捷方法是一种以人为核心，迭代、循序渐进的开发方法。把一个大项目分为多个相互联系，但也可独立运行的小项目，并逐一击破。使用敏捷方法培养员工，根据员工兴趣爱好及潜能，进行课程个性化推荐、形成员工地图；大力推进员工阅读氛围，对精华内容智能解析并且推荐阅读，打造人才成长生态圈。

四、留——离职预测

职场中，如何减少人员离职，找到离职原因并改进是根本解决办法。利用人工智能技术对职场因素，包括个体因素、组织因素、外部因素等进行分析，其中囊括了人员个体年龄、性别、绩效、薪酬、企业文化、组织氛围、工作压力、外部市场工作机会、外部薪酬水平、市场热度等。从这些因素出发，构建不同维度的结构化指标，如办公环境、工作压力、晋升轮岗、培训学习、薪酬福利、个人发展等，并将这些指标定义为正相关或是负相关属性。通过多元回归模型、逐步回归，理清影响因素并进行排序，为留住人才制定相应措施提供依据。

第三节　智能化价值链整合

把握好智能化趋势，积极有为推动企业价值链整合，对企业发展至关重要。吕文晶等在《智能制造与全球价值链升级——海尔 COSMOPlat 案例研究》认为，全球价值链运行主要受两种模式驱动。一是生产者驱动型，二是采购者驱动型。对于处在不同驱动模式产业，在全球价值链中升级策略也不应相同，企业的转型升级战略需先根据所在产业特性找出其全球价值链中的动力根源，并在此基础上发展升级所需的核心能力。

一、人工智能创新活动特点

宋晓彤等在《人工智能创新价值链构建研究》一文中认为，人工智能创新活动具有以下特点：人才竞争是竞争根源，基础研究和应用研究的积累是极为重要条件，商业落地是重要驱动力，数据与用户是重要资源，各国良好的战略环境与政策支持是保障。

二、智能化价值链升级整合框架

1. 企业在价值链上的升级路径

智能化价值链升级受所在行业治理模式影响。对于技术密集、资本密集的生产者驱动行业，价值链主要受到主导制造企业对生产活动的投资推动，处于产业主导地位的领先企业应投资技术研发、设计等环节，向价值链上游环节升级。对于劳动密集的采购者驱动行业，企业应通过提供生产型服务，向价值链下游环节升级。对于存在生产者与采购者双重驱动的行业，价值链呈现介于市场主导和层级治理之间的模块型治理结构，产业中的领先制造企业具有一定的研发活动自由度，还需满足用户差异性需求，可采取同时向价值链两端升级路径。

向价值链上游或下游环节升级都要求企业已具备该环节所需的能力，需长时间经验积累和能力培养，努力提升企业自身所在环节的附加值是较为可行的升级路径。

2. 企业在价值链上的智能模式选择

确定相应价值链升级路径后，企业需进一步选择不同智能制造模式，实现转型升级。向价值链上游环节升级的企业，一方面可通过智能产品的生产，提升产品附加值，将生产已有产品的竞争力应用在智能产品价值链中，实现产品升级。另一方面可通过网络协同模式，将智能产品生产过程的知识技能向研发、设计等环节转移，实现环节间升级。向价值链下游环节升级的企业，可通过智能服务，将有形资产转化为服务型资产，进入服务方案市场，实现终端市场升级。对于大部分通过提升自身所在环节价值实现升级的企业，可行智能模式是采取精益生产、个性化定制的智能生产模式，提升生产活动技术能力，实现流程升级、功能升级。

3. 领先企业的战略选择

互联网时代对领先企业的转型升级提出不同要求。基于互联网经济的消费者注意力稀缺特征，市场将被单寡头平台企业竞争性垄断。领先企业在价值链的升级路径，可通过智能生产、智能产品与智能服务的整体实施，向智能制造平台转型，与其原有的供应商、客户、合作伙伴、竞争对手等组织之间的联系由价值链转变为价值网络，成为平台领导，带动产业整体实现价值创造。

第四节　智慧供应链管理

供应链围绕核心企业，从零部件开始，制成中间产品以及最终成品，借助物流网络将产品送到消费者，整个过程中的供应商，制造商、分销商、最终用户联结成一个完整功能的网链结构。供应链可比作一棵枝繁叶茂的大树：生产企业构成树根；独家代理商则是主干；分销商是树枝和树梢；满树的绿叶红花是最终用户；在根与主干、枝与干的一个个节点，蕴藏着一次次的流通，遍体相通的脉络便是 IT 管理系统。

在当今经济全球化的大背景下，企业与企业之间的竞争正演变为企业所处的供应链与供应链之间的竞争，竞争的是企业智慧供应链的"智慧"程度，因而搭建高效、灵活智慧供应链已成为现代企业夺取竞争胜利的法宝。

一、智慧供应链特点

智慧供应链重构"人、货、场"，从消费者到产品制造建立新连接，把供应链资源融入其中，使全链条效率最高，成本最优，是供应链模式和新一代信息技术的深度融合，是一种高级供应链组织形态。

张颖川在《智能制造下的智慧供应链变革》一文中认为，根据国务院办公厅印发的《关于积极推进供应链创新与应用的指导意见》，供应链是以客户需求为导向，以提高质量和效率为目标，以整合资源为手段，实现产品设计、采购、生产、销售及服务全过程高效协同的组织形态。上海天睿物流咨询有限公司首席顾问邱伏生认为，智慧供应链具有更多的市场要素、技术要素和服务要素，呈现几个显著特点：一是侧重全局性，注重系统优化与全供应链的绩效，强调"牵一发而动全身"；二是强调与客户及供应商的信息分享和协同，真正实现通过需求感知形成需求计划，聚焦于纵向流程端到端整合，并在此基础上形成智慧供应链；三是更加看重提升客户服务满意度的精准性和有效性，促进产品和服务的迭代升级；四是更加强调以制造企业为切入点的平台功能，涉及产品生命周期、市场、供应商、工厂建筑、流程、信息等多方面要素；五是重视基于全价值链的精益制造，从精益生产开始，到拉动精益物流、精益采购、精益配送。

二、智慧供应链体系

蔡进在《发展智慧供应链迈向高质量发展的必由之路》一文中认为，从供应链功能看，智能化供应链分为智慧化平台、数字化运营、自动化作业。智慧化平台是从供应端到仓配网络到消费端的数字化网络的综合集成，是增强全供应链透明度、协同性的主要方式。数字化运营是打破以往管理体制、管理模式，将企业各要素进行数字化打通与连接，形成相互支撑的价值发挥体系，是提高企业在互联网时代经营效率的全新商业模式。自动化作业是机器设备、系统或过程（生产、管理过程）在没有人或较少人直接参与下，经过自动检测、信息处理、分析判断、操纵控制，实现预期目标的过程。

智慧供应链利用智慧化平台去计算、思考、决策，通过数字化运营去量化供应商供货量、供货合理价格、仓储量、入仓位置、用户喜好等，作出精准预测，指导企业经营以及仓储、运输等自动化作业。如把智能化供应链比作人，那么智慧化平台是大脑，数字化运营是中枢，自动化作业是四肢。

从环节上来看。智慧供应链与传统供应链相同，也贯穿供给、制造、消费等场景的完整链路。按照供应链环节划分，智慧供应链涵盖智慧采购、智能制造、智慧物流、智慧消费等环节。智慧采购结合大数据的基础，从最前端精准把握、判断和预估消费者的需求，为消费端提供最准确、最快速的原材料供应。智能制造能在精准采购的基础上，运用新技术挖掘和改进生产工艺、生产管理方法及产品品质，将需求与自身更好更快地结合。

三、智慧供应链的内在要求

智慧供应链追求上下游高度协同，要求企业重新思考自己的核心竞争力，抛弃过往"一条龙"式业务，明确自身在产业链的位置，薄弱的、非核心的环节采取外包或与生态伙伴合作。智慧供应链要求企业用数据来链接上下游的伙伴，形成新的商业关系，也要注意防范风险，实现与上下游企业的软硬件制造资源的全系统、全生命周期、全方位的联动，与上下游合作伙伴形成良好利益分配格局，实现人、机、物、信息的集成、共享，最终形成智慧供应链生态圈。

四、案例：国家电网公司现代（智慧）供应链建设

据国家电网有限公司物资部介绍，2018 年以来，国网公司大力推动实物电子标签（ID）仓储作业移动技术，实现了物资信息快速读取、移动终端与 ERP 对接、实物 ID 全维度信息收集等智能运用探索，解决了物资仓储管理中涉及环节多、作业时间长、劳动强度大、人工录入出错风险高等问题，探索出物资管理的新方向。在国网江苏电力研发的物资运输可视化平台，从 APP 上可以直观看到物资运输运输的情况。平台还具有自动预警功能，可以通过物资的运输运速、停留时间、设备状态等数据，自动研判、分析运输状态，发送运输异常预警信息，有力提升运输监控的效率。物资运输可视化平台通过芯片的定位，能够准确掌握物流车辆的信息，并与交通、气象、航运等部门的信息对接，确保了配送道路选择的最优化，实现送达时间的准确预估，让物资的来去更加清楚。线上线下数据的充分共享实现了供需的高效对接。

其他如智能化财务、智慧物流、智能化广告等就不再一一赘述，可参照前面章节。

第二十四章　智能化其他服务

国务院印发的《新一代人工智能发展规划》提出"智能机器人"。攻克智能机器人核心零部件、专用传感器，完善智能机器人硬件接口标准、软件接口协议标准以及安全使用标准。研制智能工业机器人、智能服务机器人。

据《中国能源报》报道，2019 年 1 月 11—13 日，住房和城乡建设部王蒙徽部长在中国电动汽车百人会论坛（2019）做主题发言时表示，要把电动汽车、智能汽车的发展与智慧城市的发展和建设融合起来，促进城市基础设施数字化、智能化，加快建设智慧城市建设管理平台。

据中国网报道，2018 年 3 月 11 日，商务部部长钟山在十三届全国人大一次会议记者会上表示，发展"丝路电商"。鼓励企业在沿线开展电子商务，开展大数据、云计算、人工智能等服务，帮助"一带一路"相关的国家发展数字经济，融入经济全球化。

据《中国邮政》报道，国家邮政局局长马军胜在 2018 年第 49 届世界邮政日致辞中指出，要加快与互联网、大数据、物联网和人工智能等前沿科技深度融合，打造智慧供应链体系。

服务机器人是在专业或家庭领域从事服务工作的机器人，应用范围包括清洁、医疗、救援、物流、维修、养护、安保、审计、财务等方面，是半自动或者全自动的机器人，主要从事服务工作，是科学技术运用于生活的表现之一。

第一节　智能化财务

大数据、人工智能时代，财务管理人员要面对诸多挑战，不仅是同行业竞争，还有来自人工智能技术发展的压力。

据经济日报消息，2019 年 5 月，中国企业财务管理协会举办主题为"智能时代，数据管理与控制"第四届中国企业财务管理创新与发展论坛。在数字经济逐渐成为我国经济发展新动能的大背景下，与会人员从财务管理业态发展的新趋势、新发展进行了研讨，探求科学管理的思路、模式、技术、途径和方法。

中国企业财务管理协会李永延会长指出，财务管理人才需具备高感知、高概念、高创新能力，要快速感知市场变化，高度凝练变化的概念，进行高度创新。高感知背后是身体智慧，高概念背后是认知智慧，高创新背后是产育智慧。

审计署审计研究所所长姜江华认为，企业经营管理活动复杂性决定了企业信息系统种类多样性，相应增加企业审计难度。构建全覆盖企业审计大数据资源体系是有效提高审计效率最重要基础性工作。搭建企业审计大数据分析平台是发现问题线索和揭示风险隐患关键。

财政部原会计司、企业司司长刘玉廷认为，人工智能等新技术发展，已波及我国上千万财会队伍，但新技术发展不会导致财会弱化或消亡，会使得内容更加专业化。智能财务不会改变相关学科，会使学科内容更丰富。共享财务平台建设关键是业财融合，打通财务和业务之间的隔离和不同系统间数据接口，是共享平台建设关键。

一、概念

智能财务是一种新型财务管理模式：通过人和机器的有机合作，去组织复杂的财务管理活动，并在此过程中不断扩大、延伸和部分替代人类财务专家的活动。大数据、云计算、区块链、物联网、人工智能等为代表的新技术将对现有财务信息模式产生深远影响，财务将在预测和自动化方面获得技术赋能。智能财务关键是通过大数据技术，进行建模与分析，利用人工智能技术优化财务流程提高效率，从感知能力、计算能力、认知能力层面来推动智能财务应用。

文晓燕在《把握企业财务的智能革命》一文中认为，智能财务核心的目的就是通过自主智能方式让流程控制以及企业财务管理更加个性化，使业务数据和经济数据成为"智能决策者"大脑里的脑细胞，通过使用数据归元、数据挖掘和平行管理等工具分析和处理数据，形成实时有效的决策支持建议，实现财务智能革命。

二、案例

1.德勤"小勤人"

2016 年德勤会计师事务所推出了可替代财务流程中重复性操作的人工智能产品"德勤财务机器人"，昵称"小勤人"。"小勤人"几分钟能完成财务人员几十分钟才能完成的基础工作，且可 7×24 不间断工作。"小勤人"能完成的工作多种多样，可完成财务流程中绝大部分基础性、烦琐性、高重复性的工作，比如说录入信息、合并数据、汇总统计、代开发票、记账收款等。可按既定业务逻辑进行判断，识别财务流程优化点，可监控和记录完成的每个步骤和每项工作。效率更高，成本更低，精度更高。

2.金蝶财务机器人

按照金蝶官网介绍，金蝶智能财务机器人能结合人工智能（例如：交互式语音、LBS/OCR 技术），从业务发起环节自动识别发票等原始单据，通过内置财务机器人（例如：审核机器人、收付机器人、记账机器人、对账机器人、结账机器人、报表机器人等），实现财务自动审核与记账。通过机器人自主学习和完善，实现自我认知，完成智能报表出具。

金蝶智能财务机器人应用基于云计算、大数据、人工智能等技术，为企业打造全方位全场景应用，综合运用了人工智能多项最新技术：图像识别技术、语音识别技术、LBS 技术、语义解析技术、规则与流程引擎技术、机器深度学习技术等人工智能相关技术，为企业提供多场景全方位智能财务服务。

以费用报销为例，智能财务机器人帮助财务人员进行复杂会计处理。第一，智能填单：报销人按照以下步骤发起报销流程：报销人在金蝶票无忧下载电子发票或拍照上传纸质发票；系统自动识别、分类汇总发票信息传输数据到报销助手，通过金蝶云之家，报销人可通过移动端，依据报销规则自动生成报销单。第二，智能审核：智能审核包含自动校验发票真伪；自动检查发票重复报销；自动预算控制；自动进行个人标准检查；通过金蝶云之家移动应用，审核人可随时随地审核与处理报销单。第三，智能付款：报销单通过审核后自动生成付款单，付款单进入待付款中心，依据付款计划自动匹配相应银行账户执行付款。第四，智能记账：付款单依据记账规则自动生成凭证；凭证自动提交、自动校验审核并过账。

金蝶智能财务机器人核心价值主要体现在以下几个方面：

（1）通过系统智能化处理，财务核算工作效率得到较大提升，降低人工成本；释放的劳动力可转移到高附加值财务工作上。

（2）财务智能化能通过系统收集的数据促进财务流程的优化和核算的标准化，提升财务核算质量。

（3）财务智能化核算，财务数据直接来源于业务，促进业财融合，财务数据更能真实反映业务，为后续财务分析提供准确，可靠的数据及依据。

（4）财务智能化不需进行较大投入，可在现有系统基础上进行低成本集成和改造即能实现。

三、财务智能革命的建议举措

为实现充分智能化企业财务管理，可做好以下工作。

1. 建立智能财务核算系统

建立基于移动端的智能财务核算系统，通过手机端拍照发票智能识别录入、智能审核、移动审批、智能记账和实时智能支付，提高基础财务信息采集和加工质量和速度，实现财务报销全程自动化。智能财务核算系统能完成自动记账、薪酬管理、增值税票据管理、自动查真伪、银行自动对账、税务风险检测等等功能。通过移动端拍照实时上传原始票据到云共享平台，系统自动分类，自动生成记账凭证，实现随时随地的便捷报销。

2.构建智能财务共享系统

利用财务共享服务数据发挥管理会计的功能。财务云端化将基于云计算架构和大数据技术开发的云系统，满足企业数据不断增加的财务管理要求；社会化链接将逐步完全实现，企业在云端和税务机构、审计机构、证监会及其他第三方服务机构实现信息实时交互，更加便捷地给企业财务工作提供服务和支撑。在智能核算和共享服务基础上，实现数据深度挖掘和分析，即智能的财务共享系统。

3.打造智能财务决策支持系统

未来财务管理系统，将是战略财务和智能财务互为支撑的决策支持系统，是基于人工智能深度应用的智能财务决策支持系统。智能财务决策支持系统通过动态规划与平行管理，将使财务预测更准确，财务决策更科学，财务预算将更贴近实际，财务控制更到位，财务分析更透彻，财务管理更全面。

第二节　智能化审计

人工智能在审计行业应用前景广泛，德勤宣布将人工智能引入审计等工作，应用人工智能改善业务流程；安永已用人工智能分析租赁合同，实现审计流程自动化以及提高审计效率；毕马威也已建立了人工智能工具组合。

一、智能化审计的重要价值

全国政协委员、著名会计学家、审计学家、北京国家会计学院党委书记、院长秦荣生教授认为：

1.人工智能技术以及各种深度学习的深入开展，为审计人员提高审计效率和减少审计工作时间提供了可能。审计人员可以利用人工智能的并行处理、获取海量数据和算法优化等技术，改善审计流程和提高审计的精准性。人工智能把审计工作中"人"做的工作与"机器人"能做的工作分离出来，也就是让智能机器人来执行那些工作量大但不涉及判断的数据收集活动，从而让审计人员能够集中精力关注更加复杂的问题，进而提升审计质量和价值。

2.利用人工智能技术，不仅能够提高审计工作的针对性和灵活性，而且有助于：（1）降低差错率。人工智能使分析的一致性和准确度得到提高，避免了人为判断的主观影响，改善决策制定流程。（2）提高审计效率。为审计人员对海量交易进行高速、有效分析并发现风险提供技术支持，能够监控交易活动并发现舞弊行为。

应用人工智能技术能降低审计抽样风险，快速实现全部审计对象的审计。汪一璇在《基于智能技术的风险导向审计》一文中认为，现代风险导向审计以经营风险导向观、战略分析观为基础，从整体上评估财务报表重大错报风险，在风险导向审计中可借助人工智能技术敏锐识别经营风险。

二、智能化的风险导向审计

1.建立现代风险导向审计专家系统

建立现代风险导向审计专家系统，运用专家知识推理和判断企业重大错报风险，形成动态的被审计单位财务报告数据库，实现智能高效的审计判断。

（1）知识库组件。知识库存储审计领域的事实、控制法则。事实包括审计风险的构成、不同层次的错报风险特征等；控制法则有自动生成并自我调整的可接受检查风险、重要性水平的参数范围。

（2）知识获取结构。知识获取结构需从审计领域专家获取风险导向审计的规则和经验以及对企业环境、内控等了解到的信息，通过专门软件工具和编程方法去除杂质数据，存储于知识库中。系统每运行一次风险导向审计循环，能自动获取新知识并添加到知识库。

（3）推理机。推理机作为专家系统的核心，根据用户输入的关于企业行业状况、法律环境、监管环境、企业性质、内控了解的结果等，利用知识库相关审计准则、风险导向审计理论、风险评估经验知识，推理和导出风险评估的结果、财务报告的预期值等结论。

（4）数据库。数据库用于存放求解问题过程中所用到的原始信息、问题描述、中间推理结果、控制信息和最终结果等。风险导向审计更强调获取企业经营活动的直接证据，实时采集到的偏向于被审计单位的原始信息，即被审计单位的所有权性质、治理结构、组织结构、经营战略等。

2. 建立风险信息库

现代风险导向审计将重点工作前移至评估企业的经营风险和战略风险，搭建风险信息库有助于审计师识别预期风险和合理分配审计资源。

（1）建立行业风险信息库。会计师事务所可与政府、税务、工商、行业主管、各大证券公司等机构合作，减少数据库建设成本。基于数据库各个对象共同特性的分类模型能替代按行业分类的简单模式，满足风险导向审计的多样需求。

（2）建立企业风险信息库，收集不同的被审计单位在行业内的表现信息。在风险导向审计，关联分析揭示同一事件出现的不同数据项间相关性规律，需直接对接企业经营风险数据库和财务数据库，找出具有审计师所给定的最小支持度和最小置信度的关联规则；直接挖掘被审计单位异常违规的业务交易数据，比如金融企业挖掘偶然性、金额大的交易数据，可发现欺诈等金融犯罪行为，结合数据挖掘的关联规则，间接识别企业存在重大错报风险的领域。

三、人工智能在工程审计中应用——审计无人机

在工程审计、自然资源审计等审计项目开展过程中，通常需审计人员用皮尺、测量轮等传统测量工具现场核实工程量。对于面积大、环境恶劣项目测量，使用这些传统测量工具可能带来测量时间长、安全隐患、结果有误差等问题。利用机载图像识别智能硬件的审计无人机，基于云端的资产追踪平台，配合地理信息系统（GIS）系统，可将相关信息直接传输至审计数据平台，快速形成电脑三维图像的测量成果。无人机以其小型轻便、机动灵活、影像清晰、测绘范围广等优势，在工程跟踪审计阶段发挥重要作用，审计人员在一个安全空旷安全地方就可远程遥控无人机完成工程量核实。

第三节　智能化溯源

溯源最早是 1997 年欧盟为应对"疯牛病"问题而逐步建立并完善起来的食品安全管理制度，这套食品安全管理制度由政府推动，覆盖食品生产基地、食品加工企业、食品终端销售等整个食品产业链条的上下游，通过专用硬件设备实现信息共享，服务最终消费者。一旦在消费端出现食品质量问题，可通过食品标签的溯源码联网查询，查出该食品的生产企业、产地、具体农户等全部流通信息，明确事故方相应法律责任。欧盟国家销售的食品必须具备可追溯性，禁止进口不具备可追溯性的食品；在德国每一枚出售的鸡蛋都有数字编码即鸡蛋追溯的"身份证"。现在溯源技术得到广泛应用，除食品以外，还包括药品、服饰、乐器等行业，例如北京乐成时代搭建的微信小程序乐器云，借助人工智能、区块链、物联网技术实现乐器溯源，给每件乐器贴上一张"身份证"，为乐器生产、流通、销售的每一环节打上标签，厂商、代理商、乐器用户等都可进行乐器溯源查询。

2015 年国务院发布《国务院办公厅关于加快推进重要产品追溯体系建设的意见》指出，到 2020 年，追溯体系建设的规划标准体系得到完善，法规制度进一步健全；全国追溯数据统一共享交换机制基本形成，初步实现有关部门、地区和企业追溯信息互通共享；食用农产品、食品、药品、农业生产资料、特种设备、危险品、稀土产品等重要产品生产经营企业追溯意识显著增强，采用信息技术建设追溯体系的企业比例大幅提高；社会公众对追溯产品的认知度和接受度逐步提升，追溯体系建设市场环境明显改善。

溯源体系的建设对政府、企业以及消费者均意义重大。对于政府来说，溯源系统帮助形成产品安全监管体系，完善商品监督预警机制。对于企业来说，溯源体制可提高知名度，树立品牌形象，提升品牌价值，推升企业核心竞争力。对于消费者来说，溯源使消费更加放心，优化产品体验，维权更有根据。溯源体系是产品供应链环节生产流通的溯源、信用溯源、信息溯源的统一。以人工智能应用于农产品溯源为例。农产品溯源是追源农产品信息，收集作物何时种、种在何地、何时收等信息，实现作物追溯，有助于食品安全和农产品全产业链体系建设。利用人工智能视觉神经网络技术分析作物信息，利用数据挖掘技术匹配农机数据与作物数据，生成具有农产品溯源价值的产品信息源。

第四节　智能服务机器人

数据挖掘和分析机构艾媒咨询发布的《2018 全球服务机器人市场专题研究报告》预计，2018—2020 年在全球销量中，家用机器人将高达 3240 万台，娱乐、休闲机器人达 1050 万台，专业服务机器人会增加到 1210 万台。到 2020 年，中国服务机器人年销售额估计将超过 300 亿元。

业内专家认为，从本质上来看，服务机器人等于"人工智能＋电子制造＋机械制造"，就核心价值而言，相比关键零部件、机械运动模块和操作系统，人工智能模块是核心竞争力核心，也是目前学术研究和初创公司抢占热点。

《2018 全球服务机器人市场专题研究报告》显示，目前服务机器人局限于单一场景、单一任务，与人们期望的能执行通用复杂任务的"智慧管家"服务机器人存在不小差距，这也是未来市场增长突破口。康力优蓝刘雪楠认为，目前机器人场景化应用的智能生态正在形成优势，因为机器人能深入到不同的领域，如银行、展馆、养老、医疗、教学等。不同应用会反向让人工智能呈现多向性发展，AI 从单一领域向不同领域叠加与互通后，将使机器人变得更"智慧化"。场景应用生态化将孕育裂变效应。

智能家用服务机器人重点应用移动定位技术和智能交互技术，达到服务范围全覆盖及家用陪护的目的；智能医疗服务机器人重点突破介入感知建模、微纳技术和生肌电一体化技术，以达到提升手术精度、加速患者康复的目的；智能公共服务机器人重点运用智能感知认知技术、多模态人机交互技术、机械控制和移动定位技术等，实现应用场景的标准化功能的呈现和完成。

服务机器人分类。王玉山等在《浅谈服务机器人的应用现状和发展前景》一文介绍，（1）清洁类服务机器人主要分为扫地机器人、擦地机器人、擦窗机器人、泳池清洁机器人。通过机械设计实现机器人清洁功能，通过搭载传感器及智能处理算法实现机器人路径规划和巧妙避障，搭配其机械系统和控制系统实现清洁功能。（2）医疗类服务机器人主要分为手术机器人、护理机器人。手术机器人主要是协助医生做手术，通过手术机器人做手术，有助于医生更好控制病人病情，能减少病人伤口面积，达到精确、微创目的。护理机器人主要协助护士帮助病人翻身、取药、移动等操作。通过护理机器人可有效减轻护士工作负担。（3）康复类服务机器人主要包括功能康复机器人与辅助机器人。功能康复机器人帮助具有肢体运动功能障碍的患者对患病部位进行长时间反复正确锻炼，达到加快患者康复目的。辅助机器人主要是针对截肢患者，通过辅助机器人帮助患者恢复肢体功能，通过残存肌体表面肌电信号实现对辅助机器人的控制。如果患者截肢程度高，残存肌体肌电信号较少，则可用脑肌电信号实现对辅助机器人即假肢的控制。（4）现代家庭服务机器人集中体现在机器人管家上。机器人管家一般能实现语音服务、实时温度湿度监控、家庭环境清洁、家庭成员咨询服务。现在对于机器人管家比较先进的是基于云服务架构方式对机器人管家进行控制。通过云服务平台实现机器人管家信息处理和实时路径规划。可大大减少机器人管家本体的价格，进而为实现该种服务机器人量产做铺垫。该方式以机器人管家作为载体平台，通过云端服务器处理信息，完成机器人管家功能。（5）餐饮类服务机器人主要分为厨房机器人与送餐机器人。

第五节　无人商业

自 2017 年以无人零售为代表的无人商业崛起后，无人餐厅、无人仓、无人机、无人酒店、无人诊所、无人银行等都迎来了爆发式增长。

无人商业是以人工智能、大数据、VR、物联网等为代表的新一代信息技术应用在商业领域的一种模式创新，具有科技创新性、业态创新的特点，是智能业态的革命。洪涛在《"无人商业"模式的应用和发展》一文中认为，在移动网、物联网、大数据、云计算及人工智能等新一代信息技术下的购物活动，实现了智能交易、智能物配与供应链、智能支付与结算及网络金融、智能交易环境、智能可再生资源及智能消费等全过程、全渠道的零售活动。"无人店"的成功将推动其他零售业态创新，催生了无人商业模式。

一、类型

无人店迅速发展，从无人超市发展到无人专卖店、无人餐馆、无人菜店、无人书店及无人加油站等业态。

1. 无人超市。在购物和支付过程，无人超市采用 RFID、人脸识别和图像识别等技术，保证用户得到流畅购物体验——自主挑选货物，通过结算通道付费。2017 年 7 月，阿里无人超市出现在杭州，在社会上引起较大反响；同年 8 月，苏宁首家无人店在南京开业，消费者只需下载苏宁金融 App，通过面部识别"绑脸"，即可"刷脸"入店购买商品，无须排队付款，直接进入付款闸道，系统自动识别用户身份并扣款。

2. 无人便利店。2017 年 7 月，北京首家无人值守便利店正式开业。"无人""全天候"的无人便利店凭借其不同技术手段、商业模式，给实体零售行业带来一股新鲜气息。有的无人便利店以会员专属形式运营，通过射频识别、智能监控、云客服及在线支付技术，提升客户智能化购物体验。有的通过显示器实时显示用户放在收银台的商品，识别商品价格并生成支付链接，引导用户扫码付款。

3. 无人餐馆。2017 年 10 月，上海出现"无人面馆"这一全新的食品经营业态。顾客通过手机支付，不到一分钟就可拿到机器煮好的面条，自行搭配餐具和塑料袋，直接打包带走。同年 11 月，德克士上海"未来店"正式亮相，主打"无人自助式"体验服务，消费者通过微信扫码点餐、支付；厨房接单后现场制作餐品，并将成品放到取餐窗口；收到取餐提醒的消费者在取餐窗口屏幕上输入密码取餐后便可带走餐品。

4. 无人菜店。采取自愿购买、自动交钱买菜模式。

5. 无人货架。2016 年下半年，无人货架领域迎来爆发点，一年后，就有很多无人货架获得投资，如猩便利、每日优鲜便利购、果小美等企业均拿到了上亿元融资。据 talkingdata 不完全统计，2017 年无人货架企业获得总融资金额超过 30 亿元人民币。

6. 无人书店。无人书店应用互联网、物联网等技术，为用户提供包含图书借阅、购买及查询等自助阅读服务，切中用户需求，提供新颖文化体验。

7. 无人加油站。智能加油站全程不设服务员和收银员，采取智能收费方式，优化传统加油站加油环节。

8. 无人智慧配送站。无人机将货物送到无人智慧配送站顶部，并自动卸货。从入库、包装到分拣、装车，全程由机器人操作，无需配货员、分拣员和打包员参与。

9. 其他。包括无人诊所、无人银行等。

二、发展趋势

1. 多业态。无人超市的成功将会在其他领域蔓延，如无人便利店、无人餐馆、无人菜店、无人书店、无人加油站及无人交通车等业态的出现。

2. 智能化。在交易过程中，无人店的支付方式、交易环境以及消费者的体验越来越智能化。

3. 精准化。未来超市竞争焦点是精准化，在大数据支撑的管理下，消费者管理会更加精准。

4. 法治化。无人超市带来问题已引起高度重视，修改和完善现有的法律、法规和标准体系已成为必然发展趋势。2017 年 11 月 3 日，中国连锁经营协会发布了《无人值守商店运营指引》，这是无人商店的第一个标准。

5. 道德化。无人超市需法律约束，也需道德指引，其可持续发展倒逼公众提升道德水平。

第六节　无人仓与智慧物流

2017 年 8 月，菜鸟网络宣布，打造的"中国最大"机器人仓库已在广东惠阳投入使用；2017 年 10 月，京东物流首个全流程无人仓正式亮相；2017 年内 11 月，苏宁云仓问世。无人仓利用新技术代替传统人工，通过系统化的科技运用，提高效率，减少错单率，降低运营成本，大幅度提升运营效率。

中国交通运输协会专门成立了中国交通运输协会智慧物流专业委员会，是唯一从事智慧物流领域的核心分支机构组织。

一、无人仓

无人仓模式优势主要体现：

1. 实现全流程、全系统的智能化和无人化

实现货物入库、存储、包装、分拣的全流程、全系统的智能化和无人化。例如，阿里的智慧仓内，货架位置会根据订单动态调整，调动机器人时按就近调配原则，最大程度上保证仓库内运作效率。

2. 绿色环保

如京东无人仓屋顶为太阳能电池板，白天存储电能在夜间供库房作业。仓库系统中增添了包装材料的优化算法，在新的全自动打包系统下，使材料物尽其用，减少浪费。

3. 实现物流作业一体化

如苏宁云仓集自动化、数据化和规模化于一体，围绕高密度自动存储、货到人拣选和自动分拨三大环节，投入了托盘堆垛系统、箱式堆垛系统、A-frame、旋转库和高速分拣线等设备，形成一体化物流作业。

二、智慧物流的本质、价值模型、理念

中国外运总经理李关鹏认为，智慧物流从服务范畴看是一种全新商业模

式，从社会分工看是一种全新生态，从价值导向看是一种全新商业文化和社会协作关系。智慧物流已经成为推进中国物流供给侧改革的核心途径。"智"代表数字化、可视化、智能化，这是物流科技范畴，"慧"代表惠及他人、利他利己、协作共赢，这是物流文化范畴。新科技与新文化融合起来代表中国物流业未来。

智慧物流本质在于数字化和协同，是在互联网和大数据等科技驱动下形成的社会化协同和社会化共享，按照"整合、开放、共享、协同"四大原则，实现社会资源最优配置和无缝衔接，实现整个物流业提质增效和协同发展。

中国外运智慧物流的价值模型：智慧物流的价值创造是与数字化能力和协同化水平成正比的，呈现点、线、面递增趋势。"点"为第一个层面，通过信息化、自动化应用，提升物流节点的价值和效率。"线"为第二个层面，通过全面线上化、可视化建设，提升供应链、价值链的流程价值。"面"为第三个层面，通过数字化、智能化能力建设，推进社会整体协同，提升社会协同价值和效率。第一层面和第二层面属于改进型创新，即按照整合商的定位应对和化解经营性的不确定性。第三层面则突破物流组织和行业的边界，属于颠覆性创新，即按照平台商定位应对和化解结构性的不确定性，更具有时代意义。

中国外运智慧物流理念："深淘滩、低作堰"，"深淘滩"是练好内功、打造核心产品、核心方案和核心平台，"低作堰"是练好外功、价值外溢，按照"共享、共建、共赢"原则构建供应物流生态圈，并积极参与社会公共平台建设，为客户、为同行、为关联方、为社会创造更大价值。

三、智慧物流应用途径

张良在《智慧物流应用发展研究》一文中认为，智慧物流可应用在三方运输中、物智慧物流园、大型智慧物流平台等场合。

1. 在三方运输中的应用

在第三方运输体系当中，融入智慧物流相关内容，有效利用传感器技术、激光扫描技术等内容，针对物流统一处理，并利用专业货物规整设备，针对货物信息进行录入和扫描，切实保障数据提取与判断效率，有效强化物流运输和存储的透明度。有效结合当地气候条件和交通情况，汇总出最合适配送时间与配送路线，确保货物运输质量。

2. 在物智慧物流园区的应用

智慧物流可通过自身标准化处理手段，展现出智慧物流处理平台优势。将先进科技技术与设备配送到物流园区，利用高新技术手段，针对每一批物流货物进行信息分析与信息录入，结合物流信息的实际内容与要求，生成物流处理的信息安全体系。

3. 在大型智慧物流平台中的运用

智慧物流平台主要任务是细化物品的细节处理，通过物流信息细化处理，保障物流信息每一内容都能得到整理和确认。在平台上，可生动直观掌握物流信息动态，确保每一位消费者可第一时间追踪物流信息。

四、案例

1. 赣州智慧物流信息平台"吉集号"

2017 年 3 月，赣州智慧物流信息平台"吉集号"成功上线。赣州智慧物流平台"吉集号"由赣州经开区管委会、赣州市交通运输局以及赣州万吉物流有限公司打造，是全国首个打通物流交易结算闭环的平台，致力于打造"滴滴打车"式的货运软件平台，实现了"物流、信息流、资金流、数据流"的"互联网 + 物流"生态圈，可以彻底解决"车找货、货找车"的难题，同时可大大降低物流运行成本。项目由国家 AAAA 级综合型现代化物流平台企业——赣州万吉物流有限公司开发建设，总投资 10 亿元。赣州万吉物流有限公司以物流供应链管理、智慧物流公共信息平台"吉集号"、智慧物流园区三大创新业务为载体，独创了线上（交易平台）与线下（o2o 服务站）复合型经营模式，有效实现了"物流、信息流、资金流、数据流"的四流合一"互联网 + 物流"生态圈。

2.中国联通与中国邮政达成合作，将共建 5G 智慧物流

据新京报消息，中国联通与中国邮政达成合作，将共建 5G 智慧物流。双方将在五大领域深化合作，实现双方资源共享、优势互补。这五大领域包括：深化基础设施与通信服务合作，在现有合作基础上，探讨运用物联网、大数据、云网一体、5G 等新技术，推进智慧物流平台建设、视频监控云存储管理和服务，以及邮政领域的舆情分析、用户画像和行业数据建模等合作；扩大金融业务新合作，双方扩大数据中心租赁、融合支付、客户金融数据、本外币结算等合作，共同推进在意外险、健康险等医疗保险以及保险营销、证券投资以及股权投资等方面的新合作，同时积极开展线上和线下渠道支付合作；深化双方渠道网点和业务合作，双方在渠道方面各具优势，通过渠道互进、资源互换、联合运营等模式，开展业务代理、网点共建、终端销售、农村新零售、手机应用程序推广以及寄递业务等合作，提升渠道产品销售能力和市场份额；进一步推进寄递物流合作，在现有合作基础上，进一步探讨号卡、终端、工程物资等业务产品的综合物流服务，包括仓储、配送、系统及数据服务等，并积极探索 5G 技术、物联网在物流领域的应用合作；强化积分及资源共享合作，以积分为载体，通过积分互换、权益互通、会员联盟等方式，实现相互引流和联合营销，同时加强双方互联网服务平台及新媒体资源方面的合作，促进合作共赢。

3.中铁：全链条铁路智慧物流平台

据科技日报消息，2018 年 12 月西南首条全链条铁路智慧物流平台已建成投用。年吞吐量近 20 万标箱，效率是以前的 4 倍。通过平台内各系统无缝衔接，可实现高效联合作业——当集装箱抵达仓库大门时，物流管理系统向不同部门发出对集装箱"吊箱""移箱"的不同指令。前者，传输到堆场正面吊车的车载电脑中，吊车利用网格化视角对集装箱准确定位，并将区位反馈至箱管系统；后者，发送至货物运输车后，可根据装置的 GPS 系统自动规划出符合仓库场地的进出线路，以最快捷的路线出现在集装箱面前。此外系统还能实现场地实时监控和整体调度，避免业务繁忙、道路狭窄时遇到长挂车引起塞车。

第七节　智能人居

智能人居以家庭住宅为平台，基于物联网技术和云计算平台构建，由智能家居生态圈，涵盖智能冰箱、智能电视、智能空调等智能家电，智能音箱、智能手表等智能硬件，智能窗帘、智能衣柜、智能卫浴等智能家居，智能人居环境管理等诸多方面，可实现远程控制设备、设备间互联互通、设备自我学习等功能，并通过收集、分析用户行为数据，为用户提供个性化生活服务，使家居生活安全、舒适、节能、高效、便捷。

一、核心技术

随着移动互联网技术的大规模普及应用，为精细化掌控人居环境质量与模式提供基础支撑，人工智能技术的持续发展，又进一步促使人居环境中的管理、辅助、通信、服务、信息获取等功能再次实现智能化的组合优化，以达到借助科技手段管理生活方式的目的。传感器技术、无线及近场通信设备、物联网技术、深度学习、大数据及云计算技术得到较多应用。传感器和通信设备对人居环境进行监测形成的数据流，会通过云计算和深度学习建立相应模型，再依托家用物联网对室内的电器设备乃至整个建筑的实时控制，将模型对应的参数和状态优化方案反馈到人居环境中，为人居生活的计划、管理、服务、支付等方面提供支持。

二、主要产品

人们需要兼备智能监测、环境控制、信息交互等全方位感知功能的智能居住环境。智能家居作为终端首先备受市场关注，具有通信功能的家用智能硬件及设备在大数据和云计算技术的支持下，能完成远程控制、网络通信、防盗报警等较复杂任务。智能人居管理系统是以搭载大量移动互联网应用为基础，实现人居环境智能化改造，如生成家庭装潢设计与家具摆放设计，通过天气数据、已有服装数据、所处场合的风格自动生成穿衣指南，或通过人工助手借助语音识别、语义分析等技术，满足人类日常的一些即时需求。

三、典型企业

大致分为传统家电厂商、智能硬件厂商、互联网电商及创新企业。海尔、美的聚焦智能家居终端，小米侧重于面向众多开发者提供硬件开放式接口，华为致力于提供软硬件一体化楼宇级解决方案，京东通过轻资产、互联网化的运营模式号召合作伙伴加入其线上平台和供应链，国安瑞通过数据挖掘提供覆盖操作终端硬件、系统智能云平台、建筑智能设备的闭环解决方案提升室内人居感受。

第八节　智能建筑

中国工程院院士邬贺铨在《创造更好的数字化生活》一文中认为，在"住"方面，智能建筑将物联网、大数据和人工智能技术综合应用到建筑物的设计、运行、维护和管理中。IBM 公司认为，到 2025 年全球联网设备将有 1/5 用在智能建筑中。

修订版的国家标准《智能建筑设计标准》（GB/T50314—2015）对智能建筑定义为"以建筑物为平台，基于对各类智能化信息的综合应用，集架构、系统、管理及优化组合为一体，具有感知、传输、记忆、推理、判断和决策的综合智慧能力，形成以人、建筑、环境互为协调的整合体，为人们提供安全、高效、便捷、节能、环保、健康的建筑环境"。从定义可看出，智能建筑已经是具备相当的人工智能特性的建筑环境：其具有感知功能（通过各种传感器来感知环境和人的状况）、可传输数据、具有记忆、推理、判断和决策能力（类似机器学习）。

智能建筑作用主要体现安全自动化、办公自动化、通信自动化以及消防自动化等方面。智能建筑这些系统通过传感装置以及控制装置覆盖整个建筑物，确保其功能的一致性和协调性。

根据最新标准，智能建筑包括：（1）信息化应用系统，以信息设施系统和建筑设备管理系统等智能化系统为基础，为满足建筑物的各类专业化业务、规范化运营及管理的需要，由多种类信息设施、操作程序和相关应用设备等组合而成的系统。（2）智能化集成系统，为实现建筑物的运营及管理目标，基于统一的信息平台，以多种类智能化信息集成方式，形成的具有信息汇聚、资源共享、协同运行、优化管理等综合应用功能的系统。（3）信息设施系统，为满足建筑物的应用与管理对信息通信的需求，将各类具有接收、交换、传输、处理、存储和显示等功能的信息系统整合，形成建筑物公共通信服务综合基础条件的系统。（4）建筑设备管理系统对建筑设备监控系统和公共安全系统等实施综合管理的系统。（5）公共安全系统，为维护公共安全，运用现代科学技术，具有以应对危害社会安全的各类突发事件而构建的综合技术防范或安全保障体系综合功能的系统。

中国建筑业协会智能建筑分会会长黄久松介绍，智能建筑已成长为一个涵盖产品制造商、系统集成商、设计咨询、运营维护等一整套产业体系和产业链，所涉及 20 多个系统重点产品基本实现了国产化，工程建设上实现了"有建筑，必智能"，基本涵盖传统十大类型建筑。面向未来，要紧紧抓住智能建筑产业发展"两条主线"：

一、迈向智慧建筑

加快技术创新、应用创新、技术融合、专业融合、产业协同、依据各类建筑业态特点构筑不同类型智慧建筑，并融入智慧城市，成为智慧城市重要组成部分。智慧建筑有其新功能、内涵、外延和生态圈，需强有力智能建筑产业链企业间相互支持，用好物联网、云计算、大数据、人工智能、BIM等相关新技术（共同努力解决技术融合、专业融合、产业协同、模式创新、合作共赢等难点）。

未来智慧建筑应回归建筑，确保建筑绿色、健康、节能、安全等为前提，构筑智能化/信息化工程应以业态需求为依据，构建扁平化"智能在前端，智慧在云端"系统平台。

二、产业延伸

以发展"智慧建筑"产业为依托，充分发挥行业技术优势，加快向建设领域和相关行业延伸发展。针对不同行业／不同业态工程项目，提供最佳智慧化工程与优质服务，拓展更广阔智慧化市场空间，实现行业企业差异化竞争发展。

第二十五章 人工智能挑战与应对

"春天丽日照晴川，十里桃花映满山。燕子呢喃寻旧梦，清风拂面柳如烟。"如不事先说明，有多少人能猜到，这是百度APP"为你写诗"功能根据"春天的桃花开了"这句话写下的一首诗呢？大家可能会问：这首诗的版权属于谁呢？再如，无人驾驶汽车发生交通事故时谁来负责，医疗外科智能机器人出现意外该怎样处置合适呢？杀熟，"最懂我的人，却伤我最深"……

诸如此类问题，人工智能应用方兴未艾，也带来安全风险隐患。人工智能的应用越来越多，就会衍生出一系列伦理、法律难题。

生活在一个人机共生时代，在享受人工智能带来的各种福祉时，必须保持审慎态度，对其随之而来的挑战有清晰认知，有效应对人工智能可能带来的伦理挑战，谋求人机和谐相处。

2018年3月，时任科技部部长万钢等就加快建设创新型国家答记者问时指出，我们还要知道人工智能既有它科技性进步的一面，也有它社会发展的一面，所以我们要加强政策法规研究，要积极应对人工智能发展可能对社会伦理、就业结构、个人隐私、国家安全等方面的一些挑战。百度公司创始人李彦宏在2018年中国国际大数据产业博览会上提出了"人工智能伦理四原则"，首要原则就是安全可控。2019年全国"两会"上，人工智能、大数据等技术应用带来的安全风险，成为代表委员关注的焦点之一。全国人大代表、苏宁控股集团董事长张近东提出，数据安全是数字中国建设的重中之重，发展高质量的数字经济，需要加强对数据的安全保护和合规共享。全国政协委员、360集团董事长兼首席执行官周鸿祎表示，安全应该成为人工智能发展的基础与前提。中国信息通信研究院移动安全联盟秘书长杨正军指出，从行业调研情况来看，当前应该加强个人隐私安全管理，隐私保护应从立法监管和技术能力提升两方面入手：一方面，针对我国个人信息保护法律条款分散、不成体系现状，加快统一立法，明确数据不当收集、使用、泄露等责任，要界定好数据归属权等问题；另一方面，应加强新技术在个人隐私保护方面应用。

第一节 人工智能带来挑战

人工智能带给我们的更多是一种春天般的温暖，然而就更长历程观之，却不得不因应人工智能可能带来的挑战。周程等在《人工智能带来的伦理与社会挑战》一文中认为，人工智能所引发的一般性伦理与社会问题包括：失业问题、隐私问题、算法偏见、安全问题、机器权利和道德代码等。

一、人工智能发展带来失业担忧

在许多领域，人工智能有望在一些特定类型的工作中取代人类，如司机，将会被无人驾驶代替，收银员，因已经出现无人超市，工厂做流水线的人员，将会被流水线机械臂所代替，客服，将会被智能客服所取代，银行柜员，银行自动办理机器已经出现等。诺贝尔经济学奖得主列昂季耶夫曾预测未来三四十年将有大量工人被人工智能取代，形成巨大的就业与转业问题，就像20世纪大量马匹被机械取代一样，只不过这些后果将发生在人的身上罢了，除非政府能对新技术带来的红利进行再分配。然而，多数人对人工智能发展的经济影响持乐观态度，认为人工智能在取代现有工作岗位同时，还会创造很多新的就业机会，就像机器大工业出现后，大量农民转变为工人。

从长远来看，人工智能是社会生产力发展的强大动力，能创造出大量新的社会财富，使人类拥有更多可自由支配时间。但人们对人工智能引发失业问题的担忧隐含一个深层次问题，即如何让每个人都能从人工智能创造的财富中获益，而不是一部分人获得财富与自由，另一部分人却失去工作，陷入相对贫困之中。

二、人工智能发展可能会侵犯隐私

著名神经科学家、清华大学教授鲁白认为，数据隐私、数据权属是人工智能进一步发展需要解决的重要问题。杨正军说，人工智能高度依赖海量数据的采集和训练分析。随着数据越来越多被收集，应用场景增加，用户个人信息泄露的风险也随之提升。人工智能时代，很多个人重要信息，如健康信息、位置信息和网络痕迹等，都可能被实时地采集和保存。应用数据挖掘技术，数据掌控者基于不完全的、模糊的碎片数据就很方便地提取出个人信息，个人便失去了对自身隐私的控制，一些隐私甚至处于随时被窥探状态。例如，谷歌旗下一家位于伦敦的公司已获取了三家医院近160万病人数据，其中涉及非常敏感个人健康信息。现有商业模式高度依赖对消费者数据的分析，消费者通过让渡隐私权获取相应收益的行为会受到多方鼓励。这些主动提供的个人信息，与不经意间暴露的个人信息以及被非法窃取的个人信息一道，都有可能被用于牟利。如何在人工智能发展过程中加强个人数据的管控和对个人隐私的保护，已成为必须予以关注的问题。

三、人工智能可能隐含算法偏见

人工智能算法虽说只是一种看似与价值无关的数学表达，但不可避免地带有主观偏见。人工智能算法公平性贯穿于人工智能全生命周期：设计阶段，算法是否符合人类的伦理规范，关系到人们能否接受这项新生事物；运行阶段，算法是否能预测和解释关系到用户权益受到损害时如何追偿。这种偏见来源是多方面的，既有可能来自训练系统的数据输入，又有可能来自编程人员的价值观嵌入。当算法使用过去数据预测未来时，计算结果便会受到所输入数据和所设定模型的影响。如果偏见已存在于算法之中，经深度学习后，这种偏见还可能进一步加强，形成一个"自我实现的歧视性反馈循环"。例如，一位哈佛大学的非裔美籍博士生发现，她使用谷歌搜索时计算机屏幕上会出现"你是否有被捕记录"的广告，而白人同学进行同样搜索并不会出现这一广告，其原因在于谷歌在设定算法时将黑人常用名与"你是否有被捕记录"的广告联系在一起。这说明机器处理各类数据的算法中，很可能隐含某种偏见。再如大数据"杀熟"，杀熟也是基于人工智能算法。电子商务研究专家曹磊指出，"大数据杀熟"有两种情况：一是不同平台制定不同价格，一是同一平台针对不同消费者制定不同价格，比如同一产品或者服务，电商平台向熟客推荐价格更高的高端产品或服务，甚至给老顾客更高报价。"杀熟"简直就是典型的"最懂我的人，却伤我最深"。

与人类决策相比，基于人工智能的决策有望极大减少重要决策的偏见。但也应注意到，人的偏见是个体化的、局部性的，而人工智能算法的偏见则是系统的，一旦形成将会产生广泛影响。因此，需尽力从人工智能算法中清除那些违反社会共识与法律规范的偏见。

四、人工智能可能会引发机器权利争论

未来人工智能机器可能具备人类的思维和情感能力，并深入参与社会生活。这时须考虑是否以及如何保护人工智能机器的道德地位和法律权利。在家庭领域，若人类与人工智能机器人建立了情感联系，可能需以人道方式对待它们。陪伴型机器人不仅具备人的外貌特征，也可识别与回应人类情感。在外貌方面，机器人与人类相似程度一旦超过一定界限，人与机器之间可能产生移情作用。在情感方面，软银公司开发的机器人已可通过面部表情和语调来判断人类情感，实现机器与人的情感互动。在商业领域，人工智能发展使机器人具备更强创作能力，如何界定这些知识产品的法律归属是一个亟待解决的问题。

五、人工智能可能会带来的安全问题

人工智能的应用可能会对人身、财产安全构成威胁，人工智能机器对任务解读可能会出现偏差，这将导致人工智能机器根据错误的理解，以错误的方式来完成任务。当人工智能机器把在特定环境中学习到的行动策略应用到新环境，可能会带来负面后果，例如，清洁机器人将在工厂环境中学习到的粗放工作方式应用到家庭环境，可能会破坏物品。

借助人脸识别、自动控制等技术开发的人工智能武器，可全自动攻击目标。如果赋予人工智能武器自行选择并杀害人类的能力，将人身安全与自由构成极大威胁。

此外，人工智能还有许多其他值得探讨的安全问题。这些问题都应在技术产品商业化之前，予以妥善解决。

第二节　迎接新挑战

其实人工智能到底是人类的朋友还是敌人，完全取决于人类自身。不能因噎废食，可通过对人工智能相关法律、伦理和社会问题的深入探讨，为未来智能社会划出法律和伦理道德的边界，让人工智能服务人类社会。

一、应对挑战—世界各国在行动

世界各国和相关国际组织已开始致力于推动人工智能伦理与社会问题的研究，积极建立规范与指南。下面简单列举一些各国采取的措施。

2016 年 9 月，英国标准协会发布《机器人和机器系统的伦理设计和应用指南》，旨在帮助机器人制造商在设计阶段评估产品道德风险，包括机器人欺诈、机器人与人的情感联系、种族及性别歧视等。

2018 年 7 月，在中国发展研究基金会和微软公司联合举办的《未来基石——人工智能的社会角色与伦理》报告发布会上，微软公司总裁施博德指出，为设计出可信赖的人工智能，需采取体现道德原则的解决方案，在给予计算机更强大力量的同时，也应当借助社会伦理对其进行合理引导。

2019 年 2 月，美国总统特朗普签署行政令，启动"美国人工智能倡议"，该倡议五大重点之一便是制定与伦理有关联的人工智能治理标准。

2019 年 4 月，欧盟推出《可信赖人工智能道德准则》，从三个方面分析"可信赖 AI 全生命周期框架"分别为：三个基本条件、可信赖 AI 的基础以及可信赖 AI 的实现。提出四项伦理准则：尊重人自主性、预防伤害、公平性和可解释性。实现可信赖 AI 七个关键要素：人的能动性和监督；技术鲁棒性和安全性；隐私和数据管理；透明性；多样性、非歧视性和公平性；社会和环境福祉；问责。

2019年6月，我国新一代人工智能治理专业委员会发布《新一代人工智能治理原则——发展负责任的人工智能》，提出了人工智能治理的框架和行动指南，强调了和谐友好、公平公正、包容共享、尊重隐私、安全可控、共担责任、开放协作、敏捷治理的八条原则。为我国人工智能法律、伦理及社会问题研究打了一剂强心针。表明中国强调发展负责任的人工智能。《治理原则》的发布将为后续人工智能立法工作提供重要依据。

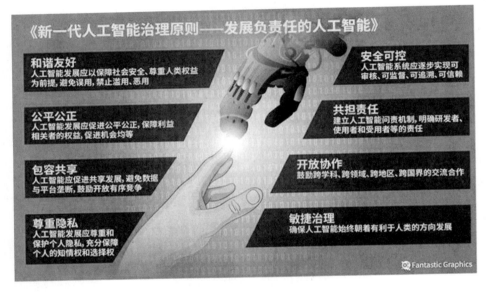

资料来源：视觉中国。

二、应对挑战的参考建议

1. 完善相关立法

正如路上的汽车多了，就需要设立交通规则一样。有这些隐患就需加强立法，借助法律手段规范人工智能的发展，确保其始终在人类可控范围内，规避可能发生的伦理问题。针对人工智能可能带来的伦理问题进行立法，明确责任划分依据与标准，保证研发责任人、生产责任人、销售责任人以及使用责任人都能较好履行自身对人工智能产品的义务。

2.加大人工智能开发者监管力度

加强对人工智能技术的管理，审查人工智能产品的应用程序，确保程序未嵌入恶意代码；在收集和使用数据过程中，须采取适当技术手段保护个人隐私安全，防止个人信息泄露、篡改及损毁；在训练和设计过程中须具备广泛包容性，应该充分考虑弱势群体利益，并对道德与法律的极端情况设置特别判断规则；在技术或产品的研发流程中，加强技术开发人员"算法问责制"，提高人工智能产品可靠性，建立起人机信任；必须设置行政许可和准入限制，发放人工智能产品在各细分领域的应用牌照。美国国防部高级研究计划局还资助了一项名为"可解释的人工智能"计划，旨在打开人工智能"黑匣子"；微软首席执行官萨蒂亚·纳德拉也认可"算法问责制"的必要性。

3.提高认知素养

人工智能发展方向很大程度上由人类自身决定。如一味拒绝该技术，因噎废食，人工智能势必无法服务人类；如人类一味接受该技术而忽视问题，势必埋下巨大隐患。通过提升人们对人工智能认知素养，能使人工智能更好服务人类，尤其应提高人工智能研发人员认知素养，使其在人工智能研究方向、研究方法以及研究成果应用过程中，始终怀有敬畏心，本着一种对人类和社会高度负责任态度。

4.加强职业教育

历史上前三次科技革命的"机器换人"换的是蓝领工人体力劳动者，而本次"机器换人"既包括传统"蓝领"阶层，还包括从事内容重复性强、机械性、无创意等工作"白领"阶层。身处人工智能时代，职业教育应加快转型升级，培养具有核心竞争能力的发展型智能人才。北京市劲松职业高中党总支书记蔡芳老师认为，人工智能时代需注重培养人的创新思维、批判性思维、交流表达能力等核心素养能力；改变教学模式，从"教育1.0"转向"学习2.0"；丰富具有前瞻性、实用性教学内容，扩充人工智能相关课程。应抓住教育信息化大好发展机遇，实现职业教育转型。

5. 建立多元主体参与的治理模式

人工智能行业的监管问题具有广泛的社会性、系统性与复杂性，需要企业、政府、用户、科技社团等第三方组织共同参与、群策群力，构建促进人工智能产业良好发展的创新应用生态环境。伦一在《人工智能治理问题的初步思考》一文中提出，建议统筹规划，明确政府对人工智能产品和服务管理的分工职责，鼓励企业、学界、公众等多方主体积极参与，共同探索建立人工智能产品和服务的协同治理体系。建立对重大人工智能治理问题的应对机制，加强行业部门间协调，明确管理职责分工。在业务准入方面，建议加快对金融、交通、医疗等领域新产品与新服务的研究，尽快明确业务定义、准入规则和安全标准，避免业务发展带来的重大潜在影响。在产品设计和研发方面，应呼吁科技企业承担相应社会责任，按照伦理道德标准，开展自我约束与同行监督，共同研究制定算法设计的自律公约或规则。在个人隐私规则的构建方面，建议加强研究机构、企业等主体参与，统筹考虑产业发展与个人隐私保护的平衡问题。

纵观人类技术发展史，人类一边创造新技术，一边又适应这种技术。诸如核能、克隆等技术发展过程都曾伴随各种担忧，随着人们达成共识，这些技术发展得到有效监管。

德国伟大哲学家康德说过"人是目的"，任何技术发明与进步最终目的始终是为了促进人类生活更好的发展，无论什么样技术被发明应用，都只是一个工具，需学会善于利用它解决实际发展问题。

人类更厉害的其实不是人工智能，而是掌握了人工智能的人类。在社会各界共同努力下，同样有理由对人工智能的发展保持乐观的态度。面对人工智能的挑战，大家携手削弱人工智能的不利影响，定能实现人工智能与人类之间的和谐共生！

第二十六章　人工智能发展趋势

　　随着深度学习技术在智能制造、智慧医疗、智慧交通、智慧教育等领域的逐步应用，人工智能作为引领这一轮科技革命和产业变革的战略性技术，它的产业化已硕果累累，显示出带动性很强的"头雁效应"。谭铁牛在《人工智能的创新发展与社会影响》一文中认为，人工智能上升为世界主要国家的重大发展战略，人工智能正在成为新一轮产业变革的引擎，必将深刻影响国际产业竞争格局和一个国家的国际竞争力。时至今日，各位朋友可能都非常关注，人工智能未来发展趋势如何呢？

　　人工智能经过六十多年的发展突破了算法、算力和算料（数据）等"三算"方面的制约因素，拓展了互联网、物联网等广阔应用场景，开始进入蓬勃发展的黄金时期。从技术维度看，当前人工智能处于从"不能用"到"可以用"的技术拐点，但是距离"很好用"还有数据、能耗、泛化、可解释性、可靠性、安全性等诸多瓶颈，创新发展空间巨大，从专用到通用智能，从机器智能到人机智能融合，从"人工＋智能"到自主智能，后深度学习的新理论体系正在酝酿；从产业和社会发展维度看，人工智能通过对经济和社会各领域渗透融合实现生产力和生产关系的变革，带动人类社会迈向新的文明，人类命运共同体将形成保障人工智能技术安全、可控、可靠发展的理性机制。人工智能的春天刚刚开始，创新空间巨大，应用前景广阔。

第一节　技术趋势

　　从传统企业到互联网企业，从国内到国外，无不寻求通过大数据、人工智能，升级企业竞争力。人工智能技术核心价值是通过有效预测，驾驭不确定性，最终成为发展最快、最具活力的朝阳产业。

一、新型人工智能芯片呼之欲出

人工智能芯片由非定制化向定制化方向发展，人工智能推动新一轮计算革命，深度学习需海量数据并行运算。目前使用的 GPU、FPGA（可编程门阵列芯片）均非人工智能定制芯片，存在一定局限，深度学习需更适应此类算法的新的底层硬件来加速计算过程。谷歌公司已开发出新型 TPU（张量处理器），可节省更多操作时间，适用于更复杂、强大机器学习模型，并能快速部署；英特尔研究 CPU+FPGA 异构方案，以便更好适应人工智能定制化计算。

量子计算引领下一代人工智能芯片发展潮流。量子计算将为人工智能带来革命性的发展机遇，量子比特数量会以指数增长的形式快速上升，小型化的量子芯片可以使人工智能前端系统的快速实时处理成为可能。

二、专用智能向通用智能升级

随着科技不断发展和社会结构深入变革，人类面临生活、生产、资源、环境等一系列重大问题，在博弈、识别、控制、预测等专业领域以及城市发展、生态保护、经济管理、金融风险等宏观方面，迫切需要一种范围广、集成度高、适应力强的通用智慧，显著提升现有认知水平和治理能力。

通用人工智能具备连接人工智能和人类特征的优势。通用人工智能具备执行一般智慧行为的能力，可联结人工智能和意识、感性、知识和自觉等人类特征，可减少对领域知识的依赖性、提高处理任务的适用性以及实现机器自主认知的纠偏性。通用智能实质进展将真正开启智能化革命的序幕，与现有物理及信息世界高度融合，深刻影响社会经济发展的各个方面。

三、技术平台开源化，围绕超级智能生态系统的竞争即将展开

全球主流技术厂商纷纷围绕深度学习开放技术平台。2015 年 12 月，人工智能初创公司 Open AI 开源其研究成果 OpenAI Gym，拉开了全球科技巨

头开放各自深度学习技术平台序幕，如谷歌和 Facebook 分别将深度学习平台 TensorFlow 和 Torchnet 全面开源，百度对深度学习平台 PaddlePaddle 开源。深度学习技术平台的开源化，能使平台吸引潜在用户，提高应用潜力，持续创新。

构建超级生态系统成为未来人工智能技术发展与竞争的主流。各科技公司未来将围绕开源平台建立人工智能超级生态系统，进一步整合技术与应用，有效布局人工智能全产业链。借助人工智能超级生态系统，科技公司可将人工智能领域复杂的推理能力应用到之前缺乏机器学习经验的其他领域，更方便指导用户使用机器学习训练其商用模型，评估与优化系统潜力，同时利用收集的数据对用户行为做出更好的规划与建议，促进应用水平提高。围绕各自的生态系统，科技巨头们将在人工智能技术与产业的战场展开激烈竞争，角逐行业优势，争夺产业主导话语权。

第二节　产业趋势

人工智能产业正向着强劲化、多元化、全局化、与实体经济深度融合以及线下和线上实现无缝结合等方向稳健发展，将创造巨大社会效益和经济效益。

一、"平台 + 场景应用"主导的新型商业模式即将出现

现有人工智能技术主要聚焦解决方案，直接面对消费者端产品较少。随着人工智能产业深入发展以及市场化机制不断成熟，平台化趋势会更加突出，将出现主导平台加广泛场景应用的竞争格局，催生出更多新型的商业模式。通过海量优质的多维数据结合大规模计算力的投入，以应用场景为接口，人工智能产业将构建起覆盖全产业链生态的商业模式，满足用户复杂多变的实际需求。具备新型芯片、移动智能设备、大型服务器、无人车、机器人等设备研发制造能力的企业也能够结合应用环境，提供高效、低成本的运算能力和服务，深度整合相关行业，从基础设施提供逐渐向产业链下游服务

延伸拓展。

二、人工智能和实体经济深度融合进程进一步加快

依靠人工智能技术和各行业的数据资源，实现人工智能与实体经济的深度融合，已成为人工智能发展的又一趋势。一方面人工智能大力推动机械制造、交通运输、医疗健康、网购零售、金融保险和家用电器等产业降费提效和转型升级，另一方面实体经济发展为人工智能发展提供更多场景，积累更多数据，提供更广阔的平台，也促进了人工智能的发展。

三、从专用智能向通用智能发展

实现从狭义或专用人工智能（也称弱人工智能，具备单一领域智能）向通用人工智能（也称强人工智能，具备多领域智能）的跨越式发展，既是下一代人工智能发展必然趋势，也是国际研究与应用领域的挑战问题。微软在2017年7月成立通用人工智能实验室，100多位感知、学习、推理、自然语言理解等方面科学家参与其中。

四、从"人工 + 智能"向自主智能方向发展

当前人工智能研究集中在深度学习，但深度学习的局限是需大量人工干预：人工设计深度神经网络模型、人工设定应用场景、人工采集和标注大量训练数据（非常费时费力）、用户需要人工适配智能系统等。科研人员开始关注减少人工干预的自主智能方法，提高机器智能对环境的自主学习能力。例如从零开始，通过自我对弈强化学习实现围棋、国际象棋、日本将棋的"通用棋类 AI"。

五、从人工智能向人机混合智能方向发展

人工智能一个重要研究方向就是借鉴脑科学和认知科学的研究成果，研究从智能产生机理和本质出发的新型智能计算模型与方法，实现具有脑神经信息处理机制和类人智能行为与智能水平的智能系统。美国、欧盟、日本等

国家和地区纷纷启动的脑计划中，类脑智能已成为核心目标之一。人机混合智能旨在将人作用或认知模型引入到人工智能系统中，提升人工智能系统性能，使人工智能成为人类智能的自然延伸和拓展，通过人机协同更高效解决复杂问题。

六、人工智能加速交叉渗透到其他学科领域

人工智能本身是一门综合性的前沿学科和高度交叉的复合型学科，研究范畴广泛而又复杂，其发展需深度融合计算机科学、数学、认知科学、神经科学和社会科学等学科。随着超分辨率光学成像、光遗传学调控、透明脑、体细胞克隆等技术的突破，脑与认知科学的发展开启了新时代，能大规模、更精细解析智力的神经环路基础和机制，人工智能将进入生物启发的智能阶段，依赖于生物学、脑科学、生命科学和心理学等学科的发现，将机理变为可计算的模型，同时人工智能也会促进脑科学、认知科学、生命科学甚至化学、物理、材料等传统科学的发展。

七、人工智能将推动人类进入普惠型智能社会

"人工智能＋X"的创新模式将随着技术和产业的发展日趋成熟，对生产力和产业结构产生革命性影响，并推动人类进入普惠型智能社会。2017年国际数据公司 IDC 在《信息流引领人工智能新时代》中指出未来五年人工智能提升各行业运转效率，其中教育业提升82％，零售业71％，制造业64％，金融业58％。在消费场景和行业应用的需求牵引下，需打破人工智能的感知瓶颈、交互瓶颈和决策瓶颈，促进人工智能技术与社会各行各业的融合，建设若干标杆性的应用场景，实现低成本、高效益、广范围的普惠型智能社会。

八、人工智能领域的国际竞争将日趋激烈

"未来谁率先掌握人工智能，谁就能称霸世界"。2018 年 4 月，欧盟委员会计划 2018—2020 年在人工智能领域投资 240 亿美元；法国总统在 2018

年 5 月宣布《法国人工智能战略》，目的是迎接人工智能发展的新时代，使法国成为人工智能强国；2018 年 6 月，日本《未来投资战略》重点推动物联网建设和人工智能的应用。世界军事强国已逐步形成以加速发展智能化武器装备为核心的竞争态势，例如美国特朗普政府发布的首份《国防战略》报告提出谋求通过人工智能等技术创新保持军事优势，确保美国打赢未来战争；俄罗斯 2017 年提出军工拥抱"智能化"，让导弹和无人机威力倍增。

人们对人工智能的期望是无限的，人工智能离我们期望的水平永远都有差异，正是人类的这种不满足心理推动人工智能的进步、发展、繁荣。人工智能的融合还有许多困难需要克服，但是人工智能发展已是大势所趋。路漫漫其修远兮，吾将上下而求索。随着国家政策加快落地，人工智能技术的不断发展，人工智能在各领域的规模化应用终将实现。人工智能的发展永远在路上！

主要资料来源

1. 国务院:《新一代人工智能发展规划》,中国政府网,2017 年 7 月 20 日。

2. 中国电子技术标准化研究院等:《人工智能标准化白皮书 2018》,信息技术研究中心 2018 年 1 月 24 日发布。

3. 中国电子学会:《新一代人工智能发展白皮书（2017）》,中国电子学会 2018 年 2 月 28 日发布。

4. 亿欧智库:《2018 人工智能赋能教育产业研究报告》,亿欧网,2018 年 3 月 2 日。

5. 波士顿咨询公司（BCG）、阿里云研究中心及 Alibaba Innovation Ventures：《人工智能：未来制胜之道》,2016 年 10 月。

6. 赛迪顾问:《2018 中国智慧健康养老产业演进及投资价值研究》白皮书,中证网,2018 年 9 月 4 日。

7. 高奇琦、李阳:《"智能 +"是一种新的思维方式》,《解放日报》2017 年 8 月 22 日。

8. 岳瑞芳:《从"互联网 +"到"智能 +","加"出经济新动能》,新华网,2019 年 3 月 8 日。

9. 盛朝迅:《当前新动能领域面临的突出问题及对策建议——以人工智能为例》,《中国发展观察》2019 年第 5 期。

10. 清华大学中国科技政策中心:《中国人工智能发展报告 2018》,清华大学中国科技政策中心 2018 年 7 月 13 日发布。

11. 唐怀坤:《国内外人工智能的主要政策导向和发展动态》,《中国无线电》2018 年第 5 期。

12. 埃森哲（Accenture）：《人工智能：助力中国经济增长》，数据局 2017 年 7 月 7 日。

13. 穆良平、姬振天：《中国抢占智能经济发展先机的战略要素及重点领域》，《理论探讨》2017 年第 4 期。

14. 韩海雯：《人工智能产业建设与供给侧结构性改革：马克思分工理论视角》，《华南师范大学学报（社会科学版）》2016 年第 6 期。

15. 徐光平：《人工智能化数字化助推能源领域供给侧改革》，《中国经营报》2018 年 10 月 9 日。

16. 刘尚海、魏巍：《智能经济评价指标体系研究——以宁波市为例》，《未来与发展》2019 年第 3 期。

17. 赵亚楠：《八大院士论道共探人工智能产业趋势》，《自动化博览》2019 年第 2 期。

18. 申格、吴文斌、史云、杨鹏、周清波：《我国智慧农业研究和应用最新进展分析》，《中国农业信息》2018 年第 2 期。

19. 刘现、郑回勇、施能强、刘玉梅、林营志：《人工智能在农业生产中的应用进展》，《福建农业学报》2013 年第 6 期。

20. 毛林、王坤、成维莉：《人工智能技术在现代农业生产中的应用》，《农业网络信息》2018 年第 5 期。

21. 王儒敬、孙丙宇：《农业机器人的发展现状及展望》，《中国科学院院刊》2015 年第 6 期。

22. 陆蓉、胡肄农、黄小国、谭业平、陆昌华：《智能化畜禽养殖场人工智能技术的应用与展望》，《天津农业科学》2018 年第 7 期。

23. 张亚东：《基于人工智能在林业中的运用分析》，《自然科学（文摘版）》2018 年第 9 期。

24. 吴亚楠：《智能无人机在林业中的应用探讨》，《信息通信》2019 年第 2 期。

25. 连京华、祝伟、孙凯、殷若新、李惠敏：《人工智能技术在家禽生产中的应用》，《中国家禽》2018 年第 9 期。

26. 朱银玲、马焱、陈婕：《还在为人脸识别震惊？猪脸识别都有啦》，浙江在线，2018 年 9 月 22 日。

27. 宿墨、顾小丽、张智敏、毛颖：《创建智慧渔业水产养殖模式》，《中国水产》2018 年第 9 期。

28. 孙乃波、李文涛、徐鑫、王建州：《建设威海"智慧水利"，打造智能化水利平台威海市"智慧水利"系统设计》，《探索"智慧水利"推动科技创新——2017（第五届）中国水利信息化技术论坛论文集》，2017 年 3 月 30 日。

29. 张映锋、张党、任杉：智能制造及其关键技术研究现状与趋势综述》，《机械科学与技术》2019 年第 3 期。

30. 李瑞琪、韦莎、程雨航、侯宝存：《人工智能技术在智能制造中的典型应用场景与标准体系研究》，《中国工程科学》2018 年第 4 期。

31. 朱民、黄乐平：《智能制造大发展催动智能物流崛起》，《物流技术与应用》2019 年第 2 期。

32. 汪少成、郭瑞祥：《人工智能行业应用及对电力行业发展的思考》，《智能城市》2018 年第 23 期。

33. 霍沫霖、林国强、高昆仑：《人工智能在能源服务中的应用》，《供用电》2019 年第 1 期。

34. 吕鹏飞、何敏、陈晓晶、鲍永涛：《智慧矿山发展与展望》，《工矿自动化》2018 年第 9 期。

35. 蔡亚梅：《人工智能在军事领域中的应用及其发展》，《智能物联技术》2018 年第 3 期。

36. 张鹏：《人工智能促社会治理新发展》，《中国社会科学网—中国社会科学报》2018 年 8 月 29 日。

37. 陈彦仓：《智慧政府建设的现实、目标和进路》，《大连干部学刊》2018 年第 1 期。

38. 吕艳滨、田禾、王祎茗：《让政府"智慧"起来，需要过几道关》，《解放日报》2018 年 2 月 13 日。

39. 袁立炫、邓永勤、张洋源：《"智慧税务"的基本特征及基层的实践探索》，《税务研究》2017 年第 8 期。

40. 王连峰、宋刚、张楠：《"五位一体"智慧城管核心要素与互动关系：基于创新 2.0 视角的分析》，《城市发展研究》2017 年第 3 期。

41. 赵鑫、邵奇、李东艳：《人工智能技术在智能化法律服务中的应用》，《信息通信技术》2019 年第 1 期。

42. 陈锋：《"十三五"时期推进食品药品智慧监管建设的思考》，《中国医药导刊》2017 年第 2 期。

43. 崔野宋：《落实"食品安全战略"加快推进"智慧监管"，实现"机器换人"》，中国健康传媒集团—中国食品药品网，2017 年 12 月 14 日。

44. 王艳、李凤娇、薛怡：《人工智能在金融领域的应用研究》，《中国集体经济》2019 年第 5 期。

45. 胡亮：《人工智能在金融风控中的探索与实践》，《清华金融评论》2018 年第 6 期。

46. 埃森哲：《智能投顾在中国》，《软件和集成电路》2019 年第 4 期。

47. 陈琼：《大数据在商业银行反洗钱领域的应用》，《中国城市金融》2018 年第 5 期。

48. 马晨明：《基于 BAT 金融科技反洗钱实践的思考》，《中国金融家》2018 年第 5 期。

49. 邵俊：《人工智能在金融监管应用的思考》，《金融科技时代》2018 年第 1 期。

50. 葛军、于永彤：《AI 在外汇监管领域的应用》，《中国金融》2019 年第 5 期。

51. 腾讯：《智慧金融白皮书》，中国"互联网＋"数字经济峰会金融分论坛，2018 年 4 月 12 日。

52. 陆化普：《智能交通系统主要技术的发展》，《科技导报》2019 年第 6 期。

53. 张天宇、刘江碧：《城市智能停车系统》，《电子技术与软件工程》，《电子技术与软件工程》2018 年第 19 期。

54. 王伟耀：《人工智能技术在智慧交通领域中的应用》，《电子技术与软件工程》2018 年第 3 期。

55.《江苏等地积极探索智能交通创新应用》，《汽车与安全》2018 年第 9 期。

56. 朱帅、王子健、苍岚、丁悦：《正视车联网产业的瓶颈》，《新能源汽车报》

2018 年 10 月 15 日。

57. 刘宗巍、匡旭、赵福全：《中国车联网产业发展现状、瓶颈及应对策略》，《科技管理研究》2016 年第 4 期。

58. 郭英楠、殷宗迪：《无人驾驶产业发展现状及影响》，《中国国情国力》2019 年第 3 期。

59. 王茉莉、王博运：《关于城市轨道交通智能化的探讨》，《现代经济信息》2018 年第 18 期。

60. 周长杰、马晓：《城市轨道交通智慧化的研究》，《智能城市》2018 年第 15 期。

61. 蒋仲廉、初秀民、严新平：《智能水运的发展现状与展望——第十届中国智能交通年会〈水路交通智能化论坛〉综述》，《交通信息与安全》2015 年第 6 期。

62. 李国栋、陈军、汤涛林、谌志新、许明昌、陈继华：《渔业船联网应用场景及需求分析研究》，《渔业现代化》2018 年第 3 期。

63. 牛文生：《基于天地一体化信息网络的智能航空客运系统》，《航空学报》2019 年第 1 期。

64. 吴参毅：《浅析 AI+ 安防应用之难及趋势》，《中国公共安全》2019 年第 3 期。

65. 马文学、武兴、赵志强：《智慧警务应用体系探索与研究》，《数字通信世界》2018 年第 12 期。

66. 李亚东、夏耘、宋婷婷：《大数据助推人工智能在公安指挥调度上的应用》，《数字通信世界》2017 年第 9 期。

67. 王秋华、韩永涛、李世友、龙腾腾、任金鑫、栾奕：《智慧消防的技术特征及应用模式》，《消防技术与产品信息》2018 年第 12 期。

68. 李建有、张水锋、张思玉：《无人机在森林消防领域的应用概述》，《森林防火》2018 年第 1 期。

69. 傅瑜、陈定定：《人工智能在反恐活动中的应用、影响及风险》，《国际展望》2018 年第 4 期。

70. 李洪、张燕、王振宇、裴绍彤：《人工智能在我国边检反恐工作中的应用探析》，《武警学院学报》2018 年第 11 期。

71.左毅、陈勇：《人工智能在煤矿安全生产中的运用》，《煤炭技术》2014年第2期。

72.百晓、张雪妮：《人工智能在减灾遥感中的应用》，《城市与减灾》2018年第6期。

73.周博雅、徐若然、徐晓林、胡辉：《智慧环保在城市环境治理中的应用研究》，《电子政务》2018年第2期。

74.费新勇：《智慧环保建设路径探索与实践——以深圳市为例》，《智能建筑与智慧城市》2019年5月25日。

75.温玉波：《海洋环境污染信息智能图像监测技术研究》，《现代电子技术》2018年第6期。

76.江绮鸿、李文松：《黑烟车智能监控系统的应用》，《化工管理》2018年第22期。

77.胡钦太、刘丽清、郑凯：《工业革命4.0背景下的智慧教育新格局》，《中国电化教育》2019年第3期。

78.谢幼如、黎佳、邱艺、黄瑜玲：《教育信息化2.0时代智慧校园建设与研究新发展》，《中国电化教育》总第388期。

79.孙进康、张学平、赵剑：《智慧教室建设与应用思考》，《大学教育》2019年第4期。

80.徐晔：《从"人工智能＋教育"到"教育＋人工智能"——人工智能与教育深度融合的路径探析》，《湖南师范大学教育科学学报》2018年第5期。

81.赵禹桥：《新闻写作机器人的应用及前景展望》，人民网，2017年1月11日。

82.张睿琳：《人工智能技术在艺术创作上的应用》，《技术与市场》2019年5月15日。

83.周莉、邓阳：《人工智能作曲发展的现状和趋势探究》，《艺术探索》2018年第5期。

84.郭远冬：《体育应用人工智能的价值与发展思路研究》，《运动》2018年第13期。

85.曹宇、刘正：《人工智能应用于体育的价值、困境与对策》，《体育文化导刊》2018 年第 11 期。

86. 刘昊扬：《基于人工智能的运动教练系统分析与展望》，《北京体育大学学报》2018 年第 4 期。

87. 李国忠：《人工智能技术在智慧旅游中的应用》，《自动化与仪器仪表》2017 年第 12 期。

88. 杜永红：《打造"智慧冬奥"》，《北京观察》2019 年第 4 期。

89. 徐亮、阮晓雯、李弦、洪博然、肖京：《人工智能在疾病预测中的应用》，《自然杂志》2018 年第 5 期。

90. 金征宇：《人工智能在肿瘤影像中的应用研究》，《肿瘤影像学》2018 年第 4 期。

91. 朱善邦、王婷、徐卫东：《人工智能诊疗平台在医学领域中的应用》，《中国医疗设备》2019 年第 1 期。

92. 张菁、徐家华、施莉、魏培莲、于观贞：《人工智能技术在护理领域的应用现状与发展趋势》，《第二军医大学学报》2018 年第 8 期。

93. 杜妍莹、董鼎辉、马锋、薛召、袁力蓉、吕毅：《人工智能在护理领域的应用进展》，《解放军护理杂志》2019 年第 4 期。

94. 毕珊榕、吕东勇、王汉裕、邝卫红：《人工智能在舌诊与脉诊中的应用探讨》，《广州中医药大学学报》2018 年第 2 期。

95. 崔骥、许家佗：《人工智能背景下中医诊疗技术的应用与展望》，《第二军医大学学报》2018 年第 8 期。

96. 刘浏、王羽、林文洁、娄霓：《2013—2018 年中国养老政策与产业引导分析》，《城市住宅》2019 年第 2 期。

97. 李金娟：《养老公共服务智能化建设思考》，《合作经济与科技》2019 年 6 月 1 日。

98. 姜媛媛、陈宏宇、李文辉：《我国智慧健康养老产业运营模式探究》，《中国经贸导刊》2016 年第 11 期。

99. 陈春柳、叶菲：《"五化"策略助推智慧养老服务发展———以浙江省温州市为例》，《中共云南省委党校学报》2019 年第 1 期。

100. 唐飞泉、杨律铭：《我国医养结合模式探索和创新》，《现代管理科学》2018 年第 12 期。

101. 珞佳：《智慧党建推进中的"三个注重"》，《群众》2019 年第 5 期。

102. 许一鸣：《加强国有企业"智慧党建"工作》，《党政论坛》2018 年第 11 期。

103. 魏国华：《智慧团建：互联网思维下共青团转型发展》，《中国青年研究》2014 年第 5 期。

104. 池志雄：《广东"智慧团建"：互联网与大数据时代青少年服务的供给侧改革探索》，《中国共青团》2016 年第 3 期。

105. 李鑫：《人工智能在法院工作中应用的路径与前景》，《经济与社会发展》2018 年第 4 期。

106. 高伟、张国鹏、刘浏：《智慧司法的研究与实践》，《邮电设计技术》2019 年第 2 期。

107. 谢乐凡：《浅谈"十三五"时期智慧检务保障体系的建立与应用》，《法制博览》2016 年第 30 期。

108. 姜伟、孙沁：《运用人工智能开展反腐工作势在必行》，烟草在线，2017 年 8 月 15 日。

109. 李磊：《智慧工会的内涵、战略意义及其建设思路》，《山东工会论坛》2019 年第 3 期。

110. 单真：《新时代建设"智慧工会"普惠性服务新模式研究》，《山东工会论坛》2019 年第 1 期。

111. 高山行、刘嘉慧：《人工智能对企业管理理论的冲击及应对》，《科学学研究》2018 年第 11 期。

112. 王亮：《用人工智能技术提升人力资源管理水平》，《中国石化》2017 年第 7 期。

113. 吕文晶、陈劲、刘进：《智能制造与全球价值链升级——海尔 COSMOPlat 案例研究》，《科研管理》2019 年第 4 期。

114. 宋晓彤、赵志耘、高芳、贾晓峰：《人工智能创新价值链构建研究》，《高技术通讯》2019 年第 4 期。

115. 张颖川:《智能制造下的智慧供应链变革》,《物流技术与应用》2018 年第 4 期。

116. 蔡进:《发展智慧供应链迈向高质量发展的必由之路》,《学习时报》2019 年 3 月 29 日。

117. 文晓燕:《把握企业财务的智能革命》,《财会学习》2018 年第 23 期。

118. 汪一璇:《基于智能技术的风险导向审计》,《合作经济与科技》2018 年第 16 期。

119. 艾媒咨询:《2018 全球服务机器人市场专题研究报告》,艾媒网,2018 年 7 月 23 日。

120. 王玉山、王伟、李仲阳、李超艺、李昕达、褚凌慧、宋家洛、吴海超:《浅谈服务机器人的应用现状和发展前景》,《机电工程技术》2017 年第 2 期。

121. 洪涛:《"无人商业"模式的应用和发展》,《中国国情与国力》2018 年第 10 期。

122. 张良:《智慧物流应用发展研究》,《中国物流与采购》2019 年第 2 期。

123. 周程、和鸿鹏:《人工智能带来的伦理与社会挑战》,《人民论坛》2018 年第 2 期。

124. 伦一:《人工智能治理问题的初步思考》,中国信息通信研究院 CAICT,2017 年 12 月 20 日。

125. 谭铁牛:《人工智能的创新发展与社会影响》,《科学中国人》2018 年第 24 期。

126. 北京师范大学未来教育高精尖创新中心:《人工智能 + 教育》蓝皮书,蓝皮书发布会,2018 年 11 月 10 日。

127. 德勤:《中国人工智能产业白皮书》,勤启数智之道"创新驱动、智胜未来"创新论坛,2018 年 11 月 11 日。

128. 新华网、赛迪顾问:《车联网产业发展报告(2019)》,新华网,2019 年 1 月 28 日。

129. 互联网医疗健康产业联盟:《医疗人工智能技术与应用白皮书(2018)》,2018 互联网医疗健康学术技术交流大会,2017 年 1 月 13 日。

130. 国家卫生健康委员会医院管理研究所等：《人工智能蓝皮书：中国医疗人工智能发展报告（2019）》，2019 中华医院信息网络大会，2019 年 4 月 13 日。

131. 水产协会：《未来水产主要向人工智能发展》，水产养殖网，2017 年 12 月 11 日。

132. 王方方：《推动实体经济与人工智能深度融合》，《中国青年报》2018 年 8 月 13 日。

133. 中国环保在线：《人工智能融入大气防治 打赢蓝天保卫战有了新期待》，环保在线，2018 年 7 月 11 日。

134. 世界轨道交通资讯网：《高效、可靠、安全的城市轨道交通智能化系统》，搜狐网，2018 年 6 月 28 日。

135. 蔡自兴：《中国人工智能 40 年》，《科技导报》2016 年第 15 期。

136. 中科院自动化所、浙江宇视科技有限公司：《安防 + AI 人工智能工程化白皮书》，乌镇世界互联网大会，2018 年 11 月。

137. 中国信息通信研究院：《人工智能在计算机网络中的应用》，《电信网技术》2018 年第 5 期。

138. 企鹅号有趣的数码：《用 AI 预测地震、洪水、飓风和火山喷发 现在已经成为了可能》，腾讯网，2019 年 3 月 17 日。

139. 经济日报：《人工智能助推企业财务管理创新转型》，中国经济网，2019 年 5 月 14 日。

140. 正品溯源：《人工智能与产品溯源——开启溯源行业的 AI 时代》，搜狐网，2017 年 10 月 26 日。

141. 中国环境报：《大平台、大系统、大数据，"互联网 +"构建"生态环境最强大脑"》，搜狐网，2019 年 6 月 20 日。

142. 聂泉旭：《探究人工智能与能源开发》，《科技风》2018 年 12 月 7 日。

143. 科技日报：《人工智能为环境产业"增智"》，www.haiwainet.cn 2019 年 5 月 20 日。

144. 吴朝晖：《智能增强时代的学习革命》，中国教育和科研计算机网，2019 年 5 月 17 日。

145.李鹏：《智媒体：媒体融合转型新阶段》，《传媒》2019 年第 4 期。

146.李娅雯、刘国红：《医学智能影像的应用前景与发展困境综述》，《中国医疗设备》2019 年 3 月 10 日。

147.倪建军、杜嘉宸、徐绪堪、房道伟：《智慧河湖长制信息化系统建设实践》，《水利信息化》2018 年第 3 期。

148.郭建伟、王文卓：《如何规避人工智能带来的伦理问题》，《人民论坛》2018 年 11 月 5 日。

149.杜巧霞：《人工智能在融媒体时代的应用与发展》，《传播力研究》2018 年 6 月 10 日。

150.国家体育总局政法司：《体育发展"十三五"规划》，国家体育总局网，2016 年 5 月 5 日。

151.工业和信息化部、民政部、原国家卫生计生委：《智慧健康养老产业发展行动计划（2017—2020 年）》，工业和信息化部网，2017 年 2 月 6 日。

152.国务院办公厅：《国务院办公厅关于推进养老服务发展的意见》，中国政府网，2019 年 4 月 16 日。

153.中商产业研究院：《2019 年中国智慧健康养老产业市场前景研究报告》，中商情报网，2019 年 1 月 21 日。

154.国务院：《打赢蓝天保卫战三年行动计划》，新华社，2018 年 7 月 3 日。

155.欧盟：《人工智能道德准则》，人工智能高级别专家组，2019 年 4 月 8 日。

156.中央全面深化改革委员会：《关于促进人工智能和实体经济深度融合的指导意见》，新华社，3 月 19 日。

157.科技部：《服务机器人科技发展"十二五"专项规划》，科技部网，2012 年 4 月 24 日。

158.工业和信息化部：《智能制造发展规划（2016—2020 年)》，世界智能制造大会，2016 年 12 月 7 日。

159.证监会：《中国证监会监管科技总体建设方案》，证监会，2018 年 8 月 31 日。

160.工业和信息化部、国家标准化管理委员会：《国家车联网产业标准体系建设指南》，工业和信息化部网，2018 年 6 月 8 日。

161.工业和信息化部、公安部、交通运输部：《智能网联汽车道路测试管理规范（试行)》，工业和信息化部网，2018 年 4 月 3 日。

162.国家新一代人工智能治理专业委员会：《新一代人工智能治理原则——发展负责任的人工智能》，新华网，2019 年 6 月 17 日。

163.交通运输部：《城市轨道交通运营管理规定》，中国政府网，2018 年 5 月 24 日。

164.最高人民检察院：《最高人民检察院关于深化智慧检务建设的意见》，最高人民检察院网上发布厅，2018 年 1 月 3 日。

165.国务院办公厅：《国务院办公厅关于积极推进供应链创新与应用的指导意见》，中国政府网，2017 年 10 月 13 日。

166.国务院办公厅：《国务院办公厅关于加快推进重要产品追溯体系建设的意见》，中国政府网，2016 年 1 月 12 日。

167.住房和城乡建设部：《智能建筑设计标准》，住房和城乡建设部网，2015 年 3 月 8 日。

168.欧盟：《可信赖人工智能道德准则》，欧盟委员会网，2019 年 4 月 8 日。

169.国家新一代人工智能治理专业委员会：《新一代人工智能治理原则——发展负责任的人工智能》，中国政府网，2019 年 6 月 17 日。

后　记

国务院印发的《新一代人工智能发展规划》指出，鼓励广大科技工作者投身人工智能的科普与推广，鼓励科学家参与人工智能科普。笔者深感这一重要使命和难得机遇，希望编写一本人工智能在各行业的应用指导参考用书，可帮助广大党员干部了解人工智能在不同领域的目前常见应用及未来应用前景和潜力，可帮助奋斗在各行各业的优秀人才尤其是广大党员干部了解人工智能带来的发展机遇，为如何应对挑战提供一些解决思路。

为便于各位读者阅读本书，编者力争做到章节结构、体例基本保持一致。但各行各业有自身行业特点，不同行业情况千差万别，人工智能在各行业应用现状存在较大差异，应用前景和潜力也各不相同，故各章节详略有差异，侧重点也有所不同。

为端上一桌人工智能基本知识及其应用的"饕餮盛宴"，编者在"食材"方面煞费苦心，查阅了大量人工智能优质资料，吸收了目前国内外人工智能最新、最优科研成果，包括期刊、网络、会议、自媒体等方面的内容，也研学了很多人工智能实际应用案例，并增加了编者对行业的思考、发展趋势的理解、具体应用的解读与指导。"海纳百川有容乃大"，以开放心态选择材料内容，在本书编写过程中访谈了很多专家、学者、专业人士，引用了很多领导、专家、学者的观点。在此向各位一并表示诚挚的谢意！因此书定位为一本人工智能应用指导参考读物，而不是学术著作，资料引用之处不是很详细，未在文中一一标明出处，对书中引用较多的，为了避免重复和便于读者阅读，仅在第一次引用该文内容时标明其出处，后续引用同一文内容时未重复标明其出处。敬请谅解！

特别感谢以下朋友在本书编写过程给予笔者的鼎力支持：井冈山干部学院姚玉珍老师、北京乐成时代廖武锋先生、苏州科技大学谢赟慧老师。

由于水平所限，加之时间仓促，书中疏漏甚至错误在所难免，敬请广大读者批评指正。

编　者

2019 年 6 月 18 日

责任编辑：杨瑞勇

封面设计：石笑梦

责任校对：吕　飞

图书在版编目（CIP）数据

党员干部人工智能学习参要 / 熊辉，赖家材　主编 . —北京：人民出版社，2019.9

ISBN 978－7－01－021217－3

I. ①党… 　II. ①熊…②赖… 　III. ①人工智能－干部教育－学习参考资料

　　IV. ① TP18

中国版本图书馆 CIP 数据核字（2019）第 182099 号

党员干部人工智能学习参要

DANGYUAN GANBU RENGONGZHINENG XUEXI CANYAO

熊　辉　赖家材　主编

人 民 出 版 社　出版发行

（100706　北京市东城区隆福寺街 99 号）

环球东方（北京）印务有限公司印刷　新华书店经销

2019 年 9 月第 1 版　2019 年 9 月北京第 1 次印刷

开本：710 毫米 ×1000 毫米 1/16　印张：26.75

字数：408 千字

ISBN 978－7－01－021217－3　定价：68.00 元

邮购地址 100706　北京市东城区隆福寺街 99 号

人民东方图书销售中心　电话（010）65250042　65289539